新世纪学术创新团队著作丛书

林源活性物质分离技术

丛书主编：祖元刚

本书主编：祖元刚　付　旷

著　　者：赵春建　路　祺　王洪政　孟祥东

国家林业局林业公益项目（项目编号：201304601）

国家林业局林业公益项目（项目编号：2011BAD33B0203）

国家科技支撑计划项目　（项目编号：2012BAD21B05）

科学出版社

北　京

内 容 简 介

　　林源活性物质来源于森林植物，是能与自身或其他生命体的生物分子相互作用并产生靶向功效的生物小分子的单体化合物或混合物，它是制备维护或保障人类健康，以及控制其他动物、植物疾病的医药、兽药、农药及功能食品、保健食品的重要原料，因而是发展高附加值林业生物产业的重要物质基础。本书系统介绍了以自主创新的分离技术为基础的现代分离技术手段在喜树、长春花、甘草、迷迭香、茶叶、北五味子、刺五加、落叶松等植物中的林源活性物质分离上的应用。

　　本书可供林源活性物质分离、植物化学、林产化学，以及药学等领域的科研、教学人员和研究生参考使用。

图书在版编目（CIP）数据

林源活性物质分离技术 / 赵春建等著. —北京：科学出版社，2015. 8
（新世纪学术创新团队著作丛书 / 祖元刚主编）
ISBN 978-7-03-043139-4

Ⅰ. ①林… Ⅱ. ①赵… Ⅲ. ①森林植物–生物小分子–提取 Ⅳ. ①Q946

中国版本图书馆 CIP 数据核字（2015）第 017867 号

责任编辑：张会格　王　好／责任校对：蒋　萍
责任印制：赵　博／封面设计：王　浩

科 学 出 版 社 出版
北京东黄城根北街 16 号
邮政编码：100717
http://www.sciencep.com

三河市骏杰印刷有限公司印刷
科学出版社发行　各地新华书店经销

*

2015 年 8 月第 一 版　　开本：720×1000 1/16
2025 年 1 月第二次印刷　　印张：20 3/8
字数：450 000
定价：120.00 元
（如有印装质量问题，我社负责调换）

丛 书 序 言

自从宇宙大爆炸以来，自然天体即在介观的水平上，以夸克等粒子的随机碰撞为基本的能量运动形式，由介观向纳观、微观、中观、宏观、宇观方向，以运动的异质性为自然演化的源泉，以无限性的宇量规模演化成太阳系、地球、生命系统直至形成具有高度发达大脑的人类。

然而，人类直观认知自然界的视野仅限于宏观水平，对于从介观到宇观无限性宇量规模的认知，人类也只能借助于各类观测工具由局部、定性、可数计量开始逐渐加深对自然界复杂性的认知，其间经历了数万年的发展历程，因而也推动着科学技术由定性研究到定量研究向智能研究，由单一学科到学科交叉向学科融合的方向发展，也规范着科学研究的行为由个体化向群体化方向发展。进入 20世纪 90 年代，人类开始迅捷共享全球科技资源，科学研究的群体化整合进一步增强了科学家在整体观上全面认知自然界本质的凝聚力，因而酝酿着人类在 21世纪通过学术团队创新来实现对自然界整体本质认知的重大突破。

我于 1972 年开始接触生命科学研究，1978 年开始从事生命科学研究，在大约 30 年的学术生涯中，逐渐认识到单一学科和个体化研究的局限性，为此，我于 1990 年开始，下决心以重点实验室的形式组建学术团队，发挥集体智慧的优势，试图将宏观研究与微观研究结合，来全面揭示生命系统与环境系统相互作用的内在机理。经过十几年的努力，积累了一些原始创新性的研究成果，现以《新世纪学术创新团队著作丛书》的形式陆续刊出，以有利于自由探索式学术交流和集成发展。

祖元刚

2004 年 1 月于哈尔滨

序　言

　　林源活性物质是森林生物资源中的植物、动物和微生物在生理代谢过程中形成的一类能与其他生命体的生物分子相互作用并具有保持机体健康或控制疾病功效的生物分子，将其以物理、化学和生物学等手段分离、纯化而形成的以生物小分子和高分子为主体的植物产品，它和以动物为原料制成的生化制剂，以及应用基因工程手段制成的生物工程产品一样，是以生物质为原料生产生物产品的生物产业的重要组成部分，是发展高附加值林业生物产品的重要物质基础之一。

　　在古代社会，我国的中药和世界其他国家的传统药物主要来源于森林生物资源并利用其中的林源活性物质治疗疾病和维持人体健康。在现代社会，虽然西方国家的化学合成药得以迅速发展，但随之出现的明显毒副作用又迫使人们"回归自然"，林源活性物质又因其在自然生态系统中的丰富性，成为国内外药学家首当其冲的发掘对象。自 20 世纪 60 年代以来，国内外发表的天然产物活性物质中，其绝大部分属于林源活性物质。第八次全国森林资源清查结果显示，我国的森林和林地总面积超过 2.08 亿公顷，表明我国林源活性物质的开发和利用具有巨大的空间和前景。

　　我于 1994 年开始从事林源活性物质高效分离技术的研究，开发出了一系列具有自主知识产权的目的林源活性物质高效分离技术，以实现高纯度、高得率、无污染、无废料为技术特征的分离技术升级。近年来，我带领的研究团队，相继进行了喜树、长春花、甘草、迷迭香、茶叶、北五味子、刺五加、落叶松体内活性物质的分离工作，获得了"十一五"国家科技支撑计划项目"林源活性物质及天然功能成分的提取和高效加工利用（2006BAD18B04）"、国家林业局重点项目"林业重要资源喜树培育利用关键技术的研究（2007-12）"、林业公益性行业科研专项项目"从刺五加体内高效分离纯化目的活性物质的研究（2011BAD33B0203）"、公益性行业科研专项经费项目"目的林药组分资源定向培育与高值化产品开发（201204601）"、"十二五"国家科技支撑计划项目"杜仲和喜树珍贵材用和药用林定向培育关键技术研究与示范（2012BAD21B05）"、林业公益性行业科研专项项目"林木生物质液体燃料的制备及其综合利用技术（201304601）"等项目的资助。在这些项目资助下，我和我带领的研究团队指导研究生高彦华、李佳慧、李晓娟、刘洋、郝婧玮、黄金明、孙震、田浩、牛卉颖、隋小宇撰写了《茶多酚提取及 EGCG 纯化新工艺研究》《喜树中主要生物碱提取分离工艺的研究》《甘草酸分离纯化及 α-甘草酸的制备工艺》《刺五加主要活性成分的提取分离及微粉化制备》《刺五加体内异秦皮啶的提取纯化工艺研究》《落叶松原花色素的分离、微粉化制备及其抗氧化活性》《迷迭香提取及熊果酸微粉化》《长春花中单吲哚生物碱——文多灵和长春质碱的分离纯化工艺》《长春花生物碱提取剩余物中熊果酸和齐墩果酸的分离纯化工艺研究》和《迷迭香天然功能成分的提取、精制工艺及活性测定的研究》等学位论文。在以上研究成果的基础上，我与我的博士研究生赵春建和路祺将这些研究成果统为一稿并认真进行了修改，我的博士后王洪政和博士研究生孟祥东对部分书稿内容进行了修订，并经我们的多次研讨后定稿，进一步整理成本书。现将本书收录于我主编的《新世纪学术创新团队著作丛书》中，不足之处，殷盼指正。

祖元刚

2015 年 3 月于哈尔滨

前　　言

　　我国森林资源虽然丰富，但由于人们对森林功能认识有限，注重森林砍伐，而无暇顾及森林经营。因此，我国森林资源利用水平和综合利用率都很低，其中林木也只是初级加工用于木材生产，加之消费方式不合理，产业化水平不高，开发利用往往是无序的、局部的。森林综合利用和循环利用机制不健全，造成严重的木材和林源活性物质的浪费。随着人口的增加，工业的发展，自然灾害的破坏，森林资源的多寡对国民经济和人民生活水平的提高开始产生越来越大的影响。因此，森林资源的合理经营问题开始引起人们的广泛重视。

　　由于我国森林和沙区的生境类别繁多，生态条件多样，因此形成的植物种类十分丰富，特别是一些特殊的生境环境，促使植物在初级代谢和次级代谢过程中产生大量林源活性物质。这些生物分子除了用作自身生长发育的物质基础以外，还在与其他生命有机体产生相互作用过程中在化学上形成位点，具有靶点效应，对人类及各种生物具有生理促进作用，目前被广泛应用于医药、食品添加剂、功能食品、日用化学品、植物农药和植物兽药等生产领域。

　　我国林源活性物质加工产业是一个方兴未艾的高科技产业，有良好的发展前景和空间。我们的研究团队在祖元刚教授带领和指导下，长期从事以目的活性物质高效利用为主要内容的植物提取物研究与开发，研制出一整套具有自主知识产权的目的活性成分分离及相关生产装备的理论与技术体系，并应用这些理论和技术对多种植物活性物质的高效利用作了深入研究。

　　本书兼顾了分离技术的前沿性、实用性、系统性和科学性。前后共分为总论和各论两大部分。总论部分对林源活性物质分离原理、影响因素、现有固液、液液萃取及柱色谱分离技术及操作过程进行了总体介绍；各论部分分别介绍了自主知识产权技术为核心的分离技术在喜树、长春花、甘草、迷迭香、茶叶、北五味子、刺五加、落叶松体内活性物质分离中的应用。

　　本书是在我们林源活性物质分离技术研究团队的共同努力下完成的，导师祖元刚教授对书稿的完成倾注了大量的心血，是对林源活性物质分离多年研究成果的汇总。马春慧、刘帅华、刘德曼、李朝、施昆明、卢志成、何新等参与了书稿部分文字的整理工作。限于作者水平，疏漏之处在所难免，恳请各位读者提出建议和批评！

著　者

2015 年 3 月于哈尔滨

目　　录

第一篇　总　　论

第 1 章　林源活性物质提取技术

1.1　林源活性物质

森林生物资源中拥有种类繁多的林源活性物质，但因林源活性物质通常含量较低，体系复杂，且对热敏感，因而分离纯化十分困难。随着我国以林源活性物质为重要物质基础的林业生物制剂产业的快速发展，林源活性物质的需求量与日俱增，林源活性物质分离已是林源活性物质高效利用的技术瓶颈，急需研制高效分离的产业化创新技术，以促进我国林源活性物质提取业的快速发展。

1.1.1　林源

森源是指来源于森林资源的物质。我国的森林资源既包括林区的生物资源，也包括沙区的生物资源，统称为森林资源。森林资源的重要特征之一就是以植物物种为主体。

1.1.2　活性物质

由于我国森林和沙区的生境类别繁多，生态条件多样，因此形成的植物种类十分丰富，特别是一些特殊的生境环境，促使植物在初级代谢和次级代谢过程中产生大量的生物小分子，大分子和高分子，具体包括构成植物体内的物质除水分、糖类、蛋白质类、脂肪类等必要物质外，其次生代谢产物（如萜类、黄酮、生物碱、甾体、木质素、矿物质等）。这些生物分子除了用作自身生长发育的物质基础以外，还在与其他生命有机体产生相互作用过程中在化学上形成位点，具有靶点效应，对人类及各种生物具有生理促进作用，我们称这类物质称为活性物质。

1.1.3　林源活性物质

林源活性物质是森林生物资源中的植物、动物和微生物在生理代谢过程中形成的一类能与其他生命体的生物分子相互作用并具有保持机体健康或控制疾病功效的生物分子，将其以物理、化学和生物学等手段分离、纯化而形成的以生物小分子和高分子为主体的植物产品，它和以动物为原料制成的生化制剂，以及应用基因工程手段制成的生物工程产品一样，是以生物质为原料生产生物产品的生物产业的重要组成部分，目前被广泛应用于医药、食品添加剂、功能食品、日用化学品、植物农药和植物兽药等生产领域。

1.1.4　目的活性物质

组成植物体的全部生物分子是以混合物的形式存在于植物有机体中，其中包括众多的活性物质，当人类加以利用某一活性物质时，我们将其称为目的活性物质。

1.2　分离方法选择

在现代社会生活中，为了强化目的活性物质的功效，通常采用技术手段将某一目的活性物质成分从相应的混合物中移出，我们将这个过程称之为分离过程。

1.2.1　分离

分离是利用混合物中各组分在物理性质或化学性质上的差异，通过适当的装置或方法，使各组分分配至不同的空间区域或在不同的时间依次分配至同一空间区域的过程，它包括提取和纯化两个方面。提取是指通过溶剂处理、蒸馏、脱水、经受压力或离心力作用，或通过其他化学或机械工艺等过程从原料中制取有用成分；纯化是指即由多种物质的聚集体，通过物理、化学或生物方面的方法作用，变成一类或一种物质的过程。分离的形式主要有两种：一种是组分离；另一种是单一物质的分离。组分离有时也称为族分离，它是将性质相近的一类组分从复杂的混合物体系中分离出来。单一物质的分离是将某种物质以纯物质的形式从混合物中分离出来，以及从混合物中获得特定的目标物等都属于这一类。

综上所述，分离可分为提取和纯化两个主要过程。提取，是指将混合物中的杂质（即非目的活性物质）通过物理或化学方法除掉而得到所需物质（目的活性物质）的过程；纯化，即由多种物质的聚集体，通过物理、化学或生物方面的方法作用，变成一类或一种物质的过程。

林源活性物质分离过程就是通过物理、化学或生物等手段，或将这些方法结合，将目标活性物质从植物材料中提取，并进一步从提取的混合物体系中纯化获得相对纯的目标活性物质的过程。林源活性物质分离过程贯穿在整个生产工艺过程中，是获得最终产品的重要手段，在提取工业中需要通过适当的技术手段与装备，耗费一定的能量来实现目标活性物质的分离纯化过程。生物体化学组成成分极其复杂，化合物种类很多，包括初生物质和次生物质，如糖类、核酸、油脂、蛋白质、挥发油、色素、有机酸、鞣质、植物胶、生物碱、甾体、黄酮、苷类等多种成分，且含量变化较大，而目标活性物质只是其中的一部分，因此研究、筛选并优化目标活性物质分离工艺过程是林源活性物质分离的必需途径。

1）提取

提取操作过程是利用物质溶解于某种介质（一般为液体），将选定的某种介质加入到提取原料中，因原料不同组分在同种溶剂中的溶解度不同，而选择性地从承载的基质上分离出来。

提取是林源活性物质分离纯化的重要过程，根据提取过程的扩散传质理论，此过程一般可分为浸润渗透、解吸溶解、扩散和溶剂置换三个阶段。第一阶段：浸润渗透：让溶剂浸润物料，渗入植物组织和细胞中；第二阶段：解吸溶解：溶剂溶解植物组织中的有效成分，使其游离于组织或细胞中；第三阶段：扩散和溶剂置换：利用细胞内外有效成分的浓度差，形成内高外低的渗透压，使有效成分脱离组织或细胞间隙，进入溶媒。

2）纯化

纯化就是利用不同物质的性质差异进行分离[1]。纯化方案的设计是纯化工作的前提，也是决定纯化工作成败的关键，其中包括根据纯化对象选择方法，即了解待处理对象的物质组成，熟悉物质的理化性质；尽可能了解目的活性物质的化学结构及其理化性质，确立目的活性物质可靠的检测目标物方法；纯化对目的，包括科研、生产；纯化量，各种方法处理量不同；实验条件，包括了解和熟练掌握各种纯化技术，明确各方法的应用范围和优缺点，满足以上条件基础上选择廉价纯化方法。

丁明玉将可用于物质分离的性质归结如表 1.1[2]。

表 1.1　可用于分离纯化的物质性质

性质		参数
物理性质	力学性质	密度、表面张力、摩擦力、尺寸、质量
	热力学性质	熔点、沸点、临界点、转变点、蒸气压、溶解度、分配系数、吸附平衡
	电磁性质	电导率、介电常数、迁移率、电荷、磁化率
	输送性质	扩散系数、分子飞行速度
化学性质	热力学性质	反应平衡常数、化学吸附平衡常数、解离常数、电离电位
	反应速度性质	反应速度常数
生物学性质		生物学亲和性、生物学吸附平衡、生物学反应速率常数

1.2.2　分离过程

分离方法开始主要用于化工行业中化工产品的分离，但是随着生物工程技术下游技术的不断发展，结合传统的化工分离方法，新的高效的分离方法被人们高度重视起来。常用分离方法有：盐析、提取分离法（包括溶剂提取、胶团提取、双水相提取、超临界流体提取、固相提取、固相微提取、溶剂微提取等）、膜分离方法（包括渗析、微滤、超滤、纳滤、反渗透、电渗析、膜萃取、膜吸收、渗透汽化、膜蒸馏等）、层析方法（离子交换层析、尺寸排阻层析、疏水层析、固定离子交换层析 IMAC、亲和层析等）。

1.2.2.1　前处理

样品前处理的目的是消除基质干扰，保护仪器，提高方法的准确度、精密度、选择性和灵敏度。样品前处理工序一般包括样品原料的挑选、洗涤、干燥、粉碎等。样品前处理所需时间较长，约占整个分析时间的三分之二。通常检测一个样品只需几分钟至几十分钟，而样品处理却要几小时。因此样品的前处理是实验过程中一个较为重要的步骤，样品前处理过程的先进与否，也关系到分析方法的优劣。由于样品前处理过程的重要性，样品前处理方法和技术的研究已经引起了分析化学家的广泛关注。

1.2.2.2　提取

目前常用的提取技术有液相提取、液相微提取、固相提取、固相微提取、超声提取、超临界提取、凝胶渗透色谱、加速溶剂提取、微波辅助提取等。

1. 固相提取是 20 世纪 70 年代后期发展起来的提取技术，它利用固体吸附剂将目标化合物吸附，使之与样品的基体及干扰化合物分离，然后用洗脱液洗脱或加热解脱，从而达到分离和富集目标化合物的目的，该项技术具有回收率和富集倍数高、有机溶剂消耗量低、操作简便快速、费用低等优点，易于实现自动化并可与其他分析仪器联用。在很多情况下，固相提取作为制备液体样品优先考虑的方法取代了传统的液-液提取法。

2. 液相微提取的原理是利用待测物在两种不混溶的溶剂中溶解度和分配比的不同而进行提取的方法。该项技术集提取、净化、浓缩、预分离于一体，具有提取效率高、消耗有机溶剂少，快速、灵敏等优点，是一种较环保的提取方法。

3. 固相提取是 20 世纪 70 年代发展起来的一种技术，80 年代后开始结合 GC 用于药残分析。固相提取是液固提取和液相色谱柱技术相结合的发展的产物。其基本原理是利用固体吸附剂对液体样品中目标物质的吸附，选用合适强度的洗脱溶剂，使目标化合物选择性地洗脱或保留在柱上，与样品基体和干扰物分离，从而达到分离和富集的目的。

4. 固相微提取由 Pawhszyn 等人在 1989 年提出并发展的，是在固相提取技术上发展起来的一种新型前处理技术，其过程包括吸附和解吸。在吸附过程中，待测物在提取纤维涂层与样品之间遵循相似相溶原则。

5. 超临界流体提取是采用处于临界压力和临界温度以上的超临界流体的溶解能力达到萃取分离的目的。由于超临界流体具有气体和液体的双重性质，其低黏度、高密度、介于气液的扩散速度、传质阻力小等优点，因而超临界流体比液体溶剂更容易穿过多孔性基体，提取效率高。

6. 凝胶渗透色谱是食品样品分析中常用的净化技术，起源于分离、净化动植物组织的脂肪。其原理操作过程是利用有机溶剂和疏水凝胶大分子，依据被分离物质分子量大小的不同进行分离。

7. 超声辅助提取是近几年来才开始用于样品前处理技术中，其作用主要是加速样品溶液中各成分的均质、乳化，从而促进提取平衡。

8. 微波辅助提取产生于 80 年代，其基本原理是利用极性分子可迅速吸收微波能量的特性来加热极性溶剂，产生强烈的热效应，从而将目标物质从样品中分离出来的一种新型高效提取技术。

9. 加速溶剂提取又称快速溶剂提取，是 1995 年提出的一种处理固体和半固体样品的处理技术。其原理是在密闭容器内，通过增大压力来提高溶剂的沸点，使溶剂在高于正常沸点的温度下仍处于液态，以提高目标成分的溶解度。同时，温度升高可以降低溶剂黏度，有利于溶剂分子向基质扩散。样品基质对被分析物的作用随着温度的升高而降低，被分析物与基质之间的作用力减弱，加速了被分析物从基质中脱离并快速进入溶剂。

1.2.2.3　纯化

1. 两相溶剂法是利用混合物中各成分在互不混溶的溶剂中分配系数不同而分离的方法。可将被分离物溶于水中，用与水不混溶的有机溶剂进行提取，也可将被分离物溶在与水不混溶的有机溶剂中，用适当 pH 的水液进行提取，达到分离的目的。

2. 沉淀法是在溶液中加入溶剂或沉淀剂，通过化学反应或者改变溶液的 pH 值、温度、压力等条件，使分离物以固相物质形式沉淀析出的一种方法。

3. 盐析法在较低浓度的盐溶液中，酶和蛋白质的溶解度随盐浓度升高而增大，这称之为盐溶。当盐浓度增大至一定程度后，酶和蛋白质的溶解度又开始下降直至沉淀析出，这称之为盐析。

4. 分馏法是对于完全能够互溶的液体系统，可利用各成分沸点的不同而采用分馏法，中药化学成分的研究工作中，挥发油及一些液体生物碱的分离即常用分馏法。

5. 结晶法是分离和精制固体成分的重要方法之一，是利用混合物中各成分在溶剂中的溶解度不同来达到分离的方法。结晶法所用的样品必须是已经用其他方法提得比较纯的时候，才能采用此法精制，如果中药的粗提取部分的纯度很差，则很难得到结晶，因结晶乃同类分子自相排列，如果杂质过多，则阻碍分子的排列。

6. 色谱法又称色层法或层析法，是分离和鉴定化合物的有效方法。

1.2.3 分离分类

从分离过程可分为：机械分离、传质分离。机械分离：处理两相以上的混合物如过滤、沉降、离心分离等；传质分离：处理均相混合物，可分为平衡分离过程如精馏、吸收、萃取、结晶、吸附等，借助分离剂使均相混合物系统变成两相系统，再利用混合物中各组分在处于相平衡的两相中的不等同分配而实现分离。

1.2.4 分离方法

1.2.4.1 分离溶剂选择

根据林源植物中各种目的活性物质化学成分在溶剂中的溶解性能的不同，常选用对目的活性物质溶解度大，对非目的活性物质溶解度小的溶剂，将目的活性物质从植物组织中尽可能溶解出来。同种溶剂对各种成分的溶解性不同，同一植物材料用不同的溶剂提取，可得到成分不同的提取液。例如，番泻叶以冷水为溶剂提取时，可得大量的蒽醌衍生物及少量通常被视为无效成分的叶绿素等，但用浓醇提取时，则可得到大量能引起腹痛的树脂成分，而蒽醌衍生物却提出甚少；山道年在水中的溶解度很小，但用蛔蒿提取时，由于杂质的存在，使山道年在水中的溶解度加大；叶绿素可溶于石油醚，但中草药中的叶绿素用石油醚就不易提出。因为植物中的叶绿素往往与蛋白质结合，改变了它本来的性质。但当石油醚中含有甲醇时，则因甲醇可以使这种结合物分解，从而使叶绿素又恢复了它本来的溶解性质，故可被含甲醇的石油醚提出。

根据传质的机理差异，现有的林源活性目的活性物质的分离技术主要有匀浆提取技术、负压空化混悬提取技术、加压提取技术、超声辅助提取技术、微波辅助提取技术、酶辅助提取技术、超临界流体萃取技术等。

1.2.4.2 分离方法的选择

（1）固体-固体混合物：若杂质易分解、升华时，可用加热法；若一种易溶，另一种难溶，可用溶解过滤法；若两者均易溶，但其溶解度受温度影响不同，用重结晶法。

（2）液体-液体混合物：若互溶且沸点相差较大时，用分馏法；若互不相溶时，用分液法；若在溶剂中的溶解度不同时，用萃取法。

（3）气体-气体混合物：一般可用洗气法，也可用固体来吸收。

（4）固体-液体混合物：视不同情况分别用过滤或盐析或蒸发的方法。

当不具备上述条件时一般可先用适当的化学方法处理，然后再根据混合物的特点用恰当的分离方法进行分离（表 1.2）。

表 1.2　分离方法

工质类型	方法	适用范围
固-液	蒸发	易溶固体与液体分开
固-固	结晶	溶解度差别大的溶质分开
	升华	能升华固体与不升华物分开
固-液	过滤	易溶物与难溶物分开
	萃取	溶质在互不相溶的溶剂里，溶解度的不同，把溶质分离出来
	分液	分离互不相溶液体
液-液	蒸馏	分离沸点不同混合溶液
	渗析	分离胶体与混在其中的分子、离子
	盐析	加入某些盐，使溶质的溶解度降低而析出
气-气	洗气	易溶气与难溶气分开
	液化	沸点不同气分开

1.2.4.3　分离的原则

(1) 一般要遵循提纯过程中不引入新的杂质；

(2) 不减少欲被提纯的物质；

(3) 被提纯物质与杂质容易分离；

(4) 被提纯物质要复原；

(5) 除杂试剂应过量且过量试剂必须除尽；

(6) 分离与提纯方法简便易行；

(7) 含多种杂质的分离与提纯，必须注意所加入试剂的顺序与用量，后加的试剂应能够把前面所加入的无关物质或离子除去；

(8) 加入试剂后生成的沉淀不要一一过滤，在互不影响的情况下最好一起过滤除去；

(9) 气体除杂时，如遇到极易溶于水的气体时，要防止倒吸现象发生。

1.2.4.4　分离效果的评价

分离效果通常采用提取率和纯度两个指标进行评价：

a. 提取率是指提取样品中目的活性物质量，对绝干原料样品的质量比。

$$\varsigma = W_1 \times C_1 / W_0$$

式中，η 为提取率，%；W_1 为提取样品绝干质量，g；C_1 为提取样品中目的活性物质含量，%；W_0 为原料样品绝干质量，g。

b. 纯度是指混合物中纯目的活性物质所占的百分数。

$$C = W_纯 / W_{混合}$$

式中，C 为纯度，%；$W_纯$ 为混合物中纯目的活性物质的量，g；$W_{混合}$ 为混合物样品的量，g。

分离效果评价的其他指标，包括目的活性物质回收率、方法可控性及工艺成本等。

(1) 回收率。回收率是评价分离效率的一个重要指标，反映目标活性物质在分离纯化过程中的损失量，也体现了方法的可靠性，将其用下式表示：

$$Y=S_1/S_0×100\%$$

式中，Y 为回收率，S_0 和 S_1 分别为分离纯化前、后目标活性物质的量。

在分离和纯化过程中，由于挥发、分解或分离不完全，操作设备的吸附作用，以及其他人为因素均可能引起目标活性物质的损失。通常情况下，如果回收率超过90%，即认为方法可用。

(2) 纯度。纯度表示目标活性物质的富集程度。通常在保证回收率的前提下，目标活性物质纯度越高，方法越优。

(3) 方法可控性。目标活性物质的分离效率与操作者和操作设备均有关系，如果分离效率主要与操作者的熟练程度有关，而与设备相关性较小，此种情形很难保证分离操作的重现性，这种分离操作就不适合工业化生产。

(4) 工艺成本。例如，超临界流体 CO_2 萃取技术是"绿色"的分离方法，但其成本较高，如果用此技术分离附加值低的活性物质则在经济上不划算，所以这种技术通常用于分离纯化工艺的后期或者用于高附加值产品的生产中。

1.3　其他因素对林源活性目的活性物质分离的影响

1.3.1　原料粉碎粒度

植物材料的粒度越小，则单位质量植物材料的总外表面积越大，越有利于溶剂的渗透及溶质向主体传递，粒度小还可缩短药材浸润时间，加大对流传质在颗粒内传质中所占有的比重，这些都有利于提高提取效率。但是表面积增大，药材基质对溶质的吸附作用也会有所增强，影响固液间的分配平衡，可能使提取率有所下降。另外，采用水作溶剂对含黏液质等多糖类较多的植物材料进行提取时，会因颗粒太细而产生胶冻现象，如果没有相应的手段破坏胶冻的生成，会影响其他成分的提取和后续操作。采用有机溶剂时，由于这类成分不易浸出，不会出现这种现象，有些文献中指出用有机溶剂提取的原料其粒度可以略细一些。

1.3.2　提取温度

温度升高对多数物质的溶解有利，同时高温会使质量传递的过程加快，也有利于固体表面溶质的脱附，因此一般的溶剂提取过程会适当提高温度。但是，高温对药材中许多已知的有效成分都有着明显的破坏作用，并会加速杂质的溶出，导致提取液杂质含量增大，不利于除杂、提纯等后续处理，对提取过程产生不明确的影响。

1.3.3　固液接触状况

固液相间的宏观运动状况影响流体主体及固体外表面附近区域的传质特性，加强相间相对运动可以达到强化传质的目的，从而提高提取过程的效率。在渗漉、温浸等过程中，固液相对运动缓慢，溶质仅通过分子扩散向外传递，提取时间长。在煎煮操作中，液体沸腾时产生的对流运动对浸取过程是有利的，但高温的破坏作用不能忽视。可以通过在设备中加装搅拌装置和内构件，来改变设备内的固液接触情况。有些内构件对固体物料有挤压和揉搓作用，能够以机械方式加强原料体内的对流传质，改变固体内层传质的情况，从而提高效率。

1.3.4　提取时间

延长提取时间会使活性物质提取率增加，但在有些情况下，长时间高温浸提会增加对提取物破坏的可能性。固液平衡是一定条件下活性物质提取收率的极限，越靠近平衡点提高收率的代价越大，提取时间要在对各方面效益进行权衡后应视生产的具体情况而确定。

1.4　林源活性目的活性物质辅助分离技术

1.4.1　匀浆分离技术

匀浆提取，也叫匀浆萃取，是指提取原料通过加入萃取溶剂进行组织匀浆或磨浆，以提取植物组织中有效成分的一种提取方法。其过程是物料粉碎的过程，又是物料与料液充分混合的过程，因此实质上是一种强化固液传质过程。粉碎可使大的固体颗粒变小，同时使大部分的组织破坏、细胞破壁，同时使细胞内的目标成分释放到提取溶剂中；颗粒变小则相应增大固相与液相接触的比表面积，扩大了液体膜面积，因此相应缩短了浸取时间、传质途径，提高了传质速率，达到了强化浸取的目的(图 1.1)。

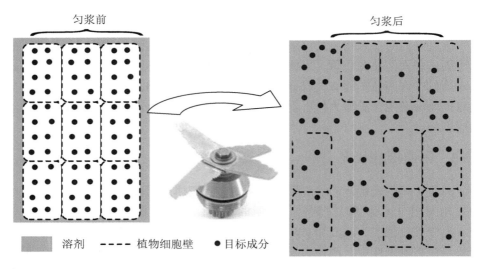

图 1.1　目标成分的胞内释放、扩散的非稳态非平衡模式

匀浆萃取的原料可以是不同含水率的原料，这不但减少干燥的工序、降低了成本，而且避免了活性物质在烘干过程中的降解，尤其适合热敏性物质提取。

杨磊等[3]利用响应面分析法(response surface methodology, RSM)对红皮云杉中提取莽草酸的工艺进行优化。在单因素实验基础上选取实验因素与水平，根据中心组合(Box-Benhnken)试验设计原理采用三因素三水平的响应面分析法，根据回归分析确定各工艺条件的影响因子，以莽草酸的得率和纯度为响应值作响应面。在分析各因素的显著性和交互作用后，得出红皮云杉中莽草酸匀浆提取的最佳工艺条件为：提取温度为 40℃，匀浆时间为 3 min，料液比为 1：10.3 (g：mL)。在最佳条件下，莽草酸的得率可达 0.84%，纯度可达 6.15%。

史伟国等[4]以喜树果和喜树叶为原料，对匀浆法提取喜树碱的工艺进行了研究，并采用高效液相色谱(high performance liquid chromatography，HPLC)法进行定量分析。确定了最佳的工艺条件为：提取溶剂为体积分数 55%的乙醇，匀浆时间为 8 min，料液比为 1：15 (g：mL)。在此工艺条件下，喜树果和喜树叶中喜树碱的得率分别为 0.08%和 0.07%。将该法与超声波提取、回流提取、常温冷浸提取、水浴振荡提取等方法进行了比较。结果表明，匀浆提取具有得率高、时间短等优势，是一种高效提取喜树碱的方法。

赵春建等[5]采用匀浆提取的方法从喜树果中提取喜树碱和 10-羟基喜树碱，考察乙醇体积分数、匀浆时间和料液比等因素对得率和纯度的影响，并通过响应面法进行工艺优化，分别得到以喜树碱、10-羟基喜树碱的得率和纯度为响应值的回归方程，进而获得最佳工艺条件为乙醇体积分数 52.41%；匀浆时间 2.93 min；料液比 1 : 11.11 (g : mL)。最佳条件下的验证实验表明：喜树碱得率为 0.09%，浸膏中喜树碱的纯度为 1.06%，与模型值相对偏差分别为 0.75% 和 0.88%；10-羟基喜树碱得率为 0.01%，浸膏中 10-羟基喜树碱的纯度为 0.11%，与模型值相对偏差分别为 0.53% 和 0.78%，说明回归方程可以很好地预测实验结果。

贾佳等[6]采用匀浆法从落叶松树皮中提取原花青素，以得率和纯度为指标，对匀浆提取过程中各因素在单因素试验的基础上采用 Box-Behnken 试验设计法进行了优化。确定的匀浆提取优化条件为：以体积分数 70% 乙醇溶液作为提取溶剂，料液比为 1 : 15 (g : mL)，匀浆时间 5 min，匀浆提取 4 次。在此条件下落叶松树皮中原花青素的得率和纯度分别达到 17.33% 和 75.46%。

赵春建等[7]建立了一种匀浆提取沙棘果中总黄酮的方法。对匀浆法提取沙棘果中总黄酮的工艺进行了研究，确定了最佳的工艺参数为：提取原料为含水率 85% 的沙棘果，溶剂为 85% 体积分数乙醇，匀浆时间 10 min，料液比为 1 : 5 (g : mL)。将该法与常规的回流提取法进行了比较。结果表明，在优化的条件下，匀浆法对沙棘果总黄酮的得率为 0.76%，与回流提取相当。匀浆提取法所用提取时间短，提取溶剂用量少，此法是一种高效、快速提取沙棘果总黄酮的方法。

田浩等[8]建立了一种高效提取花生采摘种子后的农业废弃物为原料的白藜芦醇的方法。对萃取溶剂、溶剂浓度、萃取时间、萃取体系中液料比、提取次数 5 个因素进行了考察，并以白藜芦醇的提取率为指标，比较了匀浆提取与超声法、冷浸法和热回流法对白藜芦醇的提取效果，确定了白藜芦醇提取的最佳工艺参数为：溶剂是体积分数 90% 乙醇，匀浆时间 3 min，料液比为 1 : 12 (g : mL)，匀浆提取 3 次。匀浆法提取速度明显高于超声提取、冷浸法和热回流法，提取的时间短、提取速率高、温度低。匀浆技术用于热敏物质的提取具有优越性。

杨磊等[9]采用匀浆提取法从脱脂印楝种子中提取印楝素 A，研究了提取过程中不同影响因子对提取效果的影响。确定的匀浆提取优化条件为：以乙酸甲酯作为提取溶媒，料液比为 1 : 12 (g : mL)，匀浆时间 3 min，匀浆提取 1次。此法与超声波法、回流法、冷浸提取法相比，具有设备和操作简单、提取率高、快速等特点。

1.4.2　负压空化混旋分离技术

空化混旋萃取过程实质上是气液两相或气液固三相间的传质过程。

　　空化混旋固-液萃取是指运用气泡在外力的作用下使固液两相由静态传质变为混旋状态下的动态传质的一种强化传质过程。

　　当进入固液体系内的操作气速较低时，颗粒尚未被流化，气体由颗粒缝隙溢出，气体的通过只能使颗粒的空隙率发生变化，不形成气泡。达临界流化状态以后，细颗粒开始形成良好的散式流态化，且体系膨胀明显；高速时形成气泡，且随着气速的增大，气泡的数量和尺寸迅速膨胀，体系就会形成气泡相和乳化相。当关掉气阀或卸掉负压至常压时，体系内的混旋状态消失，气泡迅速溃灭，乳化相亦随之消失。

　　另外，因为气泡是在分布板上生成的，所以气泡的生成和分布板的形式有密切的关系。单孔板形成的气泡较大，床层不均匀性显著，流化效果差，有沟流现象，但混旋效果好，气液固混合均匀，气泡瞬间压力变化较大，膨胀与溃灭转化迅速，空蚀效果显著，传质面积大，效率高。烧结板孔多而密，阻力过大，形成的气液固密度较为均匀，且波动小，不易产生沟流现象。

　　空化混旋固液萃取体系可划分为气泡发生区、混旋区和湍流区 3 个区域，如图 1.2 所示。

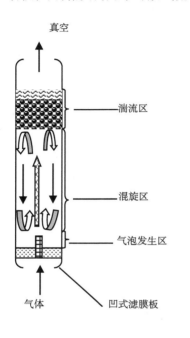

图 1.2　空化混旋固液萃取体系区域划分

（图中标注：真空；湍流区；混旋区；气泡发生区；气体；凹式滤膜板）

　　空化混旋固液萃取传质机理：小气泡、小液滴和含固体颗粒的小液滴，随主气流上升的同时，受主流的运动影响而向周围扩散，随着不断有小气泡和小液泡的产生，在与器壁发生碰撞，则部分流体改变了运动方向，折转向下运动，几乎同时又受到非主气流区上升气流的影响，与主气流合并向上运动，如此往复，形成了气相、液相与固相交混的混旋状态。空化是指存在于液体中的小气泡（空化核）在负压作用下产生、生长、收缩或膨胀、崩解或溃灭的过程。该过程能在 1 ns~1 μs 释放出巨大的能量，所引发的高温(5 000 K)和高压(5.05× 10^7 Pa)成为过程强化十分有效的手段。

　　空化崩解或溃灭产生的微射流引起的体系的宏观湍动和固体颗粒的高速冲撞，使边界层减薄、增大传质速率；空化的微扰动可能使固液传质过程的瓶颈——微孔扩散得以强化；空化产生的微射流对固体表面的剥离、凹蚀作用创造了新的活性表面，增大了传质表面积；空化的能量聚结产生的局部高温高压能使物质分子与固体表面分子结合键断裂活化，实现传质。具体分析如下。

(1)气泡发生区：气泡分布板产生的气泡，主要为均匀的小气泡，对处于装置底部的沉积颗粒具有较好的搅动作用。

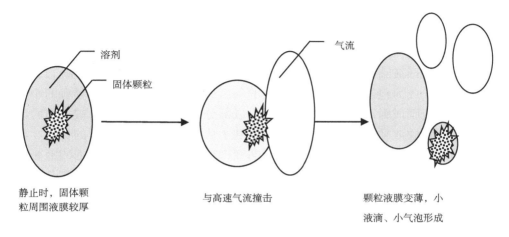

图 1.3　混旋区气泡、含固体颗粒的液泡及小液泡的形成模式

图 1.4　固液两相快速传质模式

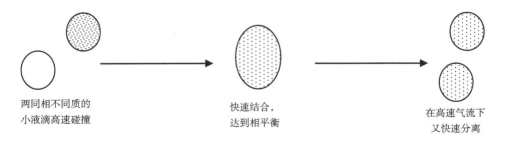

图 1.5　同相不同质的液相快速传质模式

(2)混旋区：混旋区中心存在轴向向上的气流区，是固液传质主动力区。如图 1.3~图 1.5 所示，固液两相由于气体的冲击而破碎成细小的小液滴和含固体

颗粒的小液滴，在大气泡流的推动下，进行不同液滴间液膜频繁接触和碰撞，加大碰撞几率和相际间传质速率，使不同浓度梯度的同一液相间瞬间发生融合或渗透，达到了传质目的。同时混旋区也是固液气三相相际间传质的主要区域，如图 1.6 所示，气泡在进行上下运动中由于液体压力和负压的综合作用，小气泡在大小随着压力梯度的瞬间变化而发生了巨大变化，在压力低的区域，上升气泡体积急剧增大，在压力高的区域，随混旋流下降的气泡体积急剧变小或溃灭。瞬间气泡体积膨胀致使气泡液相膜的膜壁变薄，而此时与气泡接触的小液滴由于液体表面张力的作用和气泡膨胀产生的向外微射流的作用，而挤压变形，由球形液滴变成扁球形或膜状，使不同浓度梯度的液滴快速融合，进行溶质中和，成为包被扩大的气泡液膜的一组成部分。使含有固体颗粒的小液滴液膜层因液膜成为部分称为气泡膜的组成部分而变薄，此时，包被气泡的液膜混有不同溶质浓度的液体组成，进而达到了从固形物中提取物质的目的。当气泡周围压力增大时，气泡的体积在瞬间变得很小或溃灭，包被气泡的液相膜急剧向内聚缩、变厚，至形成小液滴，表面张力和聚缩产生向内的微射流的作用，致使周围接触的小液滴从周围向内聚缩而挤压变形，又使小液滴间进一步的快速融合，重新进行溶质的分配，如此往复地进行固体颗粒液膜的新旧更替，进而加速了固体颗粒中有效物质快速传质的目的。同时气泡在瞬间溃灭或膨胀产生的强大的微射流，产生空蚀效应，使固体颗粒表面剥落或破裂或瞬间膜或壁透性加大，外围的液膜迅速扩散到颗粒内部，导致固体内部物质流出，达到胞内物质释放的目的，使萃取更为充分。

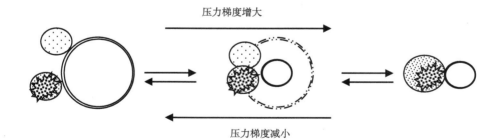

图 1.6　气泡在混旋区瞬间膨胀或溃灭的固液气三相传质模式

　　(3)湍流区：主要发生包被上升气泡不同质液相膜间的快速传递，由于压力的急剧降低，致使上升气泡在近液面和液面处体积急剧膨胀而崩解，包被气泡的液相膜崩解时产生的微射流使周围的气泡和液泡产生扰动效应,随着湍流而不断地进行与气泡的崩解后产生的液滴接触融合,进而达到传质的目的。

祖元刚等[10]对负压空化法提取虾青素的各项工艺条件进行了初步探讨,研究了负压空化法提取的溶剂、溶剂质量分数、时间、通气量对虾青素提取效果的影响。得出最佳提取工艺参数为:提取溶剂为质量分数 80%的乙醇、提取时间为 35 min、通气量为 0.2 m^3/h。并且对提取前后法夫酵母细胞的形态进行了显微观察,得到了显微照片。

杨磊等[11]采用负压空化法对长春花中的生物碱进行提取研究,以长春花中 3 种主要生物碱长春碱、文多灵和长春质碱的提取率评价提取效果,考察了提取溶剂、pH、酸性调节物、提取时间、料液比和提取次数等因素对提取效果的影响。结果表明:以 pH 1.5 的硫酸 50%甲醇溶液作为提取溶剂,料液比为 1∶10(g∶mL),空化提取 25 min,空化提取 3 次时,提取效果最好;与其他提取方法相比,负压空化法更适合用于含量低但价格昂贵的长春碱的提取,得率达到 0.082‰。

付玉杰等[12]优化了负压空化法从临界萃取后的甘草根茎中提取甘草酸工艺,最优工艺条件如下:0.3%氨水溶液作为溶剂,液料比 10∶1(mL∶g),负压空化时间 15 min,出膏率 30.3%,其中 GA 含量是 6.6%,因此 GA 得率是 2.0%。对比了索氏提取、超声波和负压空化三种提取方法,结果表明:通过负压空化提取方法的提取率分别是索氏提取法和超声提取法的 1.6 倍和 1.2 倍。负压空化的提取方法显示了许多优势,包括提取温度低,溶剂用量少,提取时间短,提取率较高。

1.4.3　加压提取技术

加压提取技术是近年来发展起来的一个新的提取技术,在中药提取过程中,通过施加一定的压力,使药材内部的细胞壁被破坏从而加速溶剂的扩散,同时,升高压力还能使溶剂在高于沸点情况下仍保持液体状态,改善溶剂的溶解性和选择性,从而提高浸出速度和浸出率[13]。万建波等[14]优化了中药葛根异黄酮类成分加压溶剂提取的条件。采用高效液相色谱法同时测定葛根提取液中葛根素、大豆苷和大豆苷元含量,以三者含量总和为评价指标,以用正交设计的考察方式对影响加压溶剂提取葛根异黄酮类成
分的因数进行优化。优选出最佳提取条件:溶剂为甲醇;温度 140℃;提取时间 10 min;压力 8.27 MPa,置换体积为 60%,并与葛根药典提取方法进行比较,结果表明:加压溶剂提取法具有提取时间短、溶剂消耗少、提取效率高、重现性好、操作模式多样化和操作过程自动化等优点,将有助于中药质量控制提取过程的标准化。

申明乐[15]将五倍子装于铜制耐压容器中,以加压计量泵用水循环提取其中

的单宁。实验表明：当五倍子破碎粒度为 3~5 mm 时，以 5 倍于五倍子的水（质量比）对五倍子连续加压循环提取，100 min 内的提取率可达 99%以上。密闭操作的快速提取过程使产品颜色变浅、纯度提高。

杨薇薇等[16]通过正交试验，以异黄酮得率为指标，优选了加压技术提取红三叶草总异黄酮工艺参数。结果表明：与醇提法相比，加压提取是一种快速高效的新方法。当压力为 0.8 MPa，乙醇体积分数为 50%，液料比为 15（mL：g），保压时间为 5 min 时，红三叶草总异黄酮得率和质量分数分别达 8.85%和 57.0 mg/g。

朱庆书等[17]采用加压提取法提取枳实中黄酮类成分，并与乙醇回流法比较提取效果。采用单因素试验，考察提取压力、提取温度和溶剂用量等对黄酮提取的影响，并采用正交设计法优化工艺。结果表明最适宜条件为：乙醇体积分数为 40%，温度 130℃，压力 500 kPa，粒径 60 目，固液质量比 1：20，时间 20 min，在此条件下，得率为 4.16%，提取速率为 2.08 mg/(g·min)。乙醇回流提取法在相同药材粒径和料液比情况下，得率为 3.44%，提取速率为 0.19 mg/(g·min)。加压提取法具有省时和高效的优点。

杨磊等[18]利用加压溶剂提取方法进行了卫矛科药用植物雷公藤中雷公藤多苷提取分离，根据理化性质用显色-比色法进行定量分析，并在单因素试验基础上，根据中心组合试验设计原理采用三因素三水平的响应面分析法进行工艺优化。结果表明：经过响应面分析法得出优化的工艺条件为料液比 1：9.5（g：mL），提取温度 115℃，提取时间 80 min，在此条件下雷公藤多苷的浸膏得率可达 0.21%，纯度为 0.52%。加压溶剂提取方法与常规提取法相比优势明显。

于慧荣等[19]研究加压提取地榆中黄酮的最佳提取工艺。探讨了乙醇浓度、料液比、粒径、提取压力、提取温度和提取时间 6 个因素对黄酮得率的影响，并通过正交试验优化，确定了加压提取地榆中黄酮的最佳条件。结果表明加压提取地榆中黄酮的最佳提取条件：浸提温度 120℃，料液比为 1：20（g：mL），提取溶剂为 60%的乙醇，浸提时间为 30 min，浸提压力为 5 kg/cm^2，粒径为 40 目，在该条件下黄酮得率可达 17.35%。与回流提取法相比，加压浸提法可显著提高浸提率。

1.4.4 超声辅助提取技术

超声辅助提取技术意指在溶剂提取的基础上，外加超声场，利用超声波产生的强烈振动、空化效应、搅拌作用等提高溶剂提取的效率。超声波辅助提取活性物质过程：在容器中加入提取溶媒（水、乙醇或其他有机溶剂等），将活性物质材料根据需要粉碎或切成颗粒状，放入提取溶媒中；容器的外壁粘接换能器振子或将振子密封于不锈钢盒中(盒投入容器中);开启超声波发生器,振子向提取溶媒中发出超声波,超声波在提取溶媒中产生的"空化效应"和机械作用一方面可有效地破碎药材的细胞壁,使有效成分呈游离状态并溶入提取溶媒中;另一方面可加速提取溶媒的分子运动,使得提取溶媒和药材中的有效成分快速接触,相互融合、混合。超声波辅助提取以其提取温度低、提取率高、提取时间短的独特优势被研究者应用于活性物质材料和各种动、植物有效成分的提取,是替代传统剪切工艺方法,实现高效、节能、环保式提取的现代高新技术手段。

超声波辅助提取的原理:超声波提取活性物质的优越性,是基于超声波的特殊物理性质。超声提取的机制包括机械机制、热学机制及空化机制[20]。机械机制主要是通过压电换能器产生的快速机械振动波来减少目标萃取物与样品基体之间的作用力从而实现固液萃取分离,其作用原理包括:① 加速介质质点运动。高于 20 kHz 声波频率的超声波的连续介质(如水)中传播时,根据惠更斯波动原理,在其传播的波阵面上将引起介质质点(包括药材有效成分的质点)的运动,使介质质点运动获得巨大加速度和动能。质点的加速度经计算一般可达重力加速度的 2000 倍以上。由于介质质点将超声波能量作用于药材活性物质成分质点上而使之获得巨大的加速度和动能,迅速逸出药材基体而游离于溶媒中;② 空化作用。超声波在液体介质中传播产生特殊的"空化效应","空化效应"不断产生无数内部压力达到上千个大气压的微气穴并不断"爆破"产生微观上的强大冲击波作用在活性物质材料上,使其活性物质被"轰击"逸出,并使得药材基体被不断剥蚀,其中不属于植物结构的药效成分不断被分离出来。加速植物有效成分的浸出提取;③ 超声波的振动均化使样品介质内各点受到的作用一致,使整个样品萃取更均匀。综上所述,活性物质材中的药效物质在超声波场作用下不但作为介质质点获得自身的巨大加速度和动能,而且通过"空化效应"获得强大的外力冲击,所以能高效率并充分分离出来。

超声提取技术优点:① 提取效率高:超声波独具的物理特性能促使植物细胞组织破壁或变形,使活性物质有效成分提取更充分,提取率比传统工艺显著提高达 50%~500%;② 提取时间短:超声波强化活性物质提取通常在 24~40 min 即可获得最佳提取率,提取时间较传统方法大大缩短 2/3 以上,药材原材料处理量大;③ 提取温度低:超声提取活性物质材的最佳温度在 40~60℃,对遇热不稳定、易水解或氧化的药材中有效成分具有保护作用,同时大大节约能耗;④ 适应性广:超声提取活性物质材不受成分极性、分子质量大小的限制,适用于绝大多数种类活性物质材和各类成分的提取;⑤ 提取液杂质少,有效成分易于分离、纯化;⑥ 提取工艺运行成本低,综合经济效益显著;⑦ 操作简单易行,设备维护、保养方便。

超声提取技术的应用:贺云等[21]采用超声法从野葛根中提取葛根异黄酮,

再将提取物在盐酸水溶液中超声水解结合有机溶剂萃取法从野葛根中分离纯化葛根素和大豆苷元。葛根素得率为 1.2%，纯度为 97.8%；大豆苷元得率为 0.5%，纯度为 98.2%。超声法从野葛根中提取分离葛根异黄酮活性成分葛根素和大豆苷元具有省时、节能、提取率和产品纯度高的优点；段宾宾等[22]主要研究采用响应面分析法优化超声辅助提取信阳毛尖脂溶性香味成分的提取工艺。在单因素实验基础上，选择提取功率、提取时间、提取温度为自变量，超声提取物的提取率为响应值，利用 Box-Benhnken 中心组合试验和响应面分析法，研究各自变量交互作用及其对提取率的影响，模拟得到二次多项式回归方程的预测模型。结果表明：最佳提取工艺条件为提取功率 89.23 W，提取时间 31.38 min，提取温度 25.19℃。该工艺条件下信阳毛尖超声提取物的理论得率为 3.78%，实测得率为 3.73%，回归模型预测与实际情况吻合良好；王汉卿等[23]分别研究乙醇浓度、乙醇用量、超声时间、超声温度 4 个单因素对超声辅助提取宁夏枸杞叶总黄酮的影响，并设计正交试验，所得结果采用方差分析。利用优选出的最佳超声提取工艺测定比较不同采收期枸杞叶中的总黄酮含量。确定了最佳单因素水平，通过正交试验优选出超声辅助提取枸杞叶总黄酮的最佳工艺条件为：体积分数 65%乙醇，料液比 60：1(g：mL)，超声提取时间 35 min，超声温度 70℃。通过比较不同采收时期枸杞叶总黄酮的含量，结果为 5 月中旬含量最高；卢静华等[24]采用 $L_9(3^4)$ 正交实验，以橙皮苷的含量为标准筛选枳实中的橙皮苷最佳提取工艺。结果表明：优选的提取工艺稳定，提取率高。枳实中橙皮苷的最佳提取工艺为采用 8 倍量 95%的甲醇，超声提取 3 次，每次 20 min；张建超等[25]分别用超声辅助提取法和索氏提取法从厚朴中提取厚朴酚与和厚朴酚，并测定提取物的质量。结果表明：超声辅助提取厚朴中厚朴酚与和厚朴酚优于索氏提取，各项指标前者均优于后者。说明超声法有助于厚朴酚与和厚朴酚的提取，该研究为厚朴酚与和厚朴酚的提取提供了实验依据；郭孝武等[26]以超声和常规两种提取方法对黄柏等三种中药的碱类成分进行提取，比较了有效成分的提出率和核磁共振、红外光谱等图谱。证明了超声提取具有省时、节能、提出率高等优点，是一种快速、高效的提取新方法；王晓林等[27]探讨了超声波辅助提取东北铁线莲总多酚的最佳工艺条件。以东北铁线莲总多酚的提取率作为评价指标，选择乙醇体积分数、提取时间、料液比、提取次数为考察因素，采用正交试验法确定了东北铁线莲中总多酚的最佳工艺，采用分光光度法对提取液中总多酚的含量进行了测定，检测波长为 766 nm。结果表明：最佳提取工艺条件中体积分数 65%乙醇提取时间为 35 min，料液比为 1：30(g：mL)，提取次数为 3 次。没食子酸在质量浓度为 1.116 ~ 11.160 μg/mL 时呈现良好的线性关系。该提取方法操作简单，结果比较可靠，适用于东北铁线莲总多酚的提取。

1.4.5　微波辅助提取技术

　　微波萃取的基本原理：由于不同物质的结构不同，吸收微波能的能力各异，因此，在微波的作用下，某些待测组分被选择性地加热，从而与基体分离，进入到微波吸收能力较差的萃取剂中。

　　微波萃取的机理可从两方面考虑[28]。一方面微波辐射过程是高频电磁波穿透萃取介质，到达物料的内部维管束和细胞系统。由于吸收微波能，细胞内部温度迅速上升，使其细胞内部压力超过细胞壁膨胀承受能力，细胞破裂。细胞内有效成分自由流出，在较低的温度条件下萃取介质捕获并溶解。通过进一步过滤和分离，便获得萃取物料。另一方面，微波所产生的电磁场加速被萃取部分成分相萃取溶剂界面扩散速率，用水作溶剂时，在微波场下，水分子高速转动成为激发态，这是一种高能量不稳定状态，或者水分子汽化，加强萃取组分的驱动力；或者水分子本身释放能量回到基态，所释放的能量传递给其他物质分子，加速其热运动，缩短萃取组分的分子由物料内部扩散到萃取溶剂界面的时间，从而使萃取速率提高数倍，同时还降低了萃取温度，最大限度保证萃取的质量。还有的文献是这样描述的：由于微波的频率与分子转动的频率相关，所以微波能是一种由离子迁移和偶极子转动引起分子运动的非离子化辐射能。当它作用于分子上时，促进了分子的转动运动，分子若此时具有一定的极性，便在微波电磁场作用下产生瞬时极化，并以 2.45 亿次/s 的速度作极性变换运动，从而产生键的振动、撕裂和粒子之间的相互摩擦、碰撞，促进分子活性部分(极性部分)更好地接触和反应，同时迅速生成大量的热能，促使细胞破裂，使细胞液溢出来并扩散到溶剂中。从细胞破碎的微观角度看[29]，微波加热导致细胞内的极性物质尤其是水分子吸收微波能产生大量的热量，使胞内温度迅速上升，液态水汽化产生的压力将细胞膜和细胞壁冲破，形成微小的孔洞；进一步加热又导致细胞内部和胞壁水分减少，细胞收缩，表面出现裂纹。孔洞或裂纹的存在使胞外溶剂容易进入细胞内，溶解并释放出胞内产物。

　　微波辅助提取的优点是萃取时间短，萃取较完全；缺点是设备比较昂贵，不易于工业生产。

　　林海禄等[30]研究了八角茴香中莽草酸的微波辅助提取法，并与传统提取方法作了比较。结果表明，微波辅助提取极大地缩短了提取时间，且收率有明显提高。其最佳工艺条件为：样品粉碎后过 40 目筛，以蒸馏水为提取溶剂，料液比为 1∶15(g∶mL)，时间 12 min，微波功率 400 W 提取 2 次。

　　薛梅等[31]运用微波辅助技术提取金樱子总黄酮和多糖，用比色法测定总黄酮和多糖含量。结果表明：运用微波技术从金樱子中联合提取总黄酮和多糖，反应速度加快，提高了提取效率。测得金樱子中总黄酮含量为 6.49%，平均回收率为 99.23%，相对标准偏差为 1.89%（n=5），多糖含量为 8.73%，平均回收率为 100.98%，相对标准偏差为 1.45%（n=5）。

李冰等[32]采用微波辅助技术来强化从洋葱中提出天然抗氧化剂——栎皮酮。考察了微波功率、微波辐射时间、碱液浓度，以及溶剂用量对栎皮酮提取率的影响，并且观察了在微波场下洋葱细胞的变化情况，从而探讨微波强化栎皮酮提取过程的机制。

徐春明等[33]采用微波辅助提取紫苏叶中迷迭香酸，通过响应面分析对提取工艺进行优化，得出较优工艺条件为微波功率 560 W，处理时间为 4.5 min，料液比为 1：33（g：mL），迷迭香酸得率为 2.55 g/mg。通过对微波辅助提取和常规提取工艺的比较，可以得出利用微波辅助提取紫苏叶中迷迭香酸的工艺是可行的。

李秀信等[34]比较微波辅助甲醇提取香椿黄酮与乙醇提取、甲醇回流和乙醇回流等工艺提取香椿黄酮的效果，用正交设计筛选微波辅助乙醇提取工艺条件，并探讨材料的液料比、体积分数、微波处理时间、微波功率对提取效果的影响，结果表明：微波辅助甲醇提取和乙醇提取效果明显优于其他传统方法；最佳工艺条件：液料比 25（mL：g），乙醇体积分数 70%，微波功率 400 W，处理 15 min。此工艺提取率达到 70.15%，是一种高效、节能的提取香椿黄酮的工艺。

邹毓兰等[35]对明日叶中总黄酮的提取工艺和检测方法进行了研究。采用微波法，利用单因素和正交实验对明日叶中总黄酮的提取工艺进行了优化，分别通过 $AlCl_3$ 和 $Al(NO_3)_3$ 显色法，建立了明日叶中总黄酮的分光光度检测方法。结果表明，$AlCl_3$ 显色法的最佳提取条件为：乙醇浓度 85%、提取 3 次、料液比 1：25（g：mL）、微波功率 600 W、提取时间 80 s，样品中总黄酮的得率为 1.48%；$Al(NO_3)_3$ 显色法的最佳提取条件为：乙醇浓度 40%、提取 3 次、料液比 1：25（g：mL）、微波功率 700 W、提取时间 80 s，样品中总黄酮的得率为 1.67%。另外，对两种显色方法的显色稳定性进行了初步探讨。

郭梅等[36]利用微波辅助提取山楂中黄酮类化合物，采用正交试验优化了工艺条件，结果表明，影响山楂黄酮类化合物得率的主次因素顺序为微波萃取时间>微波功率>料液比>乙醇浓度。最佳的提取工艺参数为：微波功率 400 W，萃取时间 120 s，乙醇浓度 60%，料液比 1：40（g：mL）。在此条件下，黄酮类化合物的得率为 3.19%。

金靓婕等[37]以咖啡碱的提取率为评价指标，利用 MINITAB15.0 设计生成响应曲面法 Box-Behnken 试验表格，优化微波辐射法从茶叶体内提取咖啡碱的工艺条件。实验确定的微波辐射法从茶叶体内提取咖啡碱的最佳工艺条件为：95%乙醇：水溶剂体积为 4：1，溶剂用量 112 mL，微波辐射时间为 173 s，咖啡碱得率为 3.103%。

武宇芳等[38]以体积分数 50%乙醇为提取剂，采用微波辅助法提取葛根

(*Pueraria montana* var. *lobata*)中的葛根素，设计正交试验优化提取工艺。结果表明，优化的提取条件为：料液比 1：40(g：mL)，微波功率 500 W，微波处理时间 5 min。此工艺条件下葛根中葛根素的得率为 3.51%。与加热回流法相比，采用微波辅助法葛根素的得率提高了 19.79%，提取时间缩短了 90%。

1.4.6　酶提取技术

生物酶特性：酶是一种无毒、对环境友好的生物催化剂，其化学本质为蛋白质。酶的生产和应用，在国内外已具有 80 多年历史，进入 20 世纪 80 年代，生物工程作为一门新兴高新术在我国得到了迅速发展，酶的制造和应用领域逐渐扩大，酶在植物活性成分中的应用也日臻成熟。

生物酶是具有催化功能的蛋白质。像其他蛋白质一样，酶分子由氨基酸长链组成。其中一部分链成螺旋状，一部分成折叠的薄片结构，而这两部分由不折叠的氨基酸链连接起来，而使整个酶分子成为特定的三维结构。生物酶是从生物体中产生的，它具有特殊的催化功能，其特性如下。① 高效性：用酶作催化剂，酶的催化效率是一般无机催化剂的 $10^3 \sim 10^6$ 倍；② 专一性：一种酶只能催化一类物质的化学反应，即酶是仅能促进特定化合物、特定化学键、特定化学变化的催化剂；③ 低反应条件：酶催化反应不像一般催化剂需要高温、高压、强酸、强碱等剧烈条件，而可在较温和的常温、常压下进行；④ 易变性失活：在受到紫外线、热、射线、表面活性剂、金属盐、强酸、强碱及其他化学试剂(如氧化剂、还原剂)等因素影响时，酶蛋白的二级、三级结构有所改变。所以在大生产时，如有条件酶还可以回收利用。

生物酶提取机理：酶蛋白与其他蛋白质的不同之处在于酶都具有活性中心。酶可分为四级结构：一级结构是氨基酸的排列顺序；二级结构是肽链的平面空间构象；三级结构是肽链的立体空间构象；四级结构是肽链以非共价键相互结合成为完整的蛋白质分子。真正起决定作用的是酶的一级结构，它的改变将改变酶的性质(失活或变性)。酶的作用机理比较被认同的是 Koshland 的"诱导契合"学说，其主要内容是：当底物结合到酶的活性部位时，酶的构象有一个改变。催化基团的正确定向对于催化作用是必要的。底物诱导酶蛋白构象的变化，导致催化基团的正确定位与底物结合到酶的活性部位上去。

选用适当的酶(如纤维素酶、果胶酶等)作用于中药材，破坏细胞壁的致密构造，从而利于有效成分的溶出[39]。酶法处理通常要与传统提取工艺结合进行林源活性成分的提取分离。

应用于林源活性成分提取的生物酶种类：果胶酶，果胶酶主要是由果胶裂解酶、聚半乳糖醛酸酶、果胶酸盐裂解酶和果胶酯酶组成。果胶物质是高度酯化的聚半乳糖醛酸。果胶酶作用于果胶物质时，果胶裂解酶、聚半乳糖醛酸酶、果胶酸盐裂解酶直接作用于果胶聚合物分子链内部的配糖键上，而果胶酯酶则使聚半糖醛酸酯水解，为聚半乳糖醛酸酶和果胶酸盐裂解酶创造更多的位置；脂肪酶，脂肪酶能将脂肪水解成甘油和脂肪酸，脂肪酸进一步进行 β-氧化，每次脱下一个 C_2 物，生成乙酰 CoA（N—环己基辛基胺），进入 TCA（三羧酸）循环彻底氧化或进入乙醛酸环合成糖类；蛋白酶，由微生物分泌的蛋白酶因菌种不同而异。例如，枯草杆菌分泌明胶酶和酪蛋白酶，可以水解明胶和酪蛋白；费氏链霉菌分泌角蛋白酶，可以水解动物的毛、角、蹄的角蛋白。蛋白酶将蛋白质分解成肽，再经肽酶水解成氨基酸；纤维素酶，纤维素酶是一个多组分酶体系，酶辅助提取中应用的纤维素酶大多数是由木酶属真菌制造的。纤维素酶中的纤维素二糖水解酶又称为外切纤维素酶，由 CHB Ⅰ 和 CHB Ⅱ 两种酶组成，而内切葡聚糖酶，又称为内切纤维素酶，至少由 5 种纤维素酶（EG Ⅰ、EG Ⅱ、EG Ⅲ、EG Ⅳ、EG Ⅴ）组成。此外，还有 β-葡萄糖醛酸酶。这些纤维素酶在纤维素的水解中具有协同作用。

　　酶提取的应用：刘全德等[40]建立了纤维素酶辅助野马追总黄酮的最佳提取工艺。以野马追为原料，首先研究了 pH、液料比、酶浓度、酶解温度和酶解时间对得率的影响。在此单因素实验基础上，优化出了纤维素酶辅助提取野马追总黄酮的最佳工艺参数：pH 5.5、液料比 12 : 1（mL : g）、酶浓度 0.4%、酶解温度 40℃和酶解时间 1.5 h，此时总黄酮的得率为 1.44%。然后将纤维素酶辅助提取法与其他提取方法进行了对比，实验结果表明：纤维素酶辅助提取法的得率比水煎煮法高 96.4%，比乙醇回流提取法高 37.8%，且提取时间仅为 1.5 h，相比乙醇回流提取法缩短了 1 h。该方法效率高，耗能低，省时省材料，具有较高的实用价值；余洋定等[41]为优化裙带菜孢子叶多糖的提取工艺，利用响应面中的 Box-Behnken 设计优化果胶酶辅助提取裙带菜孢子叶多糖的工艺条件。以多糖得率为评价指标，最终确定果胶酶辅助提取裙带菜孢子叶多糖工艺条件为酶加量 0.65%、料液比 1 : 59（g : mL），pH 3.4。该条件下，裙带菜孢子叶多糖得率为 4.79%；唐俊等[42]以薯蓣皂苷元的提取收率为考察指标，采用中心组合试验设计和响应面分析法对纤维素酶酶解提取盾叶薯蓣中薯蓣皂苷元的工艺条件进行优化，确定其最佳工艺条件：采用盾叶薯蓣与水的料液比为 1 : 10（g : mL）；酶解 pH 5.75；酶解温度为 54℃；酶解作用时间为 2.5 h；纤维素酶用量为 10.8 U/g 的工艺条件，使得薯蓣皂苷元的得率达到 1.5%以上。结果表明纤维素酶辅助提取法是提高薯蓣皂苷元的有效途径；龚志华等[43]以茯苓水溶性糖的提取得率为考察指标，先后通过酶法辅助提取的单因子实验、正交实验及验证实验研究了 β-葡聚糖酶对茯苓水溶性糖的辅助提取效果，优化筛选了最优技术参数。结果表明，β-葡聚糖酶辅助提取茯苓水溶性多糖的最佳工艺技术为：酶用量 6.5%（酶/脱脂茯苓粉干重）、反应温度 55℃、时间 90 min、 pH 5.5。在该参数条件下，茯苓水溶性糖的得率为 13.31%，效果明显；焦岩等[44]采用纤维素酶辅助法对沙棘果加工废弃物沙棘果渣中的总黄酮物质进行提取。在单因素试验的基础上，采用响应面分析法对酶辅助法提取沙棘果渣黄酮类物质提取条件进行优化。建立并分析了酶用量、液料比、提取温度和 pH 4 因子与总黄酮得率关系的数学模型。沙棘果渣黄酮类物质提取的最佳工艺条件为：纤维素酶用量 78.9 IU/g，液料比值 25.9，温度 59.1℃，pH 3.9。试验证明，在此条件下，总黄酮得率为 (8.48 ± 0.16) mg/g $(n=3)$，与模型预测值 8.57 mg/g 基本一致。响应面模型回归方程与实际情况拟合良好，能较好地预测大果沙棘果渣中总黄酮的得率；许云峰等[45]研究内生青霉菌（Penicillium sp. B-4）胞外纤维素酶在槐米总黄酮提取中的辅助应用。内生青霉菌在起始 pH 4.5 的综合马铃薯培养基中，150 r/min，40℃下摇瓶，培养 7 d，具有较高的纤维素酶比活力（3.57 U/mL）。槐米干粉投入青霉菌发酵液中进行酶解处理，比较酶料比、酶解温度、酶解时间和酶解液 pH 对槐米总黄酮提取率的影响，发现槐米干粉以酶料比 40：1（mL：g）加入粗酶液中，在 pH 4.5、温度 40℃下酶解处理 1 h 后，黄酮得率可达 12.2%，比常规提取率增加了 38.7%。内生菌纤维素酶辅助提取法为槐米黄酮提取的可行新方法；舒国伟等[46]通过单因素及正交实验研究了纤维素酶对黄姜色素提取的影响。酶法提取的最佳工艺条件为料液比 1：8（g：mL）、酶浓度为 0.2%、pH 5.5、酶处理时间 3.0 h、酶处理温度 55℃；孙萍等[47]研究了纤维素酶与果胶酶在沙枣黄酮提取中的应用。提取采用正交设计法，以纤维素酶与果胶酶用量比、酶解温度、酶解 pH 及酶解时间为因素，每个因素 3 个水平进行正交设计，用紫外分光光度法测定黄酮。结果表明：与普通提取相比，纤维素酶与果胶酶辅助提取法提取率有明显提高。当纤维素酶与果胶酶用量比为 1：4、酶解 pH 4.5、酶解温度为 50℃、酶解时间为 2 h 时效果最好；刘晓鹏等[48]通过单因素及正交试验研究纤维素酶酶解辅助提取茶树菇子实体多糖的最佳工艺。研究结果表明：水浴提取茶树菇子实体多糖料液比为 1：60（g：mL），提取时间 120 min，温度为 60℃时提取效果最佳；纤维素酶酶解辅助提取茶树菇子实体多糖，料液比为 1：80（g：mL），酶浓度 1.5%，浸提液 pH 6.0，提取温度 50℃。对两种提取法进行了比较，水浴法提取茶树菇多糖的平均提取率为 1.40%；纤维素酶酶解辅助提取茶树菇多糖的平均提取率 2.38%，比水浴法提高了 70.47%。纤维素酶酶解辅助提取茶树菇多糖明显优于水浴法。

1.4.7　超临界流体萃取技术

超临界流体萃取技术及其原理：超临界流体萃取技术（supercritical fluid extraction，SFE）是一种对环境友好的新型分离技术。

任何纯物质都有这样一个状态点，在此点上，气相和液相的界面消失，两相成为混合均一的流体状态，这点被称为临界点，其对应的压力和温度被称为临界压力(Pc)和临界温度(Tc)。压力和温度都处于临界点之上的流体被称为超临界流体(supercritical fluid，SCF)。处于超临界状态下的流体，其物理化学性质与在常温常压下有很大的不同，许多常温常压下为气态的物质其临界密度都大大高于气态的密度，而与液态时相近[49]。

SFE 技术的原理是控制超临界流体在高于临界温度和临界压力的系统中，从原料中萃取有效成分，当系统恢复到常压和常温时，溶解在超临界流体中的有效成分立即与气态的超临界流体分开。可以作为超临界液体的物质很多，但由于二氧化碳的超临界温度(Tc=31.26℃)，接近室温，且无色、无毒、无味，不燃烧爆炸，对大部分物质不反应，不昂贵，易制成高纯度气体，所以二氧化碳是首选的超临界流体。利用 SFE-CO_2 萃取技术提取有效成分，没有有机溶剂残留，故产品为纯天然的，并节省大量溶剂；可以在低温下提取，特别适合于那些含有对湿热不稳定易氧化物质的化合物的萃取[50-53]；超临界 CO_2 萃取速度快，可以缩短生产周期。目前 SFE 技术对植物有效成分的提取大部分还只停留在实验室规模，实现它的产业化，还面临许多技术上的难题。① 设备问题，超临界流体萃取装置是在高压下工作的装置，对设备的制造材质和密封程度提出了高要求，据报道国内只生产出 30 L 的萃取釜，远远达不到生产要求；② 中草药中成分复杂，近似化合物多，单独采用超临界 CO_2 萃取技术往往满足不了纯度的要求，要与其他分离手段联用；③ 对于带有极性基团较多的化合物，需要向萃取系统中加入合适的挟带剂，来改变有效成分的在超临界流体的溶解度[54]。

超临界流体萃取技术应用：李春英等[55]开发了一种应用超临界二氧化碳技术从烟草提取物中同时分离茄尼醇和辅酶 Q_{10} 的方法。研究了萃取时间、压力、温度和二氧化碳流量对茄尼醇和辅酶 Q_{10} 收率的影响。结果表明，最优的提取条件为：萃取时间 60 min，萃取压力 36 MPa，萃取温度 59℃，二氧化碳流量10 kg/h。在优化的超临界二氧化碳提取条件下，茄尼醇和辅酶 Q_{10} 的得率分别为1.84%和 2.07 mg/g，茄尼醇和辅酶 Q_{10} 在超临界二氧化碳萃取物中的含量分别为52.3%和 3.6%；付玉杰等[56]采用超临界 CO_2 萃取法从甘草中提取甘草次酸，并与索氏提取法、超声法进行比较，探讨从甘草中提取甘草次酸的工艺。结果表明：从甘草生药中提取含量较少的甘草次酸，超临界萃取法较其他几种提取方法具有明显的优势。超临界 CO_2 萃取法的最佳工艺条件为：压力 30 MPa，原料粒度 70 目，夹带剂为体积分数 80%乙醇，萃取温度 45℃，萃取时间 2 h；李庆勇等[57]用高效液相色谱法在线检测刺五加超临界提取物中异秦皮啶的含量，采用 ODS色谱柱，检测波长为 345 nm，流动相为乙腈：超纯水(V/V)为 2:8，异秦皮啶加样回收率 100.8%，相对标准偏差为 2.0%，该方法简便，结果准确可靠；聂江力等[58]

通过正交设计的试验方法，探讨了超临界 CO_2 法萃取五味子果实中木脂素的工艺条件，确定了最佳工艺条件为萃取压力 30 MPa，萃取温度 50℃，萃取时间 120 min；葛保胜等[59]利用超临界二氧化碳萃取核桃油，研究了不同原料处理方式对萃取率的影响，并利用正交实验法确定了超临界二氧化碳萃取核桃油的最佳工艺条件，即萃取压力 30 MPa，40℃，CO_2 流量 20 L/h，时间 2 h；产品符合国家食用油标准。

参 考 文 献

[1] 冯淑华, 林强. 药物分离纯化技术. 北京: 化学工业出版社, 2009.

[2] 丁明玉. 现代分离方法与技术. 北京: 化学工业出版社, 2007.

[3] 杨磊, 黄金明, 刘婷婷, 等. 响应面法优选红皮云杉针叶中莽草酸的匀浆提取工艺. 森林工程, 2010, 26(6): 9~13.

[4] 史伟国, 祖元刚, 赵春建, 等. 匀浆法提取喜树果和喜树叶中喜树碱的研究. 林产化学与工业, 2009, 29(1): 79~82.

[5] 赵春建, 李佳慧, 杨磊, 等. 优化喜树果中喜树碱和 10-羟基喜树碱的匀浆提取工艺. 森林工程, 2009, 25(2): 22~27.

[6] 贾佳, 杨磊, 祖元刚. 落叶松树皮原花青素的匀浆提取及响应面法优化. 林产化学与工业, 2009, 29(3): 78~84.

[7] 赵春建, 祖元刚, 付玉杰, 等. 匀浆法提取沙棘果中总黄酮的工艺研究. 林产化学与工业, 2006, 26(2): 38~40.

[8] 田浩, 刘玉, 夏禄华, 等. 匀浆法提取花生植株中白藜芦醇. 东北林业大学学报, 2008, 36(3): 81~83.

[9] 杨磊, 李家磊, 祖元刚, 等. 印楝种子中印楝素 A 的匀浆提取工艺. 东北林业大学学报, 2008, 36(9): 65~67.

[10] 祖元刚, 刘莉娜, 薛艳华, 等. 负压空化法提取虾青素. 东北林业大学学报, 2007, 35(2): 59~60.

[11] 杨磊, 张琳, 田浩, 等. 负压空化强化提取长春花中生物碱的工艺参数优化. 化工进展, 2008, 27(11): 1841~1845.

[12] 付玉杰, 赵文灏, 侯春莲, 等. 负压空化提取甘草酸工艺. 应用化学, 2005, 22(12): 1369~1371.

[13] 李鹏, 李绍平, 付超美. 加压溶剂提取技术在中药质量控制中的应用. 中国中药杂志, 2004, 29(8): 723~726.

[14] 万建波, 徐辰, 李绍平, 等. 葛根异黄酮成分的加压溶剂提取法研究. 分析化学, 2005, 33(10): 1435~1438.

[15] 申明乐. 五倍子加压提取单宁的工艺研究. 山东化工, 2007, (12): 11~13.

[16] 杨薇薇, 张永忠, 李成刚, 等. 加压提取红三叶草总异黄酮的研究. 中草药, 2009, 40(9): 1406~1407.

[17] 朱庆书, 赵文英, 金青, 等. 加压提取枳实总黄酮的研究. 化学工业与工程, 2010, 27(5):

415~419.

[18] 杨磊, 李彤, 祖元刚. 加压溶剂法提取雷公藤多苷及其条件优化. 中国中药杂志, 2010, 35 (1)：44~48.

[19] 于慧荣, 赵文英, 朱兆友. 加压提取地榆根中黄酮成分的研究. 天然产物研究与开发, 2011, 23 (3)：449~452.

[20] 赵兵, 王玉春, 欧阳藩. 超声波在植物提取中的应用. 中草药, 1999, 30 (9)：附 1~2.

[21] 贺云, 贺武卫. 超声提取和超声水解法从野葛根中提取纯化葛根素和大豆苷元. 天然产物研究与开发, 2005, 17 (3)：328~330.

[22] 段宾宾, 赵铭钦, 刘鹏飞, 等. 响应面法优化信阳毛尖超声提取物提取工艺. 香料香精化妆品, 2012, (1)：7~11.

[23] 王汉卿, 王文苹, 闫津金, 等. 超声提取枸杞叶中总黄酮提取工艺及其不同采收期含量变化研究. 中国实验方剂学杂志, 2011, 11 (8)：44~47.

[24] 卢静华, 刘影, 李羽佳. 超声提取法优选枳实中橙皮苷的提取工艺. 中国生化药物杂志, 2011, 32 (3)：220~222.

[25] 张建超, 鄢方兵, 芦金清. 超声提取和索氏提取厚朴中厚朴酚与和厚朴酚的比较研究. 湖北中医学院学报, 2010, 12 (1)：38~40.

[26] 郭孝武. 超声提取与常规提取对部分中药碱类成分提出率的比较. 世界科学技术, 2002, 4 (5)：59-61, 76~77.

[27] 王晓林, 钟方丽, 孙威, 等. 东北铁线莲总多酚的超声提取工艺研究. 河北科技大学学报, 2012, 33 (1)：32~35, 88.

[28] 郭维图, 孙福平. 微波提取的基本特性与微波连续提取装置. 机电信息, 2010, (8)：28~31.

[29] 张代佳, 刘传斌, 修志龙, 等. 微波技术在植物胞内有效成分提取中的应用. 中草药, 2000, 31 (9)：附 5~6.

[30] 林海禄, 彭雪娇, 罗明标, 等. 微波辅助提取八角茴香中莽草酸的工艺研究. 食品工业科技, 2007, 28 (3)：137~138, 142.

[31] 薛梅, 王自军, 闫豫君, 等. 金樱子中总黄酮和多糖的微波提取与含量测定. 食品工业科技, 2005, 26 (10)：133~134, 136.

[32] 李冰, 吴建文, 李琳, 等. 栎皮酮的微波强化提取技术. 食品工业科技, 2004, 25 (11)：96~99.

[33] 徐春明, 李丹. 响应面法优化微波辅助提取紫苏中迷迭香酸. 北京工商大学学报 (自然科学版), 2012, 30 (1)：26~29.

[34] 李秀信, 王建华, 刘莉丽, 等. 微波辅助提取香椿叶黄酮工艺的研究. 中国食品学报, 2012, 12 (1)：46~51.

[35] 邹毓兰, 单虎, 高桂余, 等. 明日叶中总黄酮的微波辅助提取工艺和检测方法研究. 食品工业科技, 2012, 33 (5)：201~204, 207.

[36] 郭梅, 任效东, 王娜, 等. 微波辅助提取山楂黄酮类化合物的工艺. 食品研究与开发, 2012, 33 (3)：51~54.

[37] 金靓婕, 孙晓伟, 汤武. 微波辐射法从茶叶体内提取咖啡碱工艺条件优化. 科技信息, 2012, (3)：82.

[38] 武宇芳, 白建华, 赵二劳. 正交试验优化葛根中葛根素的微波提取工艺. 湖北农业科学, 2012, 51 (5)：989~991.

[39] 王剑文, 许云峰, 周建芹, 等. 酶法辅助强化中药提取过程研究进展. 生物加工过程, 2008, 6(6): 6~11.

[40] 刘全德, 李超. 纤维素酶辅助提取野马追总黄酮的工艺研究. 中国食品添加剂, 2011, (5): 78~81.

[41] 余洋定, 启航, 李冬梅, 等. 果胶酶辅助提取裙带菜孢子叶多糖的工艺条件优化. 食品与机械, 2012, 28(1): 175~177.

[42] 唐俊, 葛海涛, 张云霞, 等. 纤维素酶辅助提取盾叶薯蓣中薯蓣皂苷的工艺优化研究. 中国医药科学, 2012, 2(1): 27~29.

[43] 龚志华, 胡雅蓓, 郭雨桐, 等. β-葡聚糖酶辅助提取茯苓水溶性糖研究. 食品工业科技, 2011, 32(5): 293~295.

[44] 焦岩, 王振宇. 响应面法优化纤维素酶辅助提取大果沙棘果渣总黄酮工艺研究. 林产化学与工业, 2010, 30(1): 85~91.

[45] 许云峰, 周建芹, 陈晶磊, 等. 内生青霉菌纤维素酶辅助提取槐米总黄酮. 生物加工过程, 2009, 7(2): 18~22.

[46] 舒国伟, 陈合, 张凡, 等. 纤维素酶辅助提取黄姜色素的研究. 食品科技, 2009, 34(11): 194~196.

[47] 孙萍, 马彦梅, 廉宜君, 等. 正交试验优化沙枣果肉中黄酮的酶辅助提取研究. 中草药, 2009, 40(S1): 165~167.

[48] 刘晓鹏, 姜宁, 张思乾, 等. 纤维素酶辅助提取茶树菇多糖的研究. 中国酿造, 2008, 199(22): 36~38.

[49] 陈维纽. 超临界流体萃取的原理和应用. 化学工程新技术丛书. 北京: 化学工业出版社, 1998.

[50] 朱自强. 超临界流体技术——原理和应用. 北京: 化学工业出版社, 2000.

[51] Punín Crespo M O, Lage Yusty M A. Comparison of supercritical fluid extraction and soxhlet extraction for the determination of aliphatic hydrocarbons in seaweed samples. Ecotoxicology and Environmental Safety, 2006, 64(3): 400~405.

[52] Liu B, Li W J, Chang Y L, et al. Extraction of berberine from rhizome of *Coptis chinensis* Franch using supercritical fluid extraction. Journal of Pharmaceutical and Biomedical Analysis, 2006, 41(3): 1056~1060.

[53] Irvan, Yoichi Atsuta, Takashi Saeki, et al. Supercritical carbon dioxide extraction of ubiquinones and menaquinones from activated sludge. Journal of Chromatography A, 2006, 1113(1~2): 14~19.

[54] 庄爱军, 崔健, 王民合. 超临界流体萃取技术与中药工业化. 山东医药工业, 2003, 22(3): 35~36

[55] 李春英, 赵春建, 祖元刚, 等. 超临界二氧化碳同时分离烟草提取物中的茄尼醇和辅酶Q10. 林产化学与工业, 2010, 30(6): 1~6.

[56] 付玉杰, 祖元刚, 李春英, 等. 超临界 CO_2 萃取甘草中甘草次酸的工艺研究. 中草药, 2003, 34(1): 34~36.

[57] 李庆勇, 祖元刚, 付玉杰, 等. 高效液相色谱法测定刺五加超临界提取物中异嗪皮啶的含量. 植物研究, 2004, (4): 460~461.

[58] 聂江力, 裴毅, 祖元刚. 北五味子果实超临界 CO_2 萃取工艺的研究. 植物研究, 2005, (2): 213~215.

[59] 葛保胜, 王秀道, 孟磊, 等. 超临界二氧化碳萃取核桃油的工艺研究. 食品工业, 2003, (2): 44~46.

第二篇 各 论

第2章　喜树体内活性物质分离技术研究 *

2.1　喜树体内的主要活性物质

2.1.1　喜树分类地位

喜树(Camptotheca acuminata Decne)又名旱莲、千丈树，是蓝果树科(Nyssaceae)喜树属(Camptotheca)多年生亚热带落叶阔叶树，为我国特有种。产于江苏南部、浙江、福建、江西、湖北、湖南、四川、贵州、广东、广西、云南等省区，在四川西部成都平原和江西东南部均较常见；常生于海拔 1000m 以下的林边或溪边。

2.1.2　喜树体内主要的活性物质

喜树碱及其衍生物是喜树体内产生的活性物质，属于单萜类吲哚生物碱。因喜树碱类衍生物具有较高的抗肿瘤活性，近年来在医学界和植物学领域都得到了广泛的关注和深入的研究[1]。

自从 1966 年 Wall M. E. 等首次从喜树体内分离出喜树碱(camptothecin, CPT)，进一步研究发现其具有显著抗癌活性[2,3]，至今已有 20 多种化学成分被分离出来，包括 CPT、10-羟基喜树碱(10-hydroxycamptothecin，HCPT)、喜树次碱、白桦脂酸、喜果苷(vincoside-lactam，VCS-LT)等。药理研究表明，CPT 类化合物和喜果苷均具有抗癌活性 [4,5]。1985 年，Hsiang Y. H. 发现 CPT 类化合物的抗癌机理与大多数抗癌化合物不同，它们能够阻断 DNA 拓扑异构酶 I 的合成，从而阻止肿瘤细胞的生长[6]，是迄今为止发现的唯一通过抑制拓扑异构酶 I 发挥细胞毒性的天然活性成分。

CPT 的化学名为 4-ethyl-4-hydroxy-1H-pyrano-[3′,4′∶6,7]indolizino[1,2-b]quinoline-3,14(4H,12H)-dione，是一种吲哚类生物碱。已有研究表明 CPT 对胃肠道肿瘤、膀胱癌、肝癌和白血病等均有一定疗效，但它也有一定的副作用，包括骨髓抑制、呕吐、腹泻[2]。HCPT 是 CPT 第 10 位 C 原子羟基化产物，为 CPT 天然衍生物中抗癌活性最强的一种，且毒副作用小[7]。通过对 CPT 进行结构修饰，既能保持原有的抗癌活性又能提高溶解度，减少毒副作用，具有很高的临床应用价值[8]。目前已有 4 种以 CPT 为前体合成的 CPT 衍生物获得美国食品与药物管理局(FDA)的批准，临床应用于治疗结肠直肠癌、胰腺癌及卵巢癌[9]，

＊ 李佳慧、王舒雅、李晓娟等同学参与了本章内容的实验工作。

另外尚有数种正在进行临床试验[10]。因此喜树作为一种药用植物资源具有重要的研究价值。

喜树体内喜果苷的含量较高，其结构较为复杂，水溶性高，不易提取。可从果实或叶片中提取获得，也具有一定的抗肿瘤活性[11]。

2.2　喜树体内主要活性物质含量测定方法的建立

喜树体内主要活性物质 CPT 或 HCPT 的含量测定方法已有文献报道[12-15]，但以变波长高效液相色谱法对两种成分同时测定的方法尚未见报道。我们以反相高效液相色谱法同时测定了喜树种子中的 CPT 和 HCPT 的含量，并对用于分析的样品制备方法进行了探讨。

2.2.1　仪器与材料

2.2.1.1　仪器

高效液相色谱仪（日本 Jasco 公司）；UV-1575 型紫外检测器（日本 Jasco 公司）；BS 210S 型分析天平（北京赛多利斯天平有限公司）；Biochrom 4060 型紫外分光光度计；（瑞典 Pharmacia 公司）；KQ-250DB 型超声波清洗仪（昆山市超声波仪器有限责任公司）。

2.2.1.2　材料与试剂

CPT 标准品（98%）、HCPT 标准品（98%），均购于 SIGMA 公司，乙腈为色谱纯，水为二次重蒸水，其余试剂均为市售分析纯。

喜树种子采自四川省金堂县，由森林植物生态学教育部重点实验室（东北林业大学）聂绍荃教授鉴定。

2.2.2　实验方法

2.2.2.1　色谱条件

色谱柱为英国HPLC TechnoLogy公司的Techsphere ODS柱（250 mm×4.6 mm，5 μm）；流动相为乙腈：水（3：7，*V/V*）；流速1.0 mL/min；检测时间20 min；柱温25℃。检测波长：0~8 min时为266 nm，8~20 min时为254 nm。

2.2.2.2　对照品溶液的配制

分别精密称取CPT和HCPT标准品5.0 mg，以选定的流动相定容至100 mL，摇匀。分别精密吸取两种标准品母液100 μL、200 μL、300 μL、400 μL、500 μL，加流动相稀释至1000 μL，摇匀，备用。

2.2.2.3　分析样品制备

喜树种子经处理后以乙醇为溶剂进行超声提取，提取条件：乙醇浓度70%，提取时间60 min，提取温度40℃，超声频率10 kHz。提取液冷却，过滤，滤液定容，离心(20 000 r/min)取上清，用于高效液相色谱分析。

2.2.3　结果和讨论

2.2.3.1　检测波长的确定

为了确定检测波长，以乙腈为空白，在 200~400 nm 分别对含有一定量 CPT 和 HCPT 的乙腈溶液的紫外吸收进行扫描，结果表明，CPT 在 254 nm 处有强吸收，HCPT 在 266 nm 处有强吸收。在选定的色谱条件下，HCPT 和 CPT 的平均保留时间分别为 5.2 min 和 11.8 min，由于 HCPT 在种子中含量仅为十万分之一，为了提高方法的灵敏度和准确度，本节未采用固定波长而是采用变波长检测，即 0~8 min 时为 266 nm，8~20 min 时为 254 nm，这样可以保证紫外检测器在检测时，均为这两种生物碱的最大吸收波长。

2.2.3.2　流动相的组成对分离效果的影响

流动相乙腈-水体系中两组分的比例对灵敏度和分离度均有一定影响。以不同比例的乙腈-水为流动相，对喜树种子提取液进样分析，结果表明，乙腈与水(V/V)的比例在 2∶8~3∶7 时，CPT 和 HCPT 的峰形良好，且可保证与提取液中其邻组分实现基线分离。为了缩短分析时间、提高灵敏度，本节选择流动相为乙腈∶水(V/V)为 3∶7。实际样品的色谱图如图 2.1 所示。

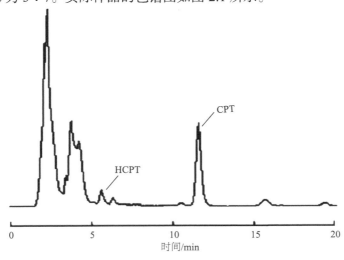

图 2.1　实际样品的色谱图

2.2.3.3　标准曲线的绘制

按照前述的色谱条件，分别取稀释后的标准样品溶液进样分析，每样作 3 次重复，取平均值。对 CPT 浓度（X，$\mu g/mL$）与峰面积（Y）进行线性回归，得到 CPT 浓度与峰面积的回归方程为：$Y=47\,957\,X+9\,453$（相关系数 0.998 0）；同理得到 HCPT 浓度与峰面积的回归方程为：$Y=9\,346.9\,X-1\,451.8$（相关系数 0.999 6）。结果表明：CPT 和 HCPT 浓度在 $10\sim50\,\mu g/mL$ 均与峰面积线性关系良好。

2.2.3.4　样品的制备方法

1. 提取方法

以 95% 的乙醇为提取溶剂，分别采用超声提取和索氏提取两种方法对喜树种子进行提取，对 CPT 和 HCPT 的提取率进行比较，结果表明：两种提取方法对 CPT 和 HCPT 的提取率无显著性差异（$P>0.05$），但超声提取法操作简便，提取时间短，因而采用超声提取法作为样品的制备方法。

2. 最佳提取条件

为了考察超声提取的最佳条件，经过预试验，以乙醇浓度、提取时间、提取温度及超声频率为因素，以 CPT 和 HCPT 得率为指标，设计如表 2.1 所示的正交试验。正交试验的结果见表 2.2。

表 2.1　因素水平表

水平	因素			
	A：乙醇浓度 / %	B：提取时间 / min	C：提取温度 / ℃	D：超声频率 / kHz
1	60	20	20	10
2	70	40	30	15
3	80	60	40	20
4	90	80	50	25

表 2.2　$L_{16}(4^5)$ 正交试验结果分析

序号	因素					CPT 得率 / ‰	HCPT 得率 / ‰
	A	B	C	D	F（误差）		
1	1	1	1	1	1	0.788	0.015
2	1	2	2	2	2	0.848	0.016
3	1	3	3	3	3	0.888	0.017
4	1	4	4	4	4	0.876	0.017
5	2	1	2	3	4	1.069	0.021
6	2	2	1	4	3	1.145	0.023

续表

序号	因素					CPT 得率 / ‰	HCPT 得率 / ‰
	A	B	C	D	F(误差)		
7	2	3	4	1	2	1.213	0.024
8	2	4	3	2	1	1.222	0.025
9	3	1	3	4	2	0.998	0.020
10	3	2	4	3	1	1.104	0.022
11	3	3	1	2	4	1.095	0.022
12	3	4	2	1	3	1.121	0.022
13	4	1	4	2	3	0.817	0.016
14	4	2	3	1	4	0.939	0.018
15	4	3	2	4	1	0.949	0.019
16	4	4	1	3	2	0.895	0.017

以表 2.2 的数据为依据，对 CPT 和 HCPT 得率进行方差分析，结果表明：对 CPT 和 HCPT 得率的最大影响因素是乙醇浓度，其次是提取时间和提取温度，影响最小的因素是超声频率。通过极差分析确定了 CPT 和 HCPT 同步提取的最佳条件为乙醇浓度 70%，提取时间 60 min，提取温度 40℃，超声频率 10 kHz。

3. 样品的预处理

分别采用两种提取方法对种子进行预处理：A. 80℃干燥至恒重、粉碎；B. 种子直接用打浆机打碎。对按上述方法制备的样品进行 HPLC 分析，结果表明，烘干会损失一部分 CPT 和 HCPT。因此，本节采用种子打浆的方法来处理样品，而仅把烘干作为测定喜树种子含水率的方法。

4. 方法重现性

取同一批次的喜树种子 3 份，按本节确定的样品制备方法和色谱条件进行 CPT 和 HCPT 的含量分析，结果见表 2.3。

表 2.3　重现性实验结果

样品	得率 / ‰	标准偏差	平均值	相对标准偏差 / %
	1.210			
	1.193			
CPT	1.185	0.014	1.205	1.13
	1.213			
	1.222			

续表

样品	得率 / ‰	标准偏差	平均值	相对标准偏差 / %
	0.025			
	0.024			
HCPT	0.025	0.001	0.024	3.09
	0.024			
	0.023			

由表 2.3 可见，CPT 得率的相对标准偏差为 1.13%，HCPT 得率的相对标准偏差为 3.09%，方法重现性好，所得实验结果可靠。

2. 回收率测定

取制备好的样品溶液，按确定的 HPLC 条件测定 3 次进行分析，取平均值，求得该批种子提取液中 CPT 和 HCPT 的含量分别为 30.0 μg/mL 和 1.8 μmg/mL。以标准加入法进行 CPT 和 HCPT 回收率测定，结果见表2.4。

表 2.4　回收率测定结果

样品	标准加入量	测得量	回收率 / %	平均回收率 / %	相对标准偏差 / %
	13.72	89.19	103.26		
	27.44	102.8	101.31		
CPT	41.16	115.94	99.47	100.92	1.40
	54.88	130.23	100.64		
	68.6	143.42	99.74		
	9.2	13.9	102.17		
	18.4	23.1	101.09		
HCPT	27.6	31.9	99.28	100.09	1.34
	36.8	41.1	99.46		
	46.0	49.8	98.48		

由表 2.4 可见，CPT 回收率在 99.47%~103.26%，相对标准偏差为 1.40%；HCPT 回收率 98.48%~102.17%，相对标准偏差为 1.34%，表明本节所确定的 HPLC 方法进行 CPT 和 HCPT 的含量分析，准确度较高。

2.2.4　结论

本节所建立的高效液相方法，可以同时测定喜树种子中的 CPT 和 HCPT 含量，提高了分析的准确度，为喜树种子的质量控制提供了简单、有效的检测手段。

2.3　喜树体内主要活性物质的分布研究

喜树体内的生物碱具有重要药理作用，加之资源短缺及环境因素，使得选择正确的部位作为提取原料显得十分必要。到目前为止，虽然在夹竹桃科(Apocynaceae)[16]、茜草科(Rubiaceae)[17]及马钱科(Loganiaceae)[18]等多种植物中也发现含有 CPT，但含量均较低。对于喜树不同器官中 CPT 含量的分布，许多学者对其进行过研究，但结果并不一致[19-22]。因此系统深入地研究喜树体内生物碱的运转和分布情况具有一定的理论及现实意义。本文采用高效液相色谱法(HPLC)，对不同时期(十年生植株，喜树幼苗，发芽前果实)喜树不同组织及器官中生物碱(CPT，HCPT)含量进行了测定及比较，旨在阐明其分布规律，以期为合理利用其资源提供科学依据，使有限的资源为人类可持续利用。

2.3.1　仪器与材料

2.3.1.1　仪器

日本 Jasco 高效液相色谱仪，PU-980 型泵，Jasco UV-975 型紫外检测器，分析天平(北京赛多利斯天平有限公司)，KQ-250DB 型超声波发生器(昆山市超声仪器有限公司)。

2.3.1.2　材料与试剂

十年生喜树及喜树幼苗均取自东北林业大学植物园内温室。将十年生喜树分为根(主根、一级侧根、二级侧根)、主干(上部、中部、近根部)、茎(木质化茎、非木质化茎)、叶(叶柄、主脉、去主脉叶片)，其中主干的各部分(上部、中部、近根部)与木质化茎又分为三部分(皮、木质部、髓)作为实验材料。喜树幼苗是由上一年度的种子萌发得来，从三月末开始播种，此后每月采集一次，共 4次，每次取 3~5 株苗，将其根、茎、叶分离测定。喜树果实购自四川省广汉市，一部分经温水浸种 24 h 后放置在气候箱中，发芽第二十天时将子叶、胚轴、胚根、果壳区分测定；另一部分直接区分果皮、种皮及种仁分别进行测定。所有材料采集后均用清水洗净、擦干，除喜树幼苗各部分用液氮研磨处理外，其他组织材料均 80℃烘至恒重，粉碎，置于干燥器中避光保存备用。

色谱纯乙腈购自 SIGMA 公司，其余试剂均为国产分析纯，自制双重蒸馏水。CPT 和 HCPT 标准品分别购自日本和光纯药工业株式会社和浙江海正药业股份有限公司，纯度均达 98%。

2.3.2 实验方法

样品制备，以及 CPT 和 HCPT 含量的测定按照上节建立的方法进行。

2.3.3 结果与讨论

2.3.3.1 喜树不同组织及部位生物碱含量差异

经检测，喜树不同部位 CPT 和 HCPT 含量存在明显差异。如图 2.2 所示，喜树全株含有 CPT 和 HCPT，且各器官 CPT 和 HCPT 的含量存在较大差异。CPT 以叶中居多，为 1.102‰；一级侧根次之，为 0.968‰；除二级侧根（0.063‰）较低外，由上至下（叶、非木质化茎、木质化茎、主干的上部、中部、近根部、主根、一级侧根）大致呈哑铃形分布（1.102‰，0.588‰，0.491‰，0.604‰，0.447‰，0.641‰，0.688‰，0.968‰）。

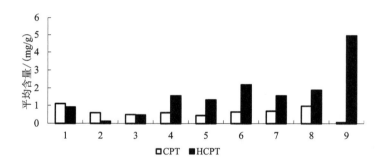

图 2.2　喜树体内生物碱(CPT，HCPT)的分布

1. 叶部；2. 非木质化茎；3. 木质化茎；4. 主干上部；5. 主干中部；
6. 主干下部；7. 主根；8. 一级侧根；9. 二级侧根

与 CPT 分布相反，二级侧根中 HCPT 含量最多，为 4.950‰；主根与一级侧根含量相差不大，分别是 1.561‰和 1.879‰；主干部分，近根部>上部>中部，分别是 2.193‰，1.560‰，1.323‰；茎中含量最低，其中非木质化茎尤为低，为 0.125‰，木质化茎为 0.473‰；叶部为 0.905‰。

表 2.5 显示了各器官不同组织间的差异，在叶部，去主脉叶片中这两种生物碱含量比主脉和叶柄都要多，主脉中比叶柄中 CPT 含量稍低，HCPT 分布则相反（主脉>叶柄）。木质化茎中这两种生物碱的含量为皮部>髓部>木质部。主干部分的 CPT 均为髓部>皮部>木质部；而 HCPT 在主干中上部的分布是由外到内逐渐降低（皮部>木质部>髓部），主干下部与 CPT 在主干中分布一致（髓部>皮部>木质部）。在根部，无论主根还是一级侧根，CPT 的含量均是皮部>去皮部，HCPT

相反，去皮部>皮部。

表 2.5　喜树不同组织器官中生物碱含量

不同器官组织名称			CPT 含量 / ‰	HCPT 含量 / ‰
叶部	叶柄		0.725	0.132
	主脉		0.614	0.508
	去主脉叶片		1.205	1.018
茎部	非木质化茎		0.588	0.125
	木质化茎	皮部	0.811	0.493
		木质部	0.291	0.461
		髓部	0.389	0.450
主干部分	上部	皮部	1.050	1.809
		木质部	0.407	1.461
		髓部	1.081	0.563
主干部分	中部	皮部	0.828	1.992
		木质部	0.301	1.070
		髓部	0.939	0.567
	近根部	皮部	1.002	2.929
		木质部	0.485	1.876
		髓部	2.655	5.514
根部	主根	主根皮	0.719	1.390
		去皮主根	0.678	1.617
	一级侧根	一级侧根皮	1.293	1.650
		去皮一级侧根	0.680	2.081
	二级侧根		0.063	4.950

2.3.3.2　喜树幼苗生长初期各器官中生物碱含量比较

分别对不同时期及培养条件喜树幼苗中生物碱含量进行了测定。在气候箱中培养 20 天喜树幼苗，将其子叶、胚轴、胚根和脱落果壳分离、测定。结果如图 2.3 所示，此时子叶完全展开，真叶未长出，CPT 在子叶中分布最多为 2.901‰，其次是胚轴为 0.951‰，果壳和胚根中分别为 0.420‰ 和 0.246‰，CPT 的平均含量为 0.814‰；10-羟基含量以子叶和胚根中居多，分别是 1.626‰，1.327‰，胚轴和果壳中则较少，分别为 0.220‰ 和 0.193‰，平均含量为 0.454‰。

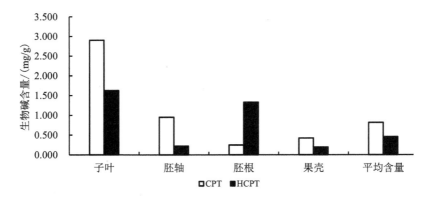

图 2.3　喜树幼苗生长初期不同组分生物碱含量

　　如图 2.4，温室中幼苗，除 1 月生苗 CPT 含量分布为根>叶>茎外，2~4 月生苗均是叶>茎>根；HCPT 含量分布则是 1 月为叶>茎>根，2 月为茎>叶>根，3~4 月为茎>根>叶。其中，1~4 月大的叶中 CPT 含量分别是 0.196‰，0.339‰，0.258‰，0.383‰；HCPT 则为 0.368‰，0.007‰，0.004‰，0.005‰。1~4 月大的茎中 CPT 含量分别是 0.145‰，0.200‰，0.095‰，0.167‰；HCPT 含量分别是 0.361‰，0.015‰，0.011‰，0.014‰。由图 2.4 可见这两种生物碱含量在各自的茎与叶中有着相似的变化，1 月至 2 月这段时间 CPT 明显增加，之后的几个月先下降后上升；HCPT 含量均为 1 月和 2 月间有显著下降，之后无明显变化。在 1~4 月大的根中 CPT 含量分别是 0.530‰，0.165‰，0.088‰，0.104‰，前三个月逐渐减少，第 4 个月略有上升；HCPT 含量分别是 0.000‰，0.003‰，0.004‰，0.007‰，为逐渐增高。

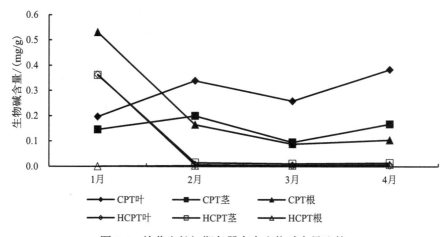

图 2.4　幼苗生长初期各器官中生物碱含量比较

2.3.3.3 喜树果实各部分生物碱含量比较

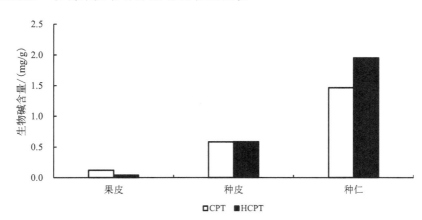

图 2.5 喜树果实各组成部分生物碱含量比较

喜树果实是 CPT 及其衍生物的重要提取原料，它由果皮、种皮和种仁组成，以 2007 喜树果实为对象将其果皮、种皮和种仁分离，分别测定了它们的 CPT 和 HCPT。CPT 在果皮、种皮和种仁中的含量分别是 0.041‰，0.590‰，1.954‰；HCPT 中为 0.122‰，0.585‰，1.468‰（图 2.5）。这两种生物碱含量由外至内（果皮、种皮、种仁）均是逐渐增高的。王自芬等以果皮和种子作为研究对象对这两种生物碱进行过测定，认为二者间 CPT 含量差异显著，HCPT 含量无明显差异。而此次测定结果显示果皮与种子间这两种生物碱含量均有明显差异。

2.3.4 结论

将十年生喜树体内 CPT 含量进行比较，以叶中居多，为 1.102‰；除二级侧根（0.063‰）最低外，大致呈哑铃形分布。许多学者曾对喜树部分结构中 CPT 含量进行过比较，徐任生等[24]测定喜树根皮、根、树皮、枝条中 CPT 的提取率分别为 0.03%、0.02%、0.01%、0.004%；Lopez-Meyer 等[22]研究表明喜树各器官中 CPT 含量从高到低的变化依次是枝顶端的 1~3 片叶、种子、根皮、4~6 片叶和茎尖、枝皮、茎皮、木质部；Liu 等[23]也认为皮部较木质部含量高。数值上的差异可能是由提取方法及检测条件不同引起，本次测定结果与前人研究结果基本一致。以往研究未曾对髓部进行含量测定，本次对十年生喜树主干中髓部进行了测定，结果主干中髓含量最高，皮部次之，最少的是木质部，表明 CPT 在植物体内不仅进行纵向运输且可能有一定的横向积累。

HCPT 在某些部位与 CPT 含量呈反向分布，这一现象在根部尤为明显。

HCPT 含量最多二级侧根中，CPT 含量最少；主根和一级侧根中去皮部的含量均高于皮部，而 CPT 的含量均为皮部>去皮部，由此推测这两种生物碱间可能存在一定的转化。以往也有研究认为这两种生物碱的代谢在时间和数量上都呈现出相互消长的特点。此外，从整体来看，除叶与茎部外的主干及根部中 HCPT 的平均含量明显高于 CPT 的平均含量。

通过对喜树幼苗生长初期这两种生物碱含量的测定，发现在此期间 CPT 相对稳定地存在于各组织中，随着组织的发育和成熟 HCPT 含量快速减少。在幼苗生长初期，这两种生物碱在各自茎与叶中含量变化相似，1 月至 2 月这段时间 CPT 明显增加；HCPT 含量有显著下降。根中 CPT 前三个月逐渐减少，第 4 个月略有上升，这与茎叶中 HCPT 含量变化有相同的趋势；根中 HCPT 含量逐渐增高。以上结果均表明这两种生物碱的代谢在时间和数量上存在相互消长的特点。

2.4　喜树体内主要活性物质的提取技术研究

CPT 和 HCPT 主要从喜树果中提取得到，其主要提取方法有：碱水渗漉或搅拌、甲醇、乙醇超声、回流或索氏提取及超临界 CO_2 萃取法等[24-29]。碱水提取废液污染严重，处理成本高；回流和索氏提取提取操作时间长，效率低；超声提取能耗高、噪声污染大；超临界 CO_2 萃取虽然选择性高、操作时间短，但受处理量的限制，产量低，目前工业开发难度较大。因此，寻找更加有效的提取 CPT 和 HCPT 的方法具有现实意义。

我们利用匀浆法对喜树果中的 CPT 和 HCPT 进行提取，对匀浆提取过程中的各因素采用响应面分析法进行了优化，为规模生产提供了有价值的工艺参数。

2.4.1　仪器与材料

2.4.1.1　仪器

匀浆萃取装置(本实验室专利产品，专利号：ZL02275225.0)；高效液相色谱仪，包括 717 型自动进样器、1525 型二元泵和 2487 型紫外检测器(美国 WATERS 公司产品)；BS124S 天平(北京赛多利斯仪器系统有限公司)；3K30 型离心机(美国 SIGMA 公司)；SZ-93 自动双重纯水蒸馏器(上海亚荣生化仪器厂)。

2.4.1.2　材料与试剂

喜树果(2006 年采自四川省广汉市)；CPT 和 HCPT 对照品(SIGMA 公司)；含量测定用乙腈为色谱纯(美国 Dima Technology Inc 公司)；含量测定用二次蒸

馏水(自制);其余试剂均为国产分析纯。

2.4.2　实验方法

CPT 和 HCPT 含量测定方法采用第二节建立的方法进行。

2.4.3　结果与讨论

2.4.3.1　单因素实验

精确称取 10.00 g 喜树果,匀浆提取,比较不同提取条件下 CPT、HCPT 的提取率和在浸膏中的纯度,并以两种生物碱提取率和纯度均较高时对应的条件为中心值。

1. 乙醇体积分数对提取效果的影响

乙醇体积分数对 CPT 和 HCPT 得率及纯度的影响如图 2.6 所示。从图 2.6 可以看出,随着乙醇体积分数的增加,CPT 与 HCPT 的得率和纯度逐渐增加,当乙醇体积分数为 50%时,均达到最大值,此后逐渐下降,因此选择乙醇体积分数 40%~60%为待优化范围。

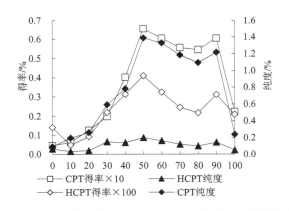

图 2.6　乙醇体积分数对 CPT 和 HCPT 得率和纯度的影响

2. 匀浆时间对提取效果的影响

匀浆时间对 CPT 和 HCPT 得率及纯度的影响如图 2.7 所示。图 2.7 表明 CPT 是在匀浆提取 4 min 时纯度和得率达最大值,而 HCPT 在匀浆 3 min 时纯度和得率达到最大值,随着匀浆时间的延长,CPT 和 HCPT 得率和纯度均不再增加。此外,匀浆时间过长,会使物料破碎颗粒过细,影响匀浆的固液分离速度。综合考虑,匀浆时间 2~4 min 为待优化范围。

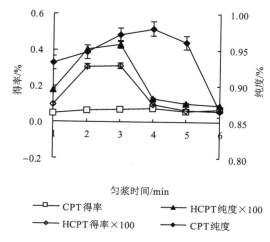

匀浆时间/min

—□— CPT得率　　　　　　　—▲— HCPT纯度×100
—◆— HCPT得率×100　　　　—◆— CPT纯度

图 2.7　匀浆时间对 CPT 和 HCPT 得率和纯度的影响

3. 液料比对提取效果的影响

液料比对 CPT 和 HCPT 得率和纯度的影响如图 2.8 所示。图 2.8 结果表明：随着液料比的增加，两种生物碱的纯度和得率逐渐增大，当液料比为 11(mL：g)时，CPT 和 HCPT 的纯度达最大值；CPT 得率在液料比为 11(mL：g)时达到最大值；HCPT 得率在液料比 12(mL：g)时达到最大值。原料的渗透作用要求液料比不宜过小，而规模生产需要节约提取溶剂，综合考虑，选择液料比 10~12(mL：g)为待优化范围。

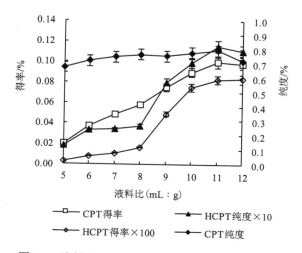

液料比(mL：g)

—□— CPT得率　　　　　　　—▲— HCPT纯度×10
—◆— HCPT得率×100　　　　—◆— CPT纯度

图 2.8　液料比对 CPT 和 HCPT 得率和纯度的影响

2.4.3.2　CPT 和 HCPT 匀浆提取条件优化

根据单因素试验结果，以乙醇体积分数、匀浆时间和液料比为影响因素，以 CPT、HCPT 的纯度和得率为响应值，应用 Design Expert 7.0 软件，按照 Box-Benhnken 中心组合实验设计原理，进行 3 因素 3 水平的响应面分析试验，以获取最佳工艺参数。试验因素和水平安排见表 2.6，试验结果见表 2.7。

表 2.6　响应面法分析的因素和水平

因素	水平		
	−1	0	1
A：乙醇体积分数/%	40	50	60
B：提取时间/ min	2	3	4
C：液料比（mL：g）	10	11	12

表 2.7　响应面法设计与试验结果

试验号	X_1: 乙醇体积分数/%	X_2: 提取时间/min	X_3: 液料比（mL：g）	Y_1: CPT 得率/%	Y_2: CPT 纯度/%	Y_3: HCPT 得率/%	Y_4: HCPT 纯度/%
1	50	2	10.00	0.056 9	1.056	0.005 7	0.106 3
2	50	3	11.00	0.095 2	1.079	0.009 8	0.111 4
3	50	3	11.00	0.101 7	1.095	0.009 3	0.100 6
4	50	4	12.00	0.091 3	0.886	0.007 8	0.076 2
5	40	3	10.00	0.064 8	0.741	0.005 2	0.059 6
6	50	3	11.00	0.089 8	1.026	0.008 8	0.100 9
7	40	4	11.00	0.058 3	0.505	0.007 2	0.062 1
8	60	3	12.00	0.072 4	0.818	0.007 7	0.087 4
9	50	4	10.00	0.056 2	0.668	0.006 4	0.075 9
10	60	2	11.00	0.081 4	1.040	0.007 6	0.097 1
11	40	2	11.00	0.052 8	0.507	0.007 8	0.074 6
12	60	3	10.00	0.056 6	0.688	0.007 1	0.086 4
13	60	4	11.00	0.066 3	0.810	0.007 4	0.090 2
14	50	3	11.00	0.081 6	1.137	0.008 2	0.114 2
15	50	2	12.00	0.058 7	0.657	0.007 5	0.084 3
16	40	3	12.00	0.061 2	0.510	0.008 5	0.071 1
17	50	3	11.00	0.096 6	0.977	0.011 0	0.111 4

应用 Design Expert 7.0 软件，将表 2.7 中的数据进行回归拟合后，得出 4 个回归方程。

CPT 得率：

$$Y_1= -3.117\,10+0.021\,176\,X_1+0.032\,182\,X_2+0.499\,94\,X_3-0.001\,021\,36\,X_1X_2+$$
$$0.001\,004\,24\,X_1X_3+0.015\,926\,X_2X_3-0.000\,281\,741\,X_1{}^2-0.025\,137\,X_2{}^2- \qquad (2\text{-}3)$$
$$0.026\,628\,X_3{}^2$$

CPT 纯度：

$$Y_2= -13.259+0.168\,9\,X_1-0.799\,016\,X_2+2.040\,9\,X_3-0.005\,711\,77\,X_1X_2+$$
$$0.009\,036\,X_1X_3+0.154\,128\,X_2X_3-0.002\,375\,14\,X_1{}^2-0.109\,947\,X_2{}^2- \qquad (2\text{-}4)$$
$$0.135\,937\,X_3{}^2$$

HCPT 得率：

$$Y_3= -0.246\,64+0.001\,562\,73\,X_1+0.007\,143\,92\,X_2+0.003\,653\,X_3+$$
$$0.000\,009\,80\,X_1X_2-0.000\,066\,X_1X_3+0.000\,083\,43\,X_2X_3-0.000\,008\,4\,X_1{}^2- \qquad (2\text{-}5)$$
$$0.001\,1\,X_2{}^2-0.001\,456\,7\,X_3{}^2$$

HCPT 纯度：

$$Y_4=-2.012\,9+0.021\,752\,2\,X_1-0.023\,839\,5\,X_2+0.290\,983\,X_3+0.000\,139\,X_1X_2-$$
$$0.000\,262\,2\,X_1X_3+0.005\,557\,9\,X_2X_3-0.000\,018\,X_1{}^2-0.008\,5\,X_2{}^2- \qquad (2\text{-}6)$$
$$0.013\,X_3{}^2$$

式中，Y_1 为 CPT 得率；Y_2 为 CPT 纯度；Y_3 为 HCPT 得率；Y_4 为 HCPT 纯度；X_1 为乙醇体积分数；X_2 为提取时间；X_3 为液料比。

　　前述回归方程描述各因子与响应值之间线性关系的显著性由 F 检验来判定，概率 P 值越小，则其相应变量的显著性越高。回归方程方差分析结果见表 2.3。由表 2.8 可知，提取时间和液料比的平方项对 CPT 得率、CPT 纯度、HCPT 得率和 HCPT 纯度影响均显著，乙醇体积分数对 CPT 纯度和 HCPT 纯度影响显著，液料比对 HCPT 得率影响显著。从表 2.8 还可知，所选用的模型均显著，失拟项均不显著，说明以上 4 个回归方程对试验数据拟合较好。

表 2.8　回归方程方差分析

		模型	X_1	X_2	X_3	X_1X_2	X_1X_3	X_2X_3	X_{12}	X_{22}	X_{32}	失拟项
Y_1：CPT 得率 /%	自由度	9	1	1	1	1	1	1	1	1	1	3
	F 值	4.70	2.33	0.72	3.53	1.26	1.21	3.05	10.06	8.01	8.98	3.04
	P 值	0.027	0.171	0.424	0.102	0.299	0.308	0.124	0.016	0.025	0.020	0.102
	显著性	*	ns	ns	ns	ns	ns	ns	*	*	*	ns
Y_2：CPT 纯度 /%	自由度	9	1	1	1	1	1	1	1	1	1	3
	F 值	9.45	17.58	2.25	1.19	1.54	3.85	11.20	27.99	6.02	9.17	3.75
	P 值	0.004	0.004	0.177	0.311	0.255	0.091	0.012	0.001	0.044	0.019	0.068
	显著性	*	*	ns	ns	ns	ns	*	**	*	*	ns

续表

		模型	X_1	X_2	X_3	X_1X_2	X_1X_3	X_2X_3	X_{12}	X_{22}	X_{32}	失拟项
Y_3：HCPT 得率 /%	自由度	9	1	1	1	1	1	1	1	1	1	3
	F 值	4.17	0.22	0.00	8.93	0.05	2.40	0.04	4.09	7.12	12.13	0.18
	P 值	0.037	0.653	0.951	0.020	0.826	0.165	0.851	0.083	0.032	0.010	0.907
	显著性	*	ns	ns	*	ns	ns	ns	ns	*	*	ns
Y_4：HCPT 纯度 /%	自由度	9	1	1	1	1	1	1	1	1	1	3
	F 值	9.35	21.09	8.01	0.20	0.15	0.53	2.37	26.45	5.94	14.57	1.58
	P 值	0.004	0.003	0.025	0.668	0.710	0.490	0.168	0.001	0.045	0.007	0.278
	显著性	*	*	*	ns	ns	ns	ns	**	*	*	ns

**表示极显著($P{\leqslant}0.001$)；*表示显著($0.001{<}P{<}0.05$)；ns 表示不显著($P{>}0.05$)

2.4.3.3 响应面分析结果

根据表 2.8 显著性分析结果，并使用表 2.7 数据，分别绘制了对响应值 Y_1、Y_2、Y_3、Y_4 影响最大的两个因素交互作用的响应面图，分别见图 2.9~图 2.12。

图 2.9 显示了 $X_1{=}50\%$ 时，$Y_1{=}f(X_2，X_3)$ 的响应面图。图 2.10 显示了 $X_1{=}50\%$ 时，$Y_2{=}f(X_2，X_3)$ 的。图 2.9 和图 2.10 结果表明：当乙醇体积分数(X_1）为 50% 时，提取时间(X_2）和液料比(X_3）的交互作用对 Y_1（CPT 得率）和 Y_2（CPT 纯度）影响最为显著。

图 2.11 显示了 $X_2{=}3$ min 时，$Y_3{=}f(X_1，X_3)$ 的响应面图，表明当提取时间（X_2）为 3 min 时，乙醇体积分数（X_1）和液料比（X_3）交互作用对 HCPT 得率（Y_3）影响最为显著。

图 2.12 显示了 X1=50% 时，Y4=f(X2，X3)的响应面图，表明当乙醇体积分数（X1）为 50% 时，提取时间（X2）和液料比（X3）的相互作用对 HCPT 纯度（Y4）影响最为显著。

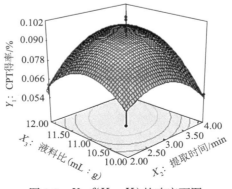

图 2.9　$Y_1{=}f(X_2，X_3)$ 的响应面图

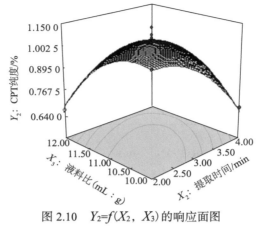

图 2.10　$Y_2=f(X_2，X_3)$ 的响应面图

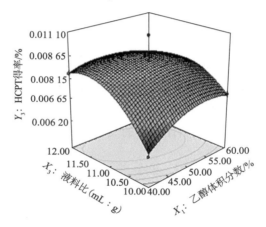

图 2.11　$Y_3=f(X_1，X_3)$ 的响应面图

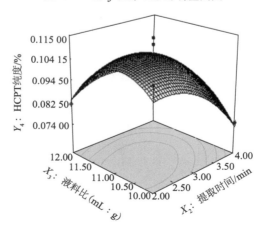

图 2.12　$Y_4=f(X_2，X_3)$ 的响应面图

应用 Design Expert 7.0 软件，以 CPT 和 HCPT 得率与纯度为指标，对提取结果进行优化，得到同时提取两种目标产物最佳提取工艺条件：乙醇体积分数为 52.41%，提取时间为 2.93 min，液料比 11∶1(mL∶g)；CPT 得率为 0.093 7%、纯度为 1.082 1%；HCPT 得率为 0.009 5%、纯度为 0.109 5%。

2.2.4 结论

在单因素试验设计基础上，使用 Design Expert 7.0 设计的三因素三水平响应面分析法试验，确定 CPT 和 HCPT 的最佳提取工艺参数为：乙醇体积分数 52.41%；提取时间 2.93 min；液料比 11∶1(mL∶g)。按照此工艺提取，重复实验三次取平均值，验证实验结果。得到 CPT 得率为 0.092 3%，纯度为 1.063 3%，与模型值分别相差 0.001 4%和 0.018 8%；HCPT 得率为 0.009 4%，纯度为 0.107 6%，与模型值分别相差 0.000 1%和 0.001 9%，说明回归方程可以很好地预测实验结果。

2.5 喜树体内主要活性物质的纯化技术研究

2.5.1 利用大孔树脂纯化喜树体内主要活性物质的研究

离子液体是近年来化工领域研究的热点，它是由离子组成的。与传统的有机溶剂相比它具有不易挥发、液态温度范围广、对无机物和有机物的溶解性可设计、可与其他溶剂组成两项或多项体系等优点适合于应用在天然活性物质的提取过程中[30-32]。

但是从离子液体中高效地分离出这些活性物质的操作简单的方法目前还鲜有报道，虽然有应用超临界流体从离子液体中萃取有机物的报道但是超临界流体技术只适合于萃取低极性或非极性的有机物,并且超临界流体设备昂贵、操作烦琐且不易规模化[33]。因此，对离子液体提取得到的喜树活性物质粗提物进行纯化具有重要的研究意义。

大孔树脂(macroporous resin)又称聚合物吸附剂，是一种以吸附为特点，具有浓缩、纯化有机化合物作用的高分子聚合物。吸附和解吸的条件直接影响大孔吸附树脂吸附解吸能力的强弱，因而在整个吸附解吸的过程中应全面地考虑各种因素，来确定最佳的吸附解吸工艺条件[34]。影响大孔树脂吸附的条件有许多，主要有被纯化物质的物理性质(极性和分子大小等)、上样溶剂的物理性质(溶剂对有效成分的溶解性)、上样液的浓度及上样的流速等。通常情况下，极性较大的分子适合于用在中极性树脂上纯化，极性小的分子适合于在非极性的树脂上进行纯化；体积较大的化合物应该选择具有较大孔径树脂来进行吸附；上样液中加入适量无机盐可以有效地增大树脂的吸附量；对于动态吸附流速的选择，则应该保证树脂可以与上样液能够充分地接触、吸附为佳。洗脱剂的浓度和流速等因素影响着解吸的效果。

我们尝试采用大孔树脂吸附法从离子液体的提取液中纯化 CPT 和 HCPT，并对参数加以研究，以期得到从离子液体提取液进一步纯化 CPT 和 HCPT 的优化方法，本方法对采用离子液体为溶剂从植物中提取有效成分的进一步纯化具有很好的借鉴意义。

2.5.1.1　仪器与材料

1. 仪器

HX-200A 粉碎机（永康市溪岸五金药具厂）；Milli-Q 水纯化系统（美国 Millipore 公司）；BS210S 型电子天平（德国 Sartorius 公司）；分析天平（北京赛多利斯天平有限公司）；SHB 循环水式多用真空泵（郑州长城科工贸有限公司）；微孔滤膜（天津光复精细化工研究所）；M-50 型玻璃过滤器（上海玻璃仪器厂）；$\varphi 2.2$ cm×50 cm 常压玻璃层析柱（天津市友丰技术玻璃有限公司制造）；pH 试纸（沈阳市试剂三厂）；22R 型高速离心机（德国 Heraeus Sepatech 公司）；HZS-HA 水浴振荡器（哈尔滨市东联电子技术开发有限公司）；KQ-250DB 型超声波发生器（昆山市超声仪器有限公司）；WX891 型烘干箱（重庆四达实验仪器厂）；恒温水浴锅（上海申胜生物技术有限公司）；WATERS 717 型自动进样高效液相色谱仪（美国 WATERS 公司）；WATERS 1525 二元泵（美国 WATERS 公司）；WATERS 2487 紫外检测器（美国 WATERS 公司）；HiQ SiL C_{18} 反相色谱柱（4.6 mm×250 mm，5μm）（KYA TECH 公司）。

2. 材料与试剂

喜树果实购自四川广汉中药材市场，由东北林业大学森林植物生态学教育部重点实验室的聂绍荃教授鉴定，样品标本存放于本实验室。将喜树果实在通风条件下自然阴干后粉碎过 60~80 目筛备用。

CPT 标准品和 HCPT 标准品（98%）（于日本 Wako 化学品公司）；色谱纯甲醇（J&K 化学用品有限公司）；色谱纯乙腈（J&K 化学用品有限公司）；所有的离子液体（上海成捷化学有限公司）；大孔树脂（沧州宝恩吸附材料科技有限公司）；去离子水、其余试剂和药品均为分析纯购于北京化学试剂公司。

2.5.1.2　实验部分

1. 大孔吸附树脂的预处理

实验使用的所有大孔树脂的物理性质都列于表 2.9 中。新的大孔树脂在使用之前必须先进行预处理，以除去大孔树脂中可能含有的致孔剂、分裂物及聚合单体等毒性物质。只有将大孔树脂孔道中的杂质都处理干净，吸附质才能在吸附过程中进入到树脂的孔道中去，充分地与大孔树脂的表面相接触，这样大孔树脂才能最大限度的发挥吸附作用。

把大孔树脂用两倍体积的体积分数为 95%的乙醇在室温条件下浸泡 24 h，每隔一段时间搅拌 1 次，每浸泡 8 h 后滤出乙醇再加入新乙醇，之后用去离子水洗至无乙醇味道止；再用 5%的盐酸室温的条件下浸泡 4 h，之后用去离子水洗至中性；用 5%NaOH 室温的条件下浸泡 4 h，再用去离子水洗至中性；最后用蒸馏水在室温的条件下浸泡 24 h，使树脂得到充分的溶胀。

表 2.9　大孔树脂的物理性质

树脂型号	表面积/(m²/g)	孔径/nm	粒径/mm	极性	含水率/%
HPD100A	650~700	9.5~10.0	0.300~1.200	非极性	65.92
HPD200A	700~750	8.5~9.0	0.300~1.250	非极性	56.65
HPD700	650~700	8.5~9.0	0.300~1.200	非极性	56.29
HPDD	650~750	9.0~11.0	0.300~1.250	非极性	70.77
HPD450	500~550	9.0~11.0	0.300~1.200	弱极性	67.32
DM130	500~550	9.0~10.0	0.300~1.250	中等极性	63.84
HPD450A	500~550	9.0~10.0	0.300~1.200	中等极性	73.46
HPD750	650~700	8.5~9.0	0.300~1.200	中等极性	53.76
HPD850	1 100~1 300	8.5~9.5	0.300~1.200	中等极性	45.28
HPD400	500~550	7.5~8.0	0.300~1.200	极性	63.74
HPD500	500~550	5.5~7.5	0.300~1.200	极性	75.92
HPD600	550~600	8.0	0.300~1.200	极性	69.48
ADS-17	90~150	25.0~30.0	0.300~1.250	强极性	43.49
HPD417	90~150	25.0~30.0	0.300~1.250	强极性	48.41
HPD826	500~600	9.0~10.0	0.300~1.250	强极性	62.39

2. 树脂含水率的测定

称取 3 份预处理后的湿树脂 1.0 g，置于 105℃的烘箱中烘干至恒重，计算大孔树脂的含水率结果也列于表 2.9 中。

3. CPT 和 HCPT 含量测定

CPT 和 HCPT 含量测定采用第二节建立的方法进行。

4. 静态吸附与解吸实验

1）树脂的吸附能力

分别称取 0.25 g（干重）的预处理好的 HPD100A、HPD200A、HPD700、HPDD、HPD450、DM130、HPD450A、HPD750、HPD850、HPD400、

·54· 林源活性物质分离技术

HPD500、HPD600、ADS-17、HPD417 和 HPD826 树脂置于 100 mL 具塞锥形瓶中，加入 10 mL 如 2.4 中得到的喜树果实提取液，放入恒温水浴振荡器中设定温度为 25℃、转速为 100 r/min，吸附 24 h 后分别取样 1 mL 离心后(离心条件：温度 25℃、速度 10 000 r/min、时间 10 min)进行 HPLC 检测。

当达到吸附平衡以后，过滤，用去离子水冲洗树脂，之后加入体积分数为 90% 的乙醇溶液 10 mL，放入水浴振荡器中设定温度为 25℃、转速为 100 r/min，解吸 24 h 后分别取样 1 mL 离心后(离心条件：温度 25℃、速度 10 000 r/min、时间 10 min)进行 HPLC 检测。

2) HPD400 和 HPD826 树脂的吸附动力学考察

HPD400 和 HPD826 树脂的吸附动力学实验分别在 5℃、25℃、50℃的条件下完成。分别称取三份 2.5 g(干重)筛选出来的 HPD400 和 HPD826 大孔吸附树脂，置于 250 mL 具塞锥形瓶中，将 100 mL 喜树果实提取液分别加入到装有树脂的锥形瓶中，分别放入水浴振荡器中设定温度分别为 5℃、25℃、50℃，转速为 100 r/min，分别于 0.5 h、1 h、1.5 h、2 h、4 h 和 8 h 时取样 1 mL 离心后(离心条件：温度 25℃、速度 10 000 r/min、时间 10 min)进行 HPLC 检测。

3) HPD400 和 HPD826 树脂的解吸动力学考察

分别称取 0.75 g(干重)筛选出来的 HPD400 和 HPD826 大孔吸附树脂，置于 100 mL 具塞锥形瓶中，将 30 mL 喜树果实提取液分别加入到装有树脂的锥形瓶中，分别放入水浴振荡器中设定温度为 5℃，转速为 100 r/min，当达到吸附平衡以后，过滤，用去离子水冲洗树脂，之后加入体积分数为 90%的乙醇溶液 20 mL，放入水浴振荡器中设定温度为 25℃、转速为 100 r/min，解吸 4 h 后分别于 0.25 h、0.5 h、1 h、1.5 h、2 h、4 h 取样 1 mL 离心后(离心条件：温度 25℃、速度 10 000 r/min、时间 10 min)进行 HPLC 检测。

4) 树脂的吸附等温曲线

称取预处理好的 HPD400 树脂若干份，每份 0.25 g(干重)，分别加入不同浓度的 CPT 和 HCPT 样品溶液，在 5℃、25℃、50℃的条件下分别吸附 2 h 后取样 1 mL 离心后(离心条件：温度 25℃、速度 10 000 r/min、时间 10 min)进行 HPLC 检测。绘制出在不同温度条件下的吸附等温线，并利用 Langrnuir 和 Freundlich 方程进行线性拟合来确定吸附等温方程。

5. 动态吸附与解吸实验

1) 树脂的动态吸附曲线

动态吸附实验是在三根特制的、外部带有冷凝外层的层析柱(2.2 cm×50 cm)上进行的，分别将干重为 13 g 的 HPD400 树脂装入三根玻璃柱中，床体积(bed volume，BV)为 23 mL，利用循环水式多用真空泵不断地向冷凝装置中添加冰水使冷凝装置中形成水循环使柱温保持在 5℃。样品溶液分别以 2 BV/h、3 BV/h、4 BV/h 的流速流过树脂柱，收集流出液离心后(离心条件：温度 25℃、速度 10 000 r/min、时间 10 min)用 HPLC 检测流出液 CPT 和 HCPT 的浓度，绘制出三种流速样品溶液的泄漏曲线。

2) 树脂的动态解吸曲线

(1) 乙醇浓度对动态解吸的影响

不同乙醇浓度的动态解吸的实验是在三根特制的、外部带有冷凝外层的层析柱(2.2 cm×50 cm)上进行的，分别将干重为 13 g 的 HPD400 树脂装入三根玻璃柱中，柱床体积为 23 mL，利用循环水式多用真空泵不断地向冷凝装置中添加冰水使冷凝装置中形成水循环使柱温保持在 5℃。样品溶液分别以相同的流速通过树脂柱，当 CPT 和 HCPT 样品溶液在树脂柱上达到吸附平衡后，先用去离子水冲洗，接着分别用体积分数为 20%、40%、60%、90%的乙醇溶液以 2 BV/h 的流速梯度洗脱，收集流出液离心后(离心条件：温度 25℃、速度 10 000 r/min、时间 10 min)用 HPLC 检测流出液 CPT 和 HCPT 的浓度。

(2) 解吸剂流速对动态解吸的影响

不同解吸剂流速的动态解吸实验是在三根特制的、外部带有冷凝外层的层析柱(2.2 cm×50 cm)上进行的，分别将干重为 13 g 的 HPD400 树脂装入三根玻璃柱中，柱床体积为 23 mL，利用循环水式多用真空泵不断地向冷凝装置中添加冰水使冷凝装置中形成水循环使柱温保持在 5℃。样品溶液分别以相同的流速通过树脂柱，当 CPT 和 HCPT 样品溶液在树脂柱上达到吸附平衡后，先用去离子水冲洗，接着分别用 60%的乙醇溶液分别以 2 BV/h、3 BV/h、4 BV/h 的流速等度洗脱，收集流出液离心后(离心条件：温度 25℃、速度 10 000 r/min、时间 10 min)用 HPLC 检测流出液 CPT 和 HCPT 的浓度。

(3) 梯度解吸实验

不同解吸剂流速的动态解吸实验是在特制的、外部带有冷凝外层的层析柱(2.2 cm×50 cm)上进行的，将干重为 13 g 的 HPD400 树脂装入玻璃柱中，柱床体积为 23 mL，利用循环水式多用真空泵不断地向冷凝装置中添加冰水使冷凝装置中形成水循环使柱温保持在 5℃。样品溶液以 2 BV/h 的流速通过树脂柱，当 CPT 和 HCPT 样品溶液在树脂柱上达到吸附平衡后，先去离子水冲洗，接着分别用浓度为 10%、20%、30%、40%、50%、60%、70%、80%和 90%的乙醇溶液以 2 BV/h 流速连续解吸，按浓度收集流出液离心后(离心条件：温度 25℃、速度 10 000 r/min、时间 10 min)用 HPLC 检测流出液 CPT 和 HCPT 的浓度。

6. 低温重结晶法纯化 CPT 及 HCPT

将两份相同的大孔树脂解吸后的 CPT 和 HCPT 解吸溶液分别装入冷凝回流

装置，加热至 70℃趁热过滤，滤液分别放入–10℃冰箱中冷却，冷却过程中会析出 CPT 晶体，重复加热溶解和冷却的重结晶操作，冷却过滤后将得到的晶体在 55℃烘箱中烘干得到 CPT 纯品；再向分别滤液中加入甲醇溶液装入冷凝回流装置，加热至 70℃趁热过滤，滤液放入–10℃冰箱中冷却，冷却过程中会析出 HCPT 晶体，重复加热溶解和冷却的重结晶操作，冷却过滤后将得到的晶体在 55℃烘箱中烘干得到 HCPT 纯品，实验数据取其平均值。

2.5.1.3　结果与讨论

1. 大孔吸附树脂的吸附量和解吸率

以下公式用于评价树脂的吸附能力和解吸率：

树脂的吸附量：

$$Q_e = (C_0 - C_e) \times \frac{V_i}{(1-M)W} \tag{2-7}$$

式中，Q_e 为吸附质在吸附剂中的平衡吸附量（mg/g）；C_e 为平衡时吸附质的浓度（mg/L）；C_0 为喜树果实提取液初始浓度（mg/L）；V_i 为喜树果实提取液体积（L）；W 为树脂质量（g）；M 为树脂的含水率。

树脂的解吸率：

$$D = C_d \times \frac{V_d}{(C_0 - C_e)V_i} \times 100\% \tag{2-8}$$

式中，C_d 为吸附质在解吸液中的浓度（mg/L）；V_d 为解吸液的体积（L）；D 为解吸率（%）；C_e 为平衡时吸附质的浓度（mg/L）；C_0 为喜树果实提取液初始浓度（mg/L）；V_i 为喜树果实提取液体积（L）。

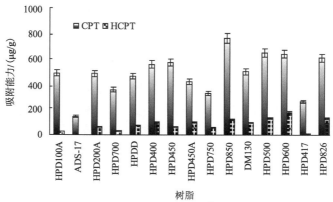

图 2.13　CPT 和 HCPT 在不同大孔树脂上的吸附量

不同的大孔树脂对于 CPT 和 CPT 的吸附解吸能力有明显的不同。如图 2.13

所示，本实验中用到的所有树脂对于 CPT 和 CPT 都显示出了很强的吸附能力，我们发现 HPD850、HPD826、HPD600、HPD500、PD400 型树脂对于 CPT 和 CPT 的吸附能力要强于其他的树脂。这与树脂的物理化学性质及吸附质的化学性质有关。一方面，具有相似的极性的大孔树脂显示出了更好的吸附能力；另一方面，选择合适的树脂也应该考虑树脂的孔隙率和比表面积等物理性质。

　　试验中所选用的大孔树脂的解吸能力也很高。如图 2.14 所示在解吸实验中极性树脂、中等极性和氢键树脂都表现出了很高的解吸能力，这与树脂的物理化学性质和 CPT、HCPT 的化学性质有关。HPD400、HPD826、DM130、HPD450A、HPD417 型树脂显示出了很好的解吸能力，这是因为它们具有相似的极性、孔隙率和比表面积。在本实验中，极性树脂中的 HPD400 对于 CPT 和 HCPT 的解吸能力高于其他的树脂，这主要是因为它的孔隙率相对较高、比表面积相对较低；在氢键树脂中具有相对高比表面积和低孔隙率的树脂表现出了很好的解吸能力。综合考虑树脂对 CPT 和 HCPT 的吸附能力和解吸率，最终选用 HPD400 和 HPD826 型树脂进行吸附解吸动力学实验。

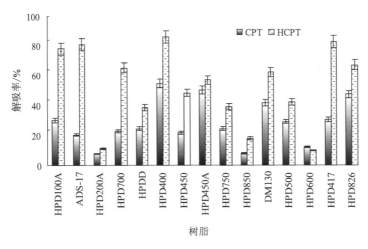

图 2.14　CPT 和 HCPT 在不同大孔树脂上的解吸率

2. HPD400 和 HPD826 树脂的吸附动力学曲线

　　通过实验得到了 HPD400 和 HPD826 树脂在 5℃、25℃、50℃时对 CPT 和 HCPT 的吸附动力学曲线。如图 2.15 所示，CPT 和 HCPT 的吸附动力学曲线具有相似的趋势；HPD400 树脂在吸附的前 2 h 中对于 CPT 和 HCPT 的吸附量随着时间的增长而增加，在 2 h 之后吸附量的增加缓慢，所以 HPD400 树脂在 2 h 时达到吸附平衡；HPD826 树脂在前 4 h 中对于 CPT 和 HCPT 的吸附量随着时间的增长而增加，在 4 h 之后吸附量的增加缓慢，所以 HPD400 树脂在 4 h 时达到吸附平衡。从节约时间和能源方面考虑，HPD400 树脂优于 HPD826 树脂。

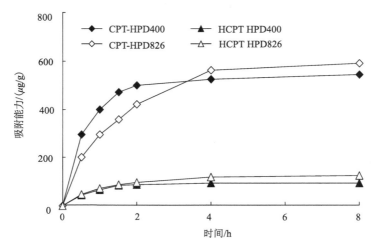

图 2.15　HPD400 和 HPD826 树脂对 CPT 和 HCPT 的吸附动力学曲线

3. HPD400 和 HPD826 树脂的解吸动力学曲线

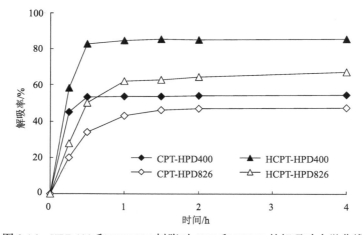

图 2.16　HPD400 和 HPD826 树脂对 CPT 和 HCPT 的解吸动力学曲线

　　如图 2.16 所示，随着解吸液和树脂接触时间的延长，解吸率迅速增大并最后趋于平衡。对于 HPD400 树脂在解吸刚开始的 0.5 h 内是洗脱的关键阶段；到接触时间为 0.5 h 时已基本洗脱完全。可得出所选的解吸液解吸时间短，0.5 h 就可以使 CPT 和 HCPT 从 HPD400 树脂上完全解吸下来。对于 HPD826 树脂在解吸刚开始的 1 h 内是洗脱的关键阶段；到接触时间为 1 h 时已基本洗脱完全。可得出所选的解吸液解吸时间短，1 h 就可以使 CPT 和 HCPT 从 HPD400 树脂上完全解吸下来。从图 2.16 中还可以看出 HPD400 树脂对 CPT 和 HCPT 的解吸率都高于 HPD826。综合考虑 HPD400 和 HPD826 树脂的吸附解吸效率，选择 HPD400 树脂进行动态吸附解吸实验。

4. HPD400 树脂的吸附等温曲线

分别在 5℃、25℃、50℃的温度条件下进行吸附等温线实验，CPT 的初始浓度分别为 8.37 mg/L、16.74 mg/L、25.11 mg/L、33.48 mg/L、41.85 mg/L，HCPT 的初始浓度分别为 1.22 mg/L、2.44 mg/L、3.67 mg/L、4.89 mg/L、6.11 mg/L。我们可以从图 2.17 中看到在初始浓度相同的条件下树脂的吸附能力随着温度的上升而降低、吸附速度低于解吸速度这证明吸附过程是一个放热的过程；此类型的吸附等温线也称为 Langmuir 型吸附等温线，为单分子吸附此类型的吸附最终能达到吸附饱和状态，吸附饱和状态的吸附量为饱和吸附量。如图 2.17 所示，HPD400 树脂对 CPT 和 HCPT 的吸附量随着初始浓度的增大而增加，当 CPT 和 HCPT 的初始浓度分别为 33.48 mg/L 和 4.89 mg/mL 时 HPD400 树脂吸附饱和。因此确定了上样溶液中 CPT 和 HCPT 的初始浓度分别为 33.48 mg/L 和 4.89 mg/mL。

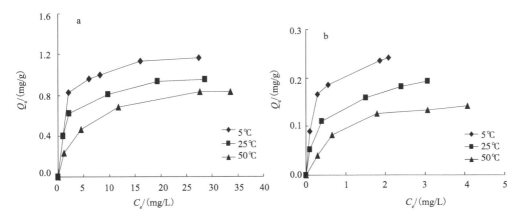

图 2.17 在 5℃、25℃和 50℃下 HPD400 树脂 CPT（a）和 HCPT（b）的吸附等温线

用 Langmuir 和 Freundlich 吸附等温线模型来描绘吸附质和吸附剂之间的吸附能力。Langmuir 方程是一种用于描述单分子层吸附的简单理论模型。

Langmuir 方程：

$$\frac{C_e}{Q_e} = \frac{C_e}{q_0} + \frac{1}{Kq_0}$$

式中，q_0 为经验系数；K 为吸附平衡常数；Q_e 为吸附质在吸附剂中的平衡吸附量(mg/g)；C_e 为平衡时吸附质的浓度(mg/L)。

　　Langmuirm 模型假设吸附溶质分子之间没有相互作用并且吸附剂的每个吸附位点只能吸附一个离子即吸附能量均一分配，所以常用于描述单分子间的吸附行为。Langmuir 模型可以很好的描述气体在固体表面上的吸附行为，但是在固液界面间超过单分子层吸附的描述就不那么精确了。

　　一种更为复杂的模型被称作 Freundlich 模型，它是为了弥补 Langmuir 模型的偏差发展而来，它假设吸附能力在不同吸附位点之间非均一地分配，所以它不仅可以用于单分子层吸附而且可以用于多分子层吸附。

　　Freundlich 方程：

$$Q_e = KC_e^{\frac{1}{n}}$$

式中，K 和 n 为经验系数；Q_e 为吸附质在吸附剂中的平衡吸附量(mg/g)；C_e 为平衡时吸附质的浓度(mg/L)。

　　根据静态吸附等温线实验的数据，分别用 Langmuir 等温方程和 Freundlich 等温方程进行拟合，拟合曲线如图 2.18 和图 2.19 所示。Langmuir 和 Freundlich 方程的参数列于表 2.10 中。从表 2.10 中可以看到 Langmuir 和 Freundlich 方程的相关系数都很高，可以看出 HPD400 树脂吸附 CPT 和 HCPT 的过程是单分子层吸附，HPD400 树脂吸附 CPT 和 HCPT 的 Langmuir 方程的相关系数在吸附温度为 5℃时最高分别为 0.999 9 和 0.999 3，这表示在 5℃的条件下 HPD400 树脂对 CPT 和 HCPT 的吸附能力最强。通常在 Freundlich 方程中当 1/n 为 0.1~0.5 时表示很容易发生吸附；当 1/n 为 0.5~1 时表示不容易发生吸附；当 1/n 超过 1 时表示很难发生吸附。可以从表 2.10 中看到所有吸附过程中 1/n 都在 0.1~0.5，这表示 HPD400 树脂可以很容易的吸附 CPT 和 HCPT，HPD400 适合于分离 CPT 和 HCPT。综上所述之后的动态吸附实验选择在 5℃的条件下进行。

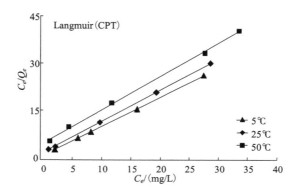

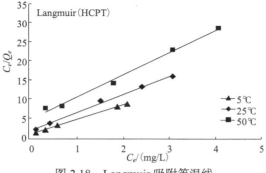

图 2.18　Langmuir 吸附等温线

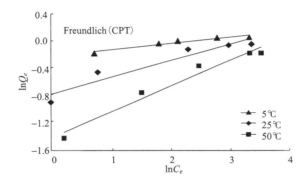

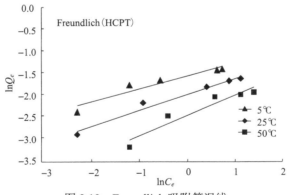

图 2.19　Freundlich 吸附等温线

表 2.10　HPD400 树脂在不同温度下吸附 CPT 和 HCPT 的 Langmui 和 Freundlich 方程参数

温度/℃		Langmuir 方程(相关系数)		Freundlich 方程(相关系数)	
	5	$Q_e=1.220\,9\,C_e/(1.397\,2+C_e)$	(0.999 0)	$Q_e=0.754\,8\,C_e\,0.136\,1$	(0.987 4)
CPT	25	$Q_e=1.006\,6\,C_e/(1.639\,6+C_e)$	(0.998 8)	$Q_e=0.450\,6\,C_e\,0.243\,0$	(0.927 0)
	50	$Q_e=0.943\,6\,C_e/(4.189\,7+C_e)$	(0.998 8)	$Q_e=0.238\,7\,C_e\,0.381\,8$	(0.969 3)

续表

温度/℃		Langmuir 方程(相关系数)		Freundlich 方程(相关系数)	
	5	$Q_e =0.261\ 8\ C_e /(0.197\ 3+C_e)$	(0.999 3)	$Q_e =0.204\ 2\ C_e\ 0.299\ 8$	(0.919 9)
HCPT	25	$Q_e =0.226\ 4\ C_e /(0.396\ 2+C_e)$	(0.995 8)	$Q_e =0.134\ 6\ C_e\ 0.368\ 7$	(0.974 9)
	50	$Q_e =0.172\ 0\ C_e /(0.821\ 0+C_e)$	(0.993 3)	$Q_e =0.082\ 9\ C_e\ 0.467\ 4$	(0.914 3)

5. HPD400 树脂的动态泄漏曲线

大孔吸附树脂的吸附能力主要取决于表面吸附、表面电性、筛分、或氢键等作用。当树脂吸附达到饱和时，其对化学物质的吸附能力减弱甚至消失，此时化学物质即泄漏流出。吸附流速过大，则溶液中的吸附质还来不及被吸附就已经流下，影响树脂柱的柱效；吸附流速过小，虽然吸附树脂对吸附质的吸附较充分，但大大增加了操作的周期。为了预算树脂用量与上样品溶液体积和速度，需要考察不同流速 HPD400 树脂柱上 CPT 和 HCPT 的动态泄漏曲线。

样品溶液中 CPT 和 HCPT 的初始浓度分别为 33.48 mg/L 和 4.89 mg/mL，流速分别为 2 BV/h、3 BV/h、4 BV/h。如图 2.20 所示，CPT 和 HCPT 的动态泄漏曲线具有相同的趋势，吸附时的样品溶液流速越快，泄漏点就越靠前，而达到吸附饱和的点就越靠后，吸附效果也就越差。这可能是因为流速越慢，CPT 和 HCPT 分子有充分的时间扩散到树脂内部的活性位点并与之发生吸附；相反，流速过快，CPT 和 HCPT 分子还来不及扩散到树脂内部的活性位点就已经流出树脂柱。在流速为 2 BV/h 时 HPD400 树脂显示出更好的吸附行能，低流速有利于样品溶液中的粒子扩散，但是如果流速更低会延长工作时间，所以本实验选取 2 BV/h 为吸附流速。从图 2.20 中可以看到当流速为 2 BV/h 时，184 mL(8 BV)样品溶液可以使 HPD400 树脂柱对 CPT 的吸附达到饱和，138 mL(6 BV)样品溶液可以使 HPD400 树脂柱对 HCPT 的达到饱和吸附，所以以后的实验选择 184 mL 为样品溶液的用量。

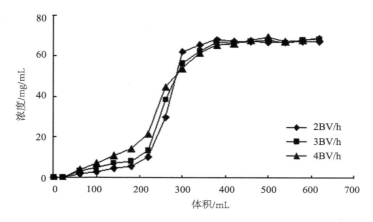

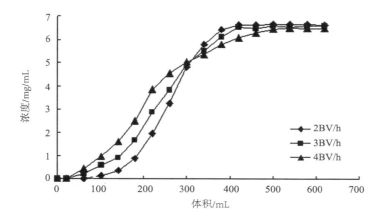

图 2.20　HPD400 树脂柱上 CPT(a)和 HCPT(b)的动态泄漏曲线

6. HPD400 树脂的动态解吸曲线

1) 乙醇浓度对动态解吸的影响

在本试验中以 2 BV/h 为解吸流速，选用不同浓度的乙醇溶液(20%、40%、60%、90%)来完成动态解吸实验以选择最佳的解吸溶剂。结果如图 2.21 所示，乙醇浓度对 CPT 和 HCPT 的动态解吸曲线具有相同的趋势，当乙醇浓度为 60%和 90%时都显示出了很好的洗脱能力，洗脱峰比较集中并且没有明显的拖尾。60%和 90%的乙醇作为洗脱剂的洗脱率相近，所以从节约成本的角度选择 60%的乙醇作为解吸溶剂。

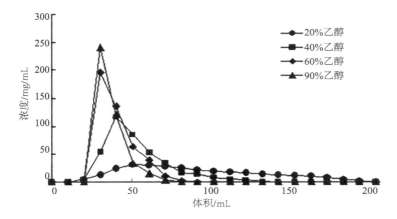

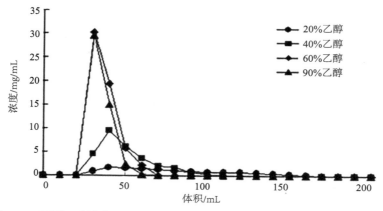

图 2.21　不同乙醇浓度下 HPD400 树脂对 CPT(a) 和 HCPT(b) 的动态解吸曲线

2) 解吸剂流速对动态解吸的影响

本实验用 60%的乙醇为解吸溶剂研究了不同的解吸流速(2 BV/h、3 BV/h、4 BV/h)对解吸率的影响。结果如图 2.22 所示洗脱剂流速对 CPT 和 HCPT 的动态解吸曲线具有相同的趋势，洗脱流速越快，拖尾越严重，峰形也越差，解吸完全时所用的解吸液也就越多。这可能是由于流速越慢，解吸液中的有效分子能充分地与树脂和 CPT 与 HCPT 分子接触，使 CPT 和 HCPT 分子解吸下来；相反，流速过快，解吸液没能与被吸附的 CPT 和 HCPT 充分接触将其从大孔树脂上的吸附位点上置换出来。本实验选取 2 BV/h 作为解吸流速，因为在此流速下，解吸曲线的峰形比较好，没有严重的拖尾现象，峰比较集中，在 40 mL 时流出液浓度达到最高，CPT 为 256.87 mg/L、HCPT 为 40.12 mg/L，之后浓度下降，到 80 mL 时，基本解吸完全，这说明在解吸 CPT 和 HCPT 时，洗脱液的用量为 80 mL 时，可以解吸下来绝大多数的 CPT 和 HCPT，大大减少了回收处理洗脱液的量，有良好的工业应用前景。

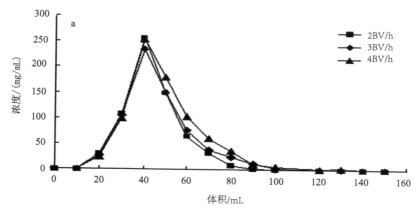

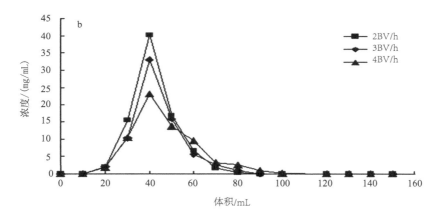

图 2.22　不同流速下 HPD400 树脂对 CPT(a)和 HCPT(b)的动态解吸曲线

3）梯度解吸实验

为了降低解吸过程中的试剂消耗并提高解吸效率，梯度解吸实验在以下条件下进行：在动态吸附过程中样品溶液中的 CPT 和 HCPT 浓度分别为 33.48 mg/L 和 4.89 mg/L；分别用 10%、20%、30%、40%、50%、60%、70%、80% 和 90% 的乙醇溶液以 2 BV/h 流速连续解吸，结果列于表 2.11 中。

以下公式用来量化 CPT 和 HCPT 的回收率：

$$Y = \frac{C_d V_d}{(C_0 - C_a)V_p} \times 100\% \tag{2-9}$$

式中，Y 为生物碱的回收率(%)；C_a 为流出液中生物碱的浓度（mg/mL）；V_p 为所用样品溶液的体积(mL)；C_d 为物碱在解吸液中的浓度(mg/L)；V_d 为解吸液的体积(L)；C_0 为喜树果实提取液初始浓度(mg/L)。

如表 2.11 所示在乙醇浓度为 30%~60% 的时候，HPD400 树脂吸附的大多数 CPT 和 HCPT 被解吸下来，在乙醇浓度为 40% 时得到 CPT 和 HCPT 解吸的最大值。经过大孔树脂分离纯化后 CPT 的量从 0.024% 增加到 0.264%（解吸乙醇浓度为 30%~60%）、HCPT 的量从 0.003% 增加到 0.032%（解吸乙醇浓度为 30%~60%）；CPT 和 HCPT 的回收率分别为 65.063% 和 76.971%。从表 2.11 中可以看出梯度洗脱与等度洗脱相比得到的 CPT 和 HCPT 的纯度更高，这是由于 10%~20% 的乙醇溶液将大量的杂质从树脂柱上解吸了下来，而其对 CPT 和 HCPT 的解吸率却很小，这样就达到了纯化 CPT 和 HCPT 的目的。喜树果实提取液和经过 HPD400 树脂吸附解吸之后的解吸液的色谱图如图 2.23 和图 2.24 所示，从图中可以看出喜树果实提取液在经过 HPD400 大孔树脂的分离纯化过程后除去了大量杂质并且 CPT 和 HCPT 的峰面积有明显的增大。

表 2.11   HPD400 树脂柱对 CPT 和 HCPT 等度洗脱和梯度洗脱的结果

洗脱类型	乙醇浓度 / %	绝干树脂质量 / g	CPT 质量 / mg	CPT 含量 / %	CPT 回收率 / %	HCPT 质量 / mg	HCPT 含量 / %	HCPT 回收率 / %
等度洗脱	60	4.234	7.562	0.179	68.329	0.285	0.007	80.765
梯度洗脱	10	0.989	0.388	0.039	3.711	0.018	0.002	1.665
	20	0.467	0.647	0.139	6.194	0.052	0.011	4.869
	30	0.792	1.855	0.234	17.755	0.164	0.021	15.306
	40	0.919	2.522	0.274	24.143	0.343	0.037	32.034
	50	0.493	2.037	0.413	19.499	0.242	0.049	22.543
	60	0.366	0.383	0.105	3.666	0.076	0.021	7.087
	70	0.706	—	—	—	0	—	—
	80	0.752	—	—	—	0	—	—
	90	0.531	—	—	—	0	—	—
	30~60	2.570	6.797	0.264	65.063	0.825	0.032	76.971

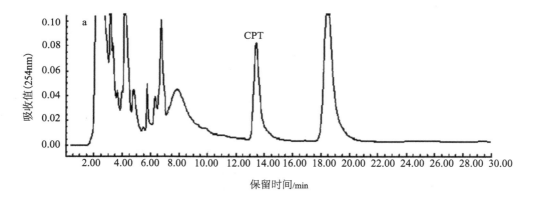

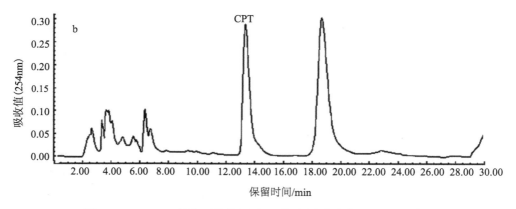

图 2.23   HPD400 树脂吸附前 (a) 和吸附后 (b) 溶液中 CPT 的色谱图

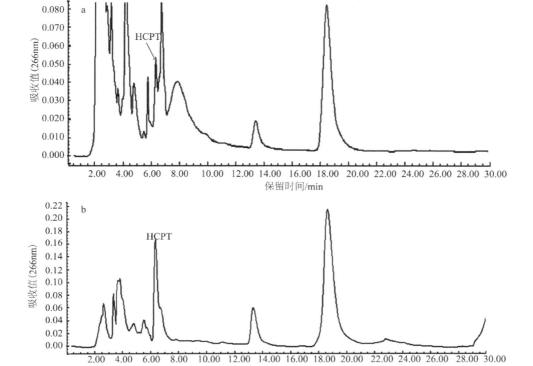

图 2.24　HPD400 树脂吸附前(a)和吸附后(b)溶液中 HCPT 的色谱图

7. 低温重结晶法纯化 CPT 及 HCPT

分别称取 1 mg CPT 和 HCPT 晶体置于 10 mL 容量瓶中加入色谱甲醇溶液溶解、稀释后进行 HPLC 检测。CPT 的纯度达到 91.03%该过程的回收率为 68.38%，HCPT 的纯度达到 92.39%该过程的回收率为 69.67%。

2.5.1.4　结论

1. 通过静态吸附和解吸实验筛选出 HPD400 和 HPD826 树脂进行吸附动力学实验。

2. 通过 HPD400 和 HPD826 树脂的静态吸附、解吸动力学实验选择出 HPD400 进行吸附等温线实验，并确定 HPD400 树脂分别在吸附 2 h 时达到吸附平衡、0.5 h 时达到解吸平衡。

3. 通过 HPD400 树脂的吸附等温线和 Langmuir 等温方程、Freundlich 等温方程的参数，可以看出 HPD400 树脂吸附 CPT 和 HCPT 的过程是单分子层吸附；在 5℃的条件下 HPD400 树脂对 CPT 和 HCPT 的吸附能力最强；HPD400 树脂可以很容易的吸附 CPT 和 HCPT。所以之后的动态吸附实验在 5℃的条件下进行。并确定了样品溶液中 CPT 和 HCPT 的初始浓度分别为 33.482 5 mg/L 和 4.888 41 mg/mL 为最佳上样液。

4. 通过 HPD400 树脂的动态泄漏曲线确定 2 BV/h 为动态吸附的最佳的吸附流速，并确定最佳的上样量为 184 mL。

5. HPD400 树脂的动态解吸曲线选择 60%的乙醇为最佳解吸溶剂、最佳的流速为 2 BV/h、洗脱液的用量为 80 mL。

6. 通过梯度洗脱实验可以看出梯度洗脱与等度洗脱相比得到的 CPT 和 HCPT 的纯度更高、梯度洗脱乙醇浓度为 30%~60%的时候，HPD400 吸附的大多数 CPT 和 HCPT 被解吸下来，在乙醇浓度为 40%时得到 CPT 和 HCPT 解吸的最大值。经过大孔树脂分离纯化后 CPT 的量从 0.024%增加到 0.264%（解吸乙醇浓度为 30%~60%）、HCPT 的量从 0.003%增加到 0.032%（解吸乙醇浓度为 30%~60%）；CPT 和 HCPT 的回收率分别为 65.063%和 76.971%。从色谱对比图中可以看出喜树果实提取液在经过 HPD400 大孔树脂的分离纯化过程后除去了许多杂质并且 CPT 和 HCPT 的峰面积有明显的增大。

7. 经过低温析晶和重结晶技术纯化后，CPT 的纯度达到 91.03%该过程的回收率为 68.38%，HCPT 的纯度达到 92.39%该过程的回收率为 69.67%。

2.5.2　利用聚酰胺纯化喜树体内主要活性物质的研究

目前由喜树果中提取纯化 HCPT 和喜果苷采用溶剂提取和树脂纯化法[35-38]，过程较复杂而且收率较低。聚酰胺具有理化性质稳定、吸附选择性独特，吸附效率高、易再生等优点[39,40]，采用聚酰胺纯化 HCPT 和喜果苷尚未见报道。本实验用聚酰胺纯化喜树果中 HCPT 和喜果苷，取得了满意的效果。

2.5.2.1　仪器与材料

1. 仪器

高效液相色谱仪（日本 Jasco 公司）；BS210S 型电子天平（德国 Sartorius 公司）；KQ-250DB 型超声波清洗仪（昆山市超声波仪器有限责任公司）；高速离心机（22R，Heraeus Sepatech 公司）；真空旋转蒸发器（上海浦沪仪器厂）；SHY22S 水浴恒温振荡器（浙江省余姚市检测仪表厂）。

2. 材料与试剂

喜树果采自四川省金堂县，经东北林业大学森林植物生态学教育部重点实验室聂绍荃教授鉴定。HCPT 对照品（ SIGMA 公司，质量分数>98.5%）；喜果苷对照品（自制，经高分辨正离子二次离子质谱、核磁共振谱鉴定，质量分数>98%）；乙腈为色谱纯；水为双蒸水；其他试剂均为分析纯；聚酰胺树脂（60 目，上海树脂厂)。

2.5.2.2 实验部分

1. 聚酰胺预处理

聚酰胺先用无水乙醇浸泡 24 h，充分溶胀，然后回流提取 8 h，以除去其中所含杂质，用蒸馏水反复清洗至无醇味。再用 5% HCl 溶液浸泡 6 h 进行酸洗，然后用水洗至中性。再用 2% NaOH 溶液浸泡 6 h 进行碱洗，再用蒸馏水洗至中性，即处理完毕。

2. 样品的制备

将自然干燥的喜树果按 1∶8 加入体积分数为 55%乙醇水溶液，匀浆提取 5 min，抽滤，提取液浓缩至一定体积后加入二氯甲烷萃取除杂质，水相为本实验所需药液样品，药液中 HCPT 和喜果苷质量浓度分别为 0.189 g/mL 和 0.334 g/mL。

3. HCPT 和喜果苷检测方法

1) 高效液相色谱条件

HiQ SiL C_{18} 色谱柱(4.6 mm×250 mm，5 μm，KYA TECH 公司)，流动相乙腈∶水(30∶70)，流速 1.0 mL/min；检测波长 254 nm；检测时间 35 min；柱温 35℃。

2) 标准曲线的建立

将精密称取的 HCPT 和喜果苷对照品用无水乙醇定容在 100 mL 量瓶中，摇匀，制成对照品储备液。将对照品储备液稀释，取稀释后的对照品溶液进样 HPLC 分析，每样作 3 次重复，取平均值。分别以 HCPT 质量浓度(X_1，mg/mL)与它对应的峰面积(Y_1)；喜果苷质量浓度(X_2，mg/mL)与它对应的峰面积(Y_2)进行线性回归，得到 HCPT 和喜果苷质量浓度-峰面积的回归方程分别为：

$$Y_1 = 36\,112\,347\,X_1 - 22\,807(相关系数\,0.999\,7)；$$
$$Y_2 = 59\,327\,301\,X_2 + 28\,139(相关系数\,0.999\,6)。$$

样品中 HCPT 和喜果苷的质量浓度测定：样品液离心(离心条件：温度 25℃、速度 12 000 r/min、时间 5 min)，取上清液进行 HPLC 检测，每样 3 次重复，将峰面积取平均值，代入回归方程，计算 HCPT 和喜果苷的质量浓度。

4. 工艺条件的考察及优化

1) 静态吸附

取干聚酰胺 2.0 g，经预处理后加入样品液 40 mL，在 25℃，100 r/min 条件下振摇时间不等。分别取聚酰胺吸附后的溶液 1 mL，离心，取上清液进行 HPLC 检测，计算聚酰胺对 HCPT 和喜果苷的吸附量。

2）静态解吸

将静态吸附的聚酰胺过滤抽干，先用蒸馏水洗脱，再加 40 mL 不同浓度乙醇溶液解吸，在 25℃，100 r/min 条件下振摇。分别取解吸液 1 mL，离心，取上清液进行 HPLC 检测，计算 HCPT 和喜果苷的解吸率。

3）动态吸附

取干聚酰胺 10.0 g，经预处理后装于 20 mm×450 mm 的玻璃层析柱内，加样品液于柱顶，以一定的流速进行动态吸附，按体积收集流出液，HPLC 检测，计算聚酰胺对 HCPT 和喜果苷的吸附率。

4）动态解吸

聚酰胺吸附样品后，先用蒸馏水洗脱，再以乙醇溶液以 1.0 mL/min 的流速洗脱，按体积收集解吸液，进行 HPLC 检测，计算 HCPT 和喜果苷的解吸率。

聚酰胺吸附量、吸附率与解吸率按以下公式计算：

$$Q = (C_0 - C_e) V / W \tag{2-10}$$

式中，Q 为吸附量；C_0 为起始浓度；C_e 为平衡浓度；V 为起始体积；W 为干树脂重量。

$$E = [(C_0 - C_e) / C_0] \times 100\% \tag{2-11}$$

式中，E 为吸附率；C_0 为起始浓度；C_e 为平衡浓度。

$$D = C_d V_d / [(C_0 - C_e) \times V] \times 100\% \tag{2-12}$$

式中，D 为解吸率；C_d 为解吸液浓度；V_d 为解吸液体积；C_0 为起始浓度；C_e 为平衡浓度；V 为起始体积。

2.5.2.3　结果与讨论

1. 静态吸附时间的确定

取干聚酰胺 210 g，经预处理后加入药液 40 mL，振摇吸附 4 h，使聚酰胺达到饱和吸附，其静态吸附情况如图 2.25 所示。由吸附量可以看出随振荡时间增长而吸附效果明显增强，在起始阶段 HCPT 和喜果苷吸附量增加均较大，但从 120 min 开始，吸附量增加缓慢，可以认为，此时的聚酰胺吸附已经达到了一个动态平衡。根据静态吸附量的变化，如果吸附时间继续增加，HCPT 和喜果苷吸附率增加缓慢，而其他成分的吸附会增加，因此选定最佳吸附时间为 120 min。

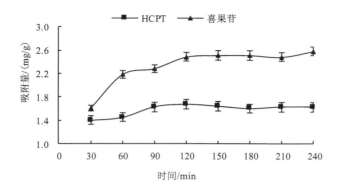

图 2.25　时间对吸附量的影响

2. pH 的影响

取 40 mL 药液 6 份，调节 pH 为 3，4，5，6，7，8 后分别加入到预处理好的聚酰胺中振荡吸附 2 h。聚酰胺在不同的 pH 下对 HCPT 和喜果苷的吸附效果如表 2.12 所示。由表 2.12 可见，pH 对 HCPT 和喜果苷吸附的影响较大。在 pH 为 3、4、5、7、8 时，聚酰胺对 HCPT 和喜果苷吸附率较低。在 pH 为 6 时，聚酰胺对 HCPT 和喜果苷吸附率效果较好。这是由于聚酰胺是依靠分子内的大量酰胺键与羟基、羰基等基团形成氢键，而对 HCPT 和喜果苷产生吸附作用。pH 过高或者过低都不利于氢键的形成而使吸附率下降。因此聚酰胺吸附 HCPT 和喜果苷的适宜 pH 为 6。

表 2.12　pH 对吸附量的影响

pH	吸附量/(mg/g)	
	HCPT	喜果苷
3	1.32	1.58
4	1.45	2.25
5	1.52	2.41
6	1.75	2.56
7	1.68	2.36
8	1.61	2.32

3. 乙醇浓度对解吸率的影响

在考虑解吸效率、易于回收、价廉和低毒的基础上，选择乙醇-水体系为洗脱剂。先用蒸馏水洗脱除去极性较大杂质成分，再分别用体积分数为 20%，40%，60%，80%的乙醇水溶液及无水乙醇振荡洗脱吸附饱和的聚酰胺 2 h，考察不同体积分数的乙醇-水的静态洗脱效果。结果见表 2.13。从表 2.13 可见，随着乙醇体积分数的提高，HCPT 和喜果苷的洗脱率逐渐增加，当乙醇体积分数为 60%时，HCPT 和喜果苷的洗脱率接近最高，乙醇浓度继续提高，其他杂质成分也会较多地被洗脱下来，同时，高浓度乙醇的防火等级较高，成本增加，不利于大规模工业化生产，综合考虑，选择体积分数为 60%的乙醇水溶液为洗脱溶剂。

表 2.13　乙醇体积分数对解吸率的影响

乙醇体积分数/ %	解吸率/ %	
	HCPT	喜果苷
20	37.76	53.68
40	52.53	63.93
60	81.09	87.72
80	82.41	89.49
100	79.37	82.98

4. 动态吸附速率的优选

取干聚酰胺 4.0 g，经预处理后装于 12 mm×500 mm 的玻璃柱内，床体积（BV）为 20 mL，再取 60 mL 样品液分别上柱并以 0.5 mL/min，1.0 mL/min，1.5 mL/min，2.0 mL/min，2.5 mL/min 速率动态吸附，吸附后收集流出液，HPLC 检测并计算吸附速率。由表 2.14 可知，0.5 mL/min 吸附率虽然略高于 1.0 mL/min 的吸附速率，但由于 0.5 mL/min 的速率较慢，用时较长，速率在 1.0 mL/min 以上时虽用时较少，但吸附速率较低，综合以上因素考虑选用 1.0 mL/min速率吸附较好。

表 2.14　上样流速对吸附率的影响

流速/(mL/min)	吸附率/ %	
	HCPT	喜果苷
0.5	87.09	91.37
1.0	85.98	90.36
1.5	78.39	82.16
2.0	72.51	77.45
2.5	65.10	68.73

5. 泄漏曲线

称取干聚酰胺 4.0 g，经预处理后湿法装柱，将样品液调节 pH 6，以流速为 1.0 mL/min 上样，从加样开始即收集馏分，HPLC 测定其中 HCPT 和喜果苷质量浓度，结果如图 2.26 所示。由图 2.26 可知，50 mL 流分以前基本无泄漏，从

80 mL 流分以后，泄漏量开始明显增大，说明聚酰胺此时不能完全吸附样品液中的 HCPT 和喜果苷。为了使 HCPT 和喜果苷保留完全，设定泄漏率 5%为泄漏点，据此确定 60 mL 即 3 BV 作为最大上样量。

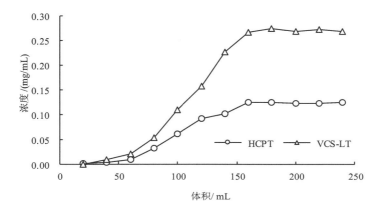

图 2.26　泄漏曲线

6. 动态洗脱曲线

将吸附饱和的聚酰胺，先用蒸馏水 100 mL 洗脱除去极性较大杂质成分，再用体积分数为 60%的乙醇水溶液以 1.0 mL/min 的流速进行洗脱，在洗脱剂用量达到 100 mL 即 5 BV 时，HCPT 和喜果苷已经基本完全洗脱，结果如图 2.27 所示。洗脱液经减压浓缩、干燥后进行 HPLC 分析，HCPT 和喜果苷的质量分数分别达到 17.52%和 32.87%，收率分别为 66.05%和 75.86%。HCPT 和喜果苷经聚酰胺纯化前后对比的 HPLC 图如图 2.28 所示。

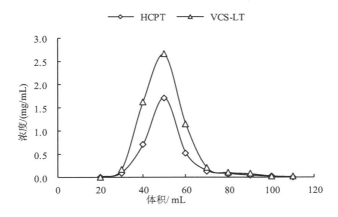

图 2.27　动态洗脱曲线

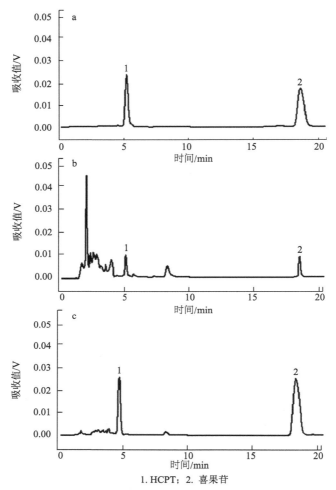

1. HCPT；2. 喜果苷

图 2.28　聚酰胺分离样品溶液前后的色谱图

a. 对照品；b. 分离前样品；c. 分离后样品

2.5.2.4　结论

通过对影响聚酰胺吸附及解吸的各种因素系统研究，最后确定了聚酰胺纯化 HCPT 和喜果苷的最佳工艺条件，优化的工艺条件为：药液中 HCPT 和喜果苷的质量浓度分别为 0.189 g/L 和 0.334 g/L，上样液 pH 6，上样流速为 1.0 mL/min，上样量为 3 BV，洗脱剂为的 60% 乙醇溶液，洗脱液流速为 1.0 mL/min，洗脱剂用量为 5 BV。该工艺收率高，操作简便，在洗脱溶剂的选择方面，使用了价廉，环境友好的乙醇水溶液，具有成本低，安全性好的优点。此工艺已经在东北林业大学植物药工程研究中心通过了 20 kg 原料的放大实验，可望实现大规模产业化。

参 考 文 献

[1] Sakato K, Misawa M. Effects of chemical and physical conditions on growth of *Camptotheca acuminate* cell culture. Agricultural and Biological Chemistry, 1974, 38(3): 491~497.

[2] Wall M E, Wani M C, Cook C E, et al. Plant antitumor agents. I. The isolation and structure of camptothecin, a novel alkaloidal leukemia and tumor inhibitor from *Camptotheca acuminata*. Journal of the American Chemical Society, 1966, 88(16): 3888~3890.

[3] Hsiang Y H, Liu L F, Wall M E, et al. DNA topoisomerase Imediated DNA cleavage and cytotoxicity of camp tothecin analogues. Cancer Research, 1989, 49 (16): 4385~4389.

[4] Muggia F M, Creaven P J, Hansen H H, et al. Phase Ⅰ clinical trial of weekly and daily treatment with CPT（NSC2100880）: correlation with preclinical studies. Cancer Chemotherapy Reports, 1972, 56(4): 515~521.

[5] 李颖, 唐强, 董林, 等. 喜树碱及其类似物结构修饰与构效关系研究进展. 化学研究与应用, 2003, 15 (6): 744~748.

[6] Hsiang Y H, Hertzber R, Hecht S, et al. Camptothecin induced protein-linked DNA breaks vis mammalian DNA topoisomerase I. Journal of Biochemistry, 1985, 260 (27): 14873~14878.

[7] 中国医学科学院上海药物研究所.10-羟基喜树碱抗癌作用研究. 肿瘤防治研究, 1978, (3): 42~48.

[8] Giovanella B C. Topoismerase Ⅰ inhibitors.cancer therapeutics: experimental and clinical agents. Humana Press Inc.1997, 137~152.

[9] 刘展眉. 用现代分离技术提取抗癌活性成分喜树碱的研究. 广东工业大学, 2005.

[10] Milan P, Herbert P. Camptothecins : new anticancer agents. Boca Raton: CRC Press, 2000, 67~112.

[11] 郭群,万军梅. 喜树苷类化学成分及其生物活性概述. 中国民族民间医药, 2011, 17: 36~38.

[12] 徐丽婷, 谢景文, 贾正平. 高效毛细管区带电泳法测定羟基喜树碱注射液的含量. 解放军药学学报.2002, 18(1): 49~51.

[13] 吴映蓉, 张灿珍. 测定小鼠血浆及组织中 10-羟基喜树碱浓度的研究.中国药业. 2002, 11 (9): 30~32.

[14] 张丽艳, 杨玉琴. 反相高效液相色谱法测定喜树果实中喜树碱的含量.中国中药杂志. 1997, 22(4): 234~235.

[15] 涂文升, 刘宗河. 抗癌药物喜树碱的高效液相色谱测定. 广西医科大学学报. 1995, 12(2): 140~142.

[16] Agarwal J S, Rastogi R P. Chemical constituents of *Mappta foetida* Miers. Indian Journal of Chemistry, 1973, 11A: 969~973.

[17] Tafur S, Nelson J D, deLong D C, et al., Antiviral components of *Ophiorrhiza mungoslsolation* of camptothecin and 10-methoxycamptothecin. Lioydia, 1976, 39(4): 261~262.

[18] Dai J R, Hallock Y F, Cardellina J H, et al. 20-O-β-Glucopyranosys camptothecin from *Mostuea brunonis*: a potential camptothecin prodrug with improved solubility. Journal of Natural Product, 1999, 62(10): 1427~1429.

[19] 徐任生, 赵志远. 抗癌植物喜树化学成分的研究.喜树根中的化学成分Ⅰ, 化学学报.1977,

　　　　35(3-4): 227~230.

[20] Liu Z, Adams J. Camptothecin yield and distribution within *Camptotheca acuminate* trees cultivated in Louisiana. Canadian Journal of Botany, 1996, 74(3): 360~365.

[21] Buta J C, Joseph F W. Camptothecin, a selective plant growth regulator. Journal of Agricultural and Food Chemistry 1976.24(5): 1085~1086.

[22] Lopez-Meyer M, Nessler C L, Mcknight T D. Sites of accumulation of the antitumor alkaloid camptothecin in *Camptotheca acuminate*. Planta Medica, 1994, 60(6): 558~560.

[23] Liu Z J, Carpenters S B, Bourgeois W J, et al. Variations in the secondary metabolite camptothecin in relation to tissue age and season in *Camptotheca acuminata*. Tree Physiolony, 1998, 18(4), 265~270.

[24] 张正香, 毛高翔, 张茂祥, 等. 喜树碱的碱水法提取新工艺. 天然产物研究与开发, 2006, 18 (2): 302~303.

[25] 明霞, 魏忠环, 徐清海. 从喜树果实中提取喜树碱工艺研究. 沈阳农业大学学报, 2005, 36(1): 101~103.

[26] 高洁, 周祖基, 马良进, 等. 正交试验对喜树碱提取工艺的筛选研究. 江西林业科技, 2005, (4): 15~18

[27] 马云超. 喜树碱的分析方法及提取纯化工艺研究. 吉林农业大学, 2007.

[28] 孙雁霞, 邬晓勇, 王跃华, 等. 喜树碱提取方法研究. 成都大学学报(自然科学版), 2008, 27(2): 89~91.

[29] Zhang J, Yu Y, Liu D, et al. Extraction and composition of three naturally occurring anti-cancer alkaloids in *Camptotheca acuminata* seed and leaf extracts. Phytomedicine, 2007, 14(1): 50~56.

[30] Wang J H, Cheng D H, Chen X W, et al. Direct extraction of double-stranded DNA into ionic liquid 1-butyl-3-methylimidazolium hexafluorophosphate and its quantification. Analytical Chemistry. 2007, 79 (2): 620~625.

[31] Hoffmann J, Nüchter M, Ondruschka B, et al. Ionic liquids and their heating behaviour during microwave irradiation−a state of the art report and challenge to assessment. Green Chemistry. 2003, 5(3): 296~299.

[32] 沈海宁. 离子液体辅助 6-甲氧基-2-萘甲醛与丙酮克莱森-施密特缩合反应的研究. 重庆大学硕士论文. 2011: 8~18.

[33] Blanchard L A, Brennecke J F. Recovery of organic products from ionic liquids using supercritical carbon dioxide. Industrial and Engineering Chemistry Research, 2001, 40(1): 287~292.

[34] Fu B Q, Liu J, Li H, et al. The application of macroporous resins in the separation of licorice flavonoids and glycyrrhizic acid. Journal of Chromatography A, 2005, 1089(1-2): 18~24.

[35] 王瑞芳, 史作清, 施荣富. 超高交联吸附树脂柱色谱法分离提纯喜树碱及喜果甙. 离子交换与吸附, 2002, 18(5): 412~418.

[36] Devanand P, Ramesh K. Comparison of techniques for the extraction of the anti-cancer drug camptothecin from *Nothapodytes foetida*. Journal of Chromatography A, 2005, 1063 (1~2): 9~13.

[37] Zhang J, Yu Y, Liu D, et al. Extraction and composition of three naturally occurring anti 2-cancer

alkaloids in *Camptotheca acuminata* seed and leaf extracts. Phytomedicine, 2006, 14 (1)：50~56.

[38] 王洋, 于涛, 张玉红. 碱法提取喜树碱工艺的研究. 植物研究, 2000, 20 (4)：433~436.

[39] 白云娥, 漆小梅, 赵华, 等. 聚酰胺分离金莲花总黄酮. 中国医院药学杂志, 2006, 26 (5)：512~514.

[40] 薛扬, 吴唯. 酰胺树脂的层析分离应用. 化工新型材料, 2005, 33 (4)：50~53.

第3章 长春花体内活性物质分离[*]

3.1 长春花体内的主要活性物质

3.1.1 长春花分类地位及分布

长春花(*Catharanthus roseus*)，别名金盏草、四时春、日日新、雁头红，属夹竹桃科长春花属草本植物。长春花原产于非洲马达加斯加岛，现广泛分布于世界各地，我国广东、广西、云南、海南、贵州、四川及江浙一带均有栽培，是一种重要的药用植物。

3.1.2 长春花体内主要活性物质

长春花全株有毒，误食易造成细胞萎缩、白细胞减少、血小板减少、肌肉无力、四肢麻痹等。中医临床以全草入药，有镇静安神、平肝降压等作用[1]。长春花体内含有 130 种以上的萜类吲哚生物碱[2,3]，地下部分以阿玛碱(ajmalicine，AMC)和蛇根碱(serpentine，SPT)为主，它们是控制和治疗高血压及其他类型心血管疾病的重要药物[4]；地上部分尤其是叶片中含有的长春碱(vinblastine，VBL)、长春新碱(vincristine，VCR)、文多灵(vindoline，VDL)、长春质碱(catharanthine，CAT)具有抗肿瘤活性，为临床治疗癌症的一线药物[5]，用于治疗乳腺癌、膀胱癌、肺癌、白血病等多种癌症[3-8]。长春碱和长春新碱对白血病具有显著疗效；长春碱可用于治疗何杰金氏病和绒毛上皮癌[9]、淋巴肉瘤和卵巢癌等[10]；文多灵和长春质碱具有降血糖作用[11]，文多灵有利尿作用；长春质碱有降血压、镇痛等作用，并且文多灵和长春质碱还是合成长春瑞宾[12]、长春氟宁[13]等长春碱类抗肿瘤药物的中间体。

此外，长春花体内含有的熊果酸和齐墩果酸等五环三萜类化合物，具有抗肿瘤、抗氧化、抗炎、保肝、降血脂和美白等作用。

3.2 长春花体内主要活性物质的提取技术研究

3.2.1 匀浆法提取长春花体内主要活性物质的研究

长春花体内生物碱结构复杂，热稳定性差，且含量甚微，多为万分之几。目

---

* 田浩、贾佳、王涵等同学参与了本章内容的实验工作。

前长春花生物碱的提取方法主要有渗漉、温浸、回流和超声提取法等。渗漉和温浸法用时长、溶剂用量大，溶剂回收率低；回流法有效成分因长时间受热发生部分降解；超声法虽然是一种新型的提取技术，提取速度快，得率高，但就目前而言工业化设备能耗高，噪声大，环境欠友好。因此，寻找更加有效的提取长春花生物碱的方法具有现实意义。

匀浆提取是指生物组织通过加入溶剂进行组织匀浆或磨浆，以提取活体组织中有效成分的一种提取方法。该方法一般应用于从动物组织中提取氨基酸、蛋白质等目的成分[14-16]，近年来祖元刚等将植物组织应用匀浆提取法对萜烯醇、黄酮类物质进行提取，收到了很好的效果[17,18]，应用匀浆法提取植物活性成分，可以直接将鲜物料置于匀浆机内，与提取溶剂在匀浆装置中混合匀浆，通过机械及液力剪切作用将物料撕裂和粉碎，使物料破碎和有效成分的提取同步进行，达到对植物有效成分快速、强化提取的目的。匀浆提取法提取速度快，温度低，能耗低，目的成分得率高。本节利用匀浆法对新鲜长春花体内生物碱进行了提取，对匀浆提取过程中的各因素进行了优化，取得满意结果，为扩大生产提供了有参考价值的提取工艺。

3.2.1.1　仪器与材料

1. 仪器

WATERS 高效液相色谱仪(包括 1525 型泵，717 plus 型自动进样器，2487 型双波长紫外检测器)；色谱柱 Hypersil C$_{18}$(250 mm×4.6 mm，5 μm)；JH280-D 型匀浆机(顺德市科顺塑料电器实业有限公司)；78HW-1 恒温加热磁力搅拌器(杭州仪表电机有限公司)；RE-52AA 型旋转蒸发仪(上海青浦沪西仪器厂)；PB-21 型 pH 计(北京赛多利斯仪器系统有限公司)；KQ-250DB 型数控超声波清洗器(昆山市超声仪器有限公司)；DGW-99 型台式高速微型离心机(宁波新芝科器研究所)；SHB-III型循环水式多用真空泵(郑州长城科工贸有限公司)；匀浆萃取装置(本实验室专利产品，专利号：ZL02275225.0，结构图见参考文献[19])。

2. 材料及试剂

长春花新鲜枝叶取自本实验室温室，长春碱对照品购自 SIGMA 公司，产品纯度≥98%，文多灵和长春质碱对照品购自海南佳茂植物开发有限公司，纯度 99%；含量测定用乙腈、甲醇、磷酸为色谱纯，购自美国 Dima Technology Inc Inc.公司，二次蒸馏水自制；其余试剂均为国产分析纯。

3.2.1.2　实验部分

1. 长春花体内主要活性物质的含量检测方法

1) 高效液相色谱定量测定条件[20]

水：二乙胺（986：14，*V/V*），用磷酸调节 pH 7.5（A），甲醇：乙腈（4：1，*V/V*）（B），A：B（38：62，*V/V*）混合作为流动相。流速 1 mL/min；进样量 10 μL；柱温 25℃；检测波长 215 nm。

2) 标准曲线的绘制

分别精密称取对照品文多灵、长春质碱和长春碱各 10 mg 置于 25 mL 容量瓶中，流动相溶解并定容，得每毫升分别含长春碱、文多灵和长春质碱 0.4 mg 的对照品储备液，备用。分别精密吸取各对照品储备液 1 mL、2 mL、4 mL、6 mL 和 8 mL，置于 10 mL 容量瓶中，流动相定容，配成不同浓度的对照品溶液。依次取 10 μL 上述对照品溶液进样，每个浓度重复 3 次。按上述色谱条件测定，绘制标准曲线，计算回归方程。长春碱、文多灵和长春质碱在 0.04~0.4 mg/mL 呈良好的线性关系。其线性回归方程及相关系数见表 3.1。

表 3.1　长春碱、文多灵和长春质碱的线性方程及相关系数（mg/mL）

	标准曲线方程	相关系数
长春质碱	$Y = 31\,575\,760\,000.00\,x–543\,349.40$	0.999 5
文多灵	$Y = 38\,465\,251\,575.34\,x–477\,062.16$	0.999 7
长春碱	$Y = 28\,750\,037\,397.26\,x–344\,788.73$	0.999 8

注：Y 为峰面积积分值，x 为对照品浓度。

2. 长春花体内主要活性物质匀浆提取技术工艺优化过程

1) 提取溶剂的优化

分别称取鲜长春花枝叶 10 g（含绝干物料 2 g）置于匀浆机中，分别加入甲醇、0.15%硫酸、0.15%硫酸的 50%甲醇、0.15%硫酸的 50%乙醇、乙酸乙酯 15 mL，匀浆提取 2.5 min，过滤，滤饼再按上述条件加入溶剂匀浆提取 2 次，滤液合并后于真空度下 0.09 MPa 60℃减压浓缩至体积基本恒定，用浓氨水调 pH 10.0，等体积乙酸乙酯萃取 5 次，合并乙酸乙酯部分，减压回收乙酸乙酯至干，残渣用甲醇定容至 10 mL，10 000 r/min 高速离心后进行 HPLC 检测，每份重复 3 次取平均值，计算提取率（提取率=$E/E_0×100\%$，E 为不同条件下提取各生物碱的质量，E_0 为甲醇匀浆提取 3 次各生物碱的质量）。

2) 提取溶剂 pH 的优化

称取鲜长春花枝叶 10 g（含绝干物料 2 g）置于匀浆机中，分别加入用硫酸调节 pH 为 1.0、1.5、2.0、2.5、3.0、3.5、4.0 的 50%甲醇溶液 15 mL，按 3.2.1.2 中的方法操作。

3）提取溶剂中调节酸种类的优化

称取鲜长春花枝叶 10 g(含绝干物料 2 g)置于匀浆机中，加入分别用硫酸、盐酸、乙酸、磷酸、酒石酸和柠檬酸调节 pH 1.5 的 50%甲醇溶液 15 mL，按 3.2.1.2 的方法操作。

4）匀浆提取时间的优化

称取 10 g/份鲜长春花枝叶 9 份，分为 3 组，每组 3 份，料液比为 1∶10，在 9 份中分别加入 0.15%硫酸水溶液，选择不同的匀浆时间(1.0 min、2.5 min、4.0 min)，用匀浆机进行匀浆，滤液用浓氨水调 pH 10.0，150 mL 乙酸乙酯萃取 5 次，收集乙酸乙酯相，无水硫酸钠脱水后，过滤，减压浓缩至干，甲醇定容至 10 mL，10 000 r/min 高速离心后进行 HPLC 检测各生物碱含量，每份重复 3 次取平均值。

5）料液比的优化

称取每份为 10 g/的鲜长春花枝叶 15 份，分为 5 组，每组 3 份，选择不同的料液比(1∶6、1∶8、1∶10、1∶12、1∶14，g∶mL)，在 5 组中分别加入 0.15%硫酸水溶液，匀浆机中匀浆 2.5 min。

3. 匀浆提取与其他常规方法的比较

1）超声提取

称取鲜长春花枝叶 10 g(含绝干物料 2 g)置于锥形瓶中，加入用硫酸调节 pH 1.5 的 50%甲醇溶液 15 mL，于超声波清洗仪中常温超声提取 30 min，超声频率 100 Hz，过滤，滤饼再重复提取 2 次，合并 3 次提取液，用浓氨水调 pH 10.0，等体积乙酸乙酯萃取 5 次，合并乙酸乙酯相，无水硫酸钠脱水后，减压浓缩至干，甲醇定容至 10 mL，10 000 r/min 高速离心后进行 HPLC 检测各生物碱含量。

2）温浸提取

称取鲜长春花枝叶 10 g(含绝干物料 2 g)置于锥形瓶中，加入用硫酸调节 pH 1.5 的 50%甲醇水溶液 15 mL，于 50℃水浴中浸提 3 h，每隔 0.5 h 搅拌一次，过滤，滤饼再重复提取 2 次，合并滤液，用浓氨水调 pH 10.0，等体积乙酸乙酯萃取 5 次，合并乙酸乙酯相，无水硫酸钠脱水后，减压浓缩至干，甲醇定容至 10 mL，10 000 r/min 高速离心后进行 HPLC 检测各生物碱含量。

3）回流提取

称取鲜长春花枝叶 10 g(含绝干物料 2 g)置于圆底烧瓶中，加入用硫酸调节 pH 1.5 的 50%甲醇溶液 15 mL，接好回流冷凝管，水浴中 70℃加热回流提取，回流提取 2 h 后过滤，滤饼再重复提取 2 次，合并滤液，用浓氨水调 pH 10.0，等体积乙酸乙酯萃取 5 次，合并乙酸乙酯相，无水硫酸钠脱水后，减压浓缩至干，甲醇定容至 10 mL，10 000 r/min 高速离心后进行 HPLC 检测各生物碱含量。

3.2.1.3　结果与讨论

1. 提取溶剂的选择

不同溶剂对长春花 3 种主要生物碱的匀浆提取结果如图 3.1 所示。可以看出，甲醇提取效果最好，考虑到甲醇的选择性较差，提取液中含有大量杂质，给后续分离纯化过程带来麻烦，所以我们不选择甲醇作为提取溶剂；0.15%硫酸 50%甲醇和 0.15%硫酸 50%乙醇提取效果相差不大，0.15%硫酸 50%甲醇对长春碱的提取效果更好一些，3 种生物碱中，长春碱含量最低，价格昂贵，综合考虑以长春碱提取率高的为佳，因此我们选用 0.15%硫酸 50%甲醇作为提取溶剂。

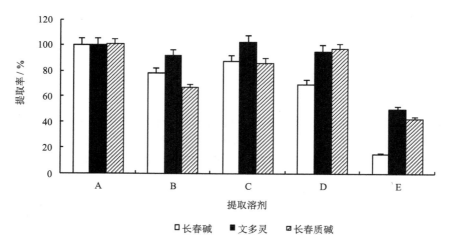

图 3.1　不同提取溶剂对长春碱、文多灵和长春质碱提取率的影响

A. 甲醇；B. 0.15%硫酸溶液；C. 0.15%硫酸50%甲醇；D. 0.15%硫酸50%乙醇；E. 乙酸乙酯

2. 提取溶剂 pH 的选择

由图 3.2 可以看出，3 种生物碱的提取率有随着提取溶剂 pH 的升高而下降的趋势，而 pH 1.5 时长春碱的提取率最高，文多灵和长春质碱也有较高的提取率水平，因此我们把提取溶剂的 pH 确定在 1.5。

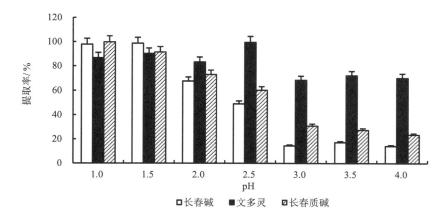

图 3.2　提取溶剂 pH 对长春碱、文多灵和长春质碱提取率的影响

3. 提取溶剂中调节酸种类的选择

由图 3.3 可以看出，硫酸和柠檬酸对文多灵和长春质碱的提取率比其他酸性调节物提取率高，但针对长春碱，硫酸的提取率更好一些，所以我们选择以硫酸作为酸性调节物质进行 3 种生物碱的提取。

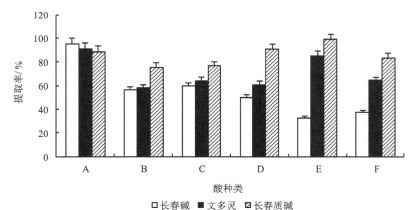

图 3.3　不同种类酸对长春碱、文多灵和长春质碱提取率的影响
A. 硫酸；B. 盐酸；C. 醋酸；D. 磷酸；E. 柠檬酸；F. 酒石酸

4. 匀浆提取时间

由图 3.4 可以看出，匀浆时间对长春花生物碱提取过程中生物碱提取量有明显影响，长春花茎叶在匀浆机绞刀的作用下，破碎形成组织团块、细胞团块和大量的破损细胞，匀浆时间的长短决定了细胞的破碎程度，进而影响生物碱在提取液中的传质速度，在选定的时间范围内，当匀浆时间为 2.5 min 时长春碱的含量

达到最大值，而当匀浆时间为 4 min 时，长春碱含量显著下降，匀浆时间过长，系统由于摩擦产生的聚热效应使热敏性的长春碱产生部分降解，长春碱的含量反而降低，因此匀浆时间确定为 2.5 min。

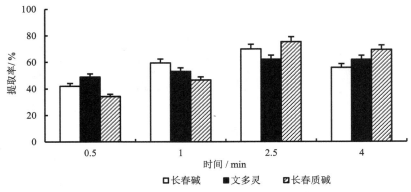

图 3.4　匀浆时间对长春碱、文多灵和长春质碱提取率的影响

5. 料液比

由图 3.5 中可以看出，料液比为 1∶14(g∶mL)时，长春碱的含量达到最大值，考虑到生产过程中使用溶剂量过大，后续溶剂回收等工艺的负担重，因此从节约成本，提高生产效率的角度考虑，选择料液比为 1∶10(g∶mL)，以适应于工业化生产。

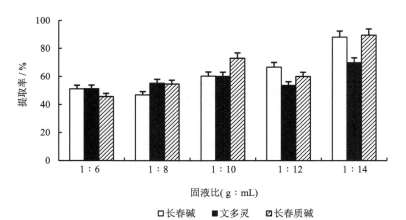

图 3.5　料液比对长春碱、文多灵和长春质碱提取量的影响

6. 匀浆提取与其他常规提取方法的比较

50℃浸提、热回流提取和超声辅助提取均通过单因素试验确定最佳条件。在

最佳条件下，4 种方法提取长春碱，各项指标比较结果见表 3.2。匀浆提取的长春碱比超声提取量提高 10.78%，文多灵和长春质碱分别减少 7.35% 和 2.69%；匀浆提取的长春碱比 50℃ 浸提提取量提高 6.96%，文多灵和长春质碱分别减少 9.04% 和 5.38%；匀浆提取的长春碱、文多灵和长春质碱比热回流分别提高 13.36%、19.04%、41.47%。匀浆提取、超声辅助提取、50℃ 温浸对文多灵和长春质碱的提取效果较回流提取效果好，匀浆提取对长春碱的提取率明显高于其他 3 种方法。可以看出匀浆提取法长春碱提取率明显高于 50℃ 温浸、热回流和超声辅助提取法，达到 90.87%，文多灵和长春质碱的提取率也分别达到 85.32% 和 89.85%，匀浆提取法 3 次提取耗能时间仅 7.5 min，因此匀浆提取法用于长春碱提取优势明显。

表 3.2　长春花生物碱不同提取方法各项指标的比较

方法	料液比（g：mL）	提取时间/ min	提取次数	提取率/ %		
				长春质碱	文多灵	长春碱
匀浆提取	1：30	7.5	3	90.87	85.32	89.85
超声辅助提取	1：30	90	3	80.09	92.67	92.54
50℃ 浸提	1：30	540	3	83.91	94.36	95.23
热回流提取	1：30	360	3	77.51	66.28	48.38

3.2.1.4　结论

本研究将匀浆提取首次应用到长春花体内 3 种抗肿瘤活性成分的提取，得到了很好的效果。鲜枝叶与萃取溶剂在匀浆萃取装置中混合匀浆，通过机械及液力剪切作用将物料撕裂和粉碎，使物料破碎和有效成分的萃取同步进行，以达到对植物有效成分快速、强化提取的目的。

采用匀浆从新鲜长春花枝叶中提取 3 种主要生物碱，研究了提取过程中不同影响因子对提取效果的影响。确定的匀浆提取优化条件为：以 0.15% 硫酸 50% 甲醇溶液作为提取溶剂，料液比 1：10（g：mL），匀浆 2.5 min，匀浆提取 3 次。

匀浆长春碱提取率达到 90.87%，明显高于 50℃ 温浸、热回流和超声辅助提取法，文多灵和长春质碱的提取率也分别达到 85.32% 和 89.85%，匀浆法 3 次提取耗能时间仅 7.5 min，匀浆萃取法用于含量很低、但价格很高的长春碱提取优势明显。

匀浆提取技术对长春花生物碱的提取操作简单、快速、充分，省去了对物料进行烘干、粉碎的步骤，使物料破碎和有效成分的提取同步进行，避免了物料干燥过程中造成的生物碱的变质和流失，并且提取时间明显缩短，具有实际生产意义。

3.2.2　负压空化法提取长春花体内主要活性物质的研究

负压空化是利用负压为动力以抽气的形式激发出的微小气泡(空化核)在瞬间溃灭使其周围产生的强烈空化效应和机械振动加速原料组织中的目的成分进入溶剂,缩短提取时间,提高提取效率,避免了回流或超声过程中由于温度升高对目的成分的影响。本研究采用负压空化装置提取长春花体内的 3 种主要生物碱,优选得到的负压空化提取的工艺条件,可以推广用于长春花生物碱的工业提取,同时也对其他植物中的活性成分的提取具有借鉴作用。

3.2.2.1　仪器与材料

1. 仪器

WATERS 高效液相色谱仪,包括 1525 型泵,717 plus 型自动进样器,2487型双波长紫外检测器;RE-52AA 旋转蒸发仪,上海青浦沪西仪器厂;SHB-III循环水式多用真空泵,郑州长城科工贸有限公司。负压空化柱为实验室专利产品。

2. 材料

长春花植株采摘于浙江省富阳市,经本实验室聂绍荃教授鉴定为 *C. roseus*。对照品硫酸长春碱,SIGMA 公司产品(纯度大于 99%);文多灵和长春质碱由浙江海正药业股份有限公司提供(纯度大于 98%);含量测定用色谱甲醇、乙腈、二乙胺,J&K Chemical Ltd 产品;二次蒸馏水自制;实验中所用的其他试剂均为国产分析纯。

3.2.2.2　实验部分

1. 实验装置及原理

负压空化柱自制,结构及原理示意图见图 1.2。该装置主要依据空化理论进行设计与改造,是在普通玻璃柱顶部加一个真空管,同时在柱底加一个通气管,利用负压为动力源,以抽气的形式激发出的微小气泡(空化核)在瞬间溃灭使其周围产生瞬间高压、强烈的冲击波和速度极快的微射流,并且通过混旋效应激活了分离物质分子在不同介质中的迅速分配,达到强化有效成分提取分离的目的。

2. 负压空化提取长春花生物碱过程

称取长春花枝叶 2 g 置于空化柱中,加入提取溶剂,柱上端连接真空泵抽真空,下端柱塞开启控制气体流量,进行负压空化提取,过滤,滤液于0.09 MPa 真空度下 60℃减压浓缩至体积基本恒定,用浓氨水调 pH 10.0,等体积乙酸乙酯萃取,合并乙酸乙酯部分,减压回收乙酸乙酯至干,残渣用甲醇定容,12 000 r/min 高速离心后进行 HPLC 检测,每份重复 3 次取平均值,按下

式计算得率:

$$得率 = M / M_0 \times 1\,000‰$$

式中，M 为不同条件下提取各生物碱的质量；M_0 为长春花质量。

3. 分析方法

长春碱、长春质碱和文多灵含量测定按照上节建立的方法进行。

3.2.2.3　结果与讨论

1. 提取工艺的确定

1) 提取溶剂对提取得率的影响

(1) 甲醇提取

称取长春花茎叶 2 g 置于空化柱中，加入甲醇 20 mL，负压空化提取 30 min，温度为常温，过滤，滤渣再重复提取 2 次、合并 3 次提取液，减压回甲醇至干，残渣用甲醇定容，离心后进行 HPLC 检测。

(2) 乙酸乙酯提取

同甲醇提取过程。

(3) 硫酸 50%甲醇水溶液(0.15%)提取

精密称取长春花茎叶 2 g 置于空化柱中，加入硫酸 50%甲醇水溶液 (0.15%)20 mL，负压空化提取 30 min，温度为常温，过滤，滤渣再重复提取 2 次、合并 3 次提取液，减压回收甲醇至无甲醇蒸出，剩余液用浓氨水调 pH 大于 10，等体积乙酸乙酯萃取 5 次，合并乙酸乙酯部分，减压回收乙酸乙酯至干，残渣用甲醇定容，离心后进行 HPLC 检测。

(4) 硫酸 50%乙醇水(0.15%)溶液提取

同 50%甲醇水溶液(0.15%)提取过程。

(5) 硫酸水溶液(0.15%)提取

称取长春花茎叶 2 g 置于空化柱中，加入硫酸水溶液(0.15%)20 mL，负压空化提取 30 min，温度为常温，过滤，滤渣再重复提取 2 次、合并 3 次提取液，用浓氨水调 pH 大于 10，等体积乙酸乙酯萃取 5 次，合并乙酸乙酯部分，减压回收乙酸乙酯至干，残渣用甲醇定容，离心后进行 HPLC 检测。

5 种溶剂的提取结果见图 3.6。甲醇能将原料中的绝大部分成分提取完全，并且提取效果最好，考虑到甲醇的选择性较差，提取液中含有大量杂质，给后续分离纯化过程带来麻烦，所以我们不选择甲醇作为提取溶剂；0.15%硫酸 50%甲醇和 0.15%硫酸 50%乙醇溶液提取效果相差不大，0.15%硫酸 50%甲醇对长春碱的提取效果更好一些，并且考虑到实际生产过程溶剂回收问题，我们选用易在较低温度回收的 0.15%硫酸 50%甲醇作为提取溶剂。

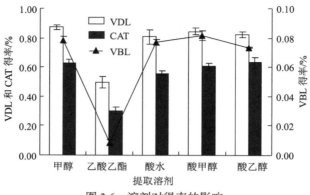

图 3.6　溶剂对得率的影响

2）提取溶剂 pH 对提取得率的影响

精密称取长春花茎叶 2 g 置于空化柱中，分别加入用硫酸调节 pH 为 1、1.5、2、2.5、3、3.5、4 的 50%甲醇水溶液 20 mL，按 50%甲醇水溶液(0.15%)提取方法进行提取，样品离心后进行 HPLC 检测，结果见图 3.7。在不同的 pH 条件下，3 种生物碱的提取率基本上随着提取溶剂 pH 的升高而下降，提取溶剂的酸性越强，提取越完全。对长春碱来说，pH 为 1 和 1.5 的 50%甲醇水溶液提取效果最好，但 pH 为 1.5 时，后边液液萃取纯化生物碱的时候乳化现象很严重，长时间放置后仍无法完全分层，所以我们把提取溶剂的 pH 确定在 1.5。

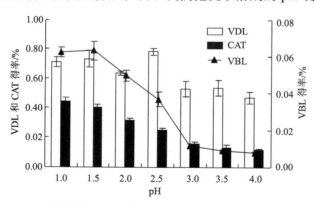

图 3.7　提取溶剂 pH 对长春碱、文多灵和长春质碱得率的影响

3）提取溶剂中酸性调节物对提取得率的影响

精密称取长春花茎叶 2 g 置于空化柱中，加入分别用硫酸、盐酸、乙酸、磷酸、酒石酸和柠檬酸调节 pH 为 1.5 的 50%甲醇水溶液 20 mL，按 50%甲醇水溶液(0.15%)提取方法进行提取，样品离心后进行 HPLC 检测，结果见图 3.8。以硫酸和柠檬酸为调解物的溶剂对文多灵和长春质碱的得率比其他酸性调节物得

率高，但综合考虑各生物碱的附加值大小，针对附加值更大的长春碱来说，硫酸的得率更好一些，因此我们选择以硫酸作为酸性调节物的溶剂进行 3 种生物碱的提取。

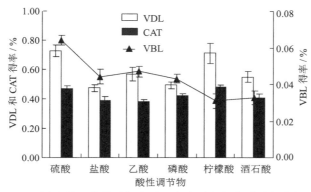

图 3.8　不同酸性调节物对长春碱、文多灵和长春质碱得率的影响

2. 负压空化提取长春花体内主要活性物质的工艺参数优化

1）空化提取时间的选择

精密称取长春花茎叶 2 g 置于空化柱中，分别加入用硫酸调节 pH 为 1.5 的 50%甲醇水溶液进行负压空化提取 10 min、15 min、20 min、25 min、30 min、35 min 按甲醇酸水提取液处理方法制备样品，进行 HPLC 检测，结果见图 3.9。提取时间的长短对文多灵和长春质碱的得率影响不大，但对长春碱的得率影响较明显，在提取 25 min 时，3 种生物碱的得率最高，因此我们选择负压空化提取时间为 25 min。

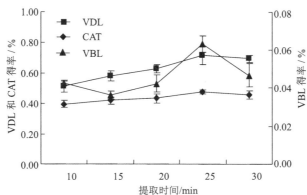

图 3.9　空化混旋时间对长春碱、文多灵和长春质碱得率的影响

2）料液比对空化提取效果的影响

精密称取长春花茎叶 2 g 置于空化柱中，分别加入用硫酸调节 pH 为 1.5 的

50%甲醇水溶液 12 mL、16 mL、20 mL、24 mL、28 mL 进行负压空化混旋提取，按甲醇酸水提取液处理方法制备样品，进行 HPLC 检测，结果如图 3.10 所示。在选定的料液比范围内，文多灵、长春质碱和长春碱的得率随着料液比的增大而升高，料液比为 1∶12 时长春碱得率最高，但料液比为 1∶10 时，3 种生物碱的得率均已达到最高得率的 80%以上，并且考虑到料液比太大，后续溶剂回收等工艺的负担重，废水产生量大，因此从节约成本，提高生产效率的角度考虑，选择料液比为 1∶10，以适应于工业化生产。

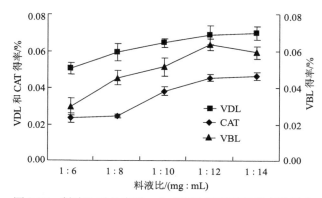

图 3.10　料液比对长春碱、文多灵和长春质碱得率的影响

3）空化提取次数的选择

精密称取长春花茎叶 2 g 置于空化柱中，加入用硫酸调节 pH 为 1.5 的 50%甲醇水溶液 20 mL，进行负压空化提取，过滤，料渣继续重复提取 4 次，每次提取液分别按甲醇酸水提取液处理方法制备样品，进行 HPLC 检测，结果见图 3.11。对原料提取两次后，90%以上的长春碱、文多灵和长春质碱已提取出来，因此我们选择对空化提取次数为 2 次。

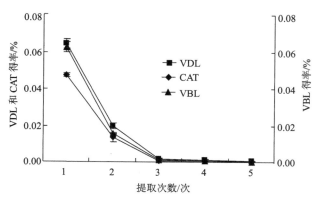

图 3.11　提取次数对长春碱、文多灵和长春质碱得率的影响

3. 负压空化方法与其他方法的比较

50℃温浸、热回流和超声提取均通过单因素试验确定最佳条件。在最佳条件下，4 种方法提取长春花体内生物碱，各项指标比较见表 3.4，可以看出负压空化提取长春碱得率明显高于 50℃浸提、热回流和超声辅助提取，达到 0.082‰，文多灵和长春质碱的得率也分别达到 0.84‰和 0.61‰，因此匀浆提取法用于长春碱提取优势明显。

表 3.4　长春花生物碱不同提取方法各项指标的比较

方法	总料液比 (g∶mL)	过程总用时/ min	提取次数	得率±标准偏差/‰(n=3)		
				长春碱	文多灵	长春质碱
负压空化提取	1∶30	25	3	0.082±0.004	0.84±0.06	0.61±0.05
超声辅助提取	1∶30	90	3	0.069±0.002	0.86±0.03	0.64±0.06
50℃浸提	1∶30	540	3	0.052±0.005	0.81±0.05	0.56±0.04
热回流提取	1∶30	360	3	0.049±0.005	0.58±0.04	0.29±0.04

3.2.2.4　结论

当在负压的状态下连续地把气体释放进固液两相中去时，气泡在随液体流动过程中，遇到周围压力减小时，体积急剧膨胀分解成小气泡或迅速崩解。由于空泡溃灭过程发生于瞬间(微秒级)，因而在局部产生极高的瞬时压强，当溃灭或崩解发生在固体表面附近时，流体中不断溃灭的空泡所产生的极高压强的反复作用，破坏固体表面，增大传质速率。

本研究将负压空化方法首次应用到长春花体内 3 种抗肿瘤活性成分的提取，得到了很好的效果。研究了负压空化提取过程中不同影响因子对提取效果的影响，确定的负压空化提取优化条件为：以 pH 为 1.5 的硫酸 50%甲醇溶液作为提取溶剂，料液比 1∶10(mg∶L)，空化提取 25 min，空化提取 3 次。与其他提取方法相比，负压空化提取对长春碱的得率明显高于 50℃浸提、热回流提取和超声辅助提取，达到 0.082‰，文多灵和长春质碱的得率也分别达到 0.84‰和 0.61‰，负压空化提取法用于含量很低、但价格很高的长春碱提取优势明显。

3.2.3　负压空化法提取长春花体内熊果酸和齐墩果酸的技术研究

3.2.3.1　仪器与材料

RE-52AA 旋转蒸发器(上海青浦沪西仪器厂)；SHB-Ⅲ循环水式多用真空泵(郑州长城科工贸有限公司)；空化柱(实验室自制)；无水乙醇(哈尔滨新春

化工厂）；甲醇（北京化工厂）；乙酸乙酯（北京化工厂）；二氯甲烷（天津市瑞金特化学品有限公司）；长春花茎叶提取后干燥废渣（长春花生物碱提取工艺后得到）。

3.2.3.2　实验部分

1. 提取方法的选择

1）负压空化提取

称取长春花茎叶提取过生物碱的干燥残渣 1.0 g 置于空化柱中，加入 90%乙醇 10 mL，浸泡 10 min 后负压混悬空化提取 25 min，通气量为 0.2 m³/h，共提取 3 次。提取液减压浓干，20 mL 色谱甲醇定容，HPLC 检测。实验使用的负压空化混悬装置为本实验室自主设计。

2）超声辅助提取

称取长春花茎叶提取过生物碱的干燥残渣 1.0 g 置于锥形瓶中，加入 90%乙醇 10 mL，于超声波清洗仪中超声提取 30 min，温度为常温，频率 100 Hz，共提取 3 次。提取液减压浓干，20 mL 色谱甲醇定容，HPLC 检测。

3）热回流提取

称取长春花茎叶提取过生物碱的干燥残渣 1.0 g 置于圆底烧瓶中，加入 90%乙醇 10 mL，于 90℃水浴中热回流提取 1 h，共提取 3 次。提取液减压浓干，20 mL 色谱甲醇定容，HPLC 检测。

4）渗漉提取

称取长春花茎叶提取过生物碱的干燥残渣 1.0 g 置于分液漏斗中，加入 90%乙醇 10 mL，浸泡 1 h，控制流速（1 mL/min），渗漉提取 3 次，合并提取液，减压浓缩，20 mL 色谱甲醇定容，HPLC 检测。

5）温浸提取

称取长春花茎叶提取过生物碱的干燥残渣 1.0 g 置于圆底烧瓶中，加入 90%乙醇 10 mL，于 60℃水浴中浸泡 3 h，共提取 3 次，合并提取液，减压浓缩，20 mL 色谱甲醇定容，HPLC 检测。

2. 提取方法的选择

称取长春花茎叶提取过生物碱的干燥残渣 1.0 g，分别用甲醇、90%乙醇、乙酸乙酯、二氯甲烷进行负压空化混旋固液提取，提取时间 25 min，通气量 0.2 m³/h，共提取 3 次。提取液减压浓干，20 mL 色谱甲醇定容，HPLC 检测。

3. 空化混旋固液提取次数的选择

称取长春花茎叶提取过生物碱的干燥残渣 1.0 g，加入 90%乙醇 10 mL，进行负压空化混旋固液提取，提取时间 25 min，通气量 0.2 m³/h，共提取 5 次。提取液分别减压浓干，20 mL 色谱甲醇定容，HPLC 检测。

　　4. 空化混旋提取时间的选择

　　称取长春花茎叶提取过生物碱的干燥残渣 1.0 g 共 5 份，分别加入 90%乙醇 10 mL 进行负压空化混旋提取 10 min、15 min、20 min、25 min、30 min，通气量 0.2 m³/h，共提取 3 次。提取液减压浓干，20 mL 色谱甲醇定容，HPLC 检测。

　　5. 空化通气量的选择

　　称取长春花茎叶提取过生物碱的干燥残渣 1.0 g 共 5 份，分别加入 90%乙醇 10 mL 进行负压空化混旋提取，提取时间 25 min，通气量分别为 0.04 m³/h、0.1 m³/h、0.2 m³/h、0.3 m³/h、0.4 m³/h，共提取 3 次。提取液减压浓干，20 mL 色谱甲醇定容，HPLC 检测。

3.2.3.3　结果与讨论

　　1. 提取方法的选择

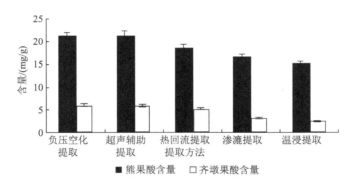

图 3.12　不同提取方法对熊果酸和齐墩果酸提取效果的影响

　　由图 3.12 可以看出，负压空化提取、超声辅助提取和热回流提取的效果相差不多，但热回流的提取率较前两者低，且提取温度高，提取时间长。空化提取较超声提取节约能源，无污染，且不需加热，可以保持有效成分的稳定性。所以我们采用自制的负压空化法作为提取长春花残渣中熊果酸和齐墩果酸的方法。

　　2. 提取方法的选择

　　如图 3.13，甲醇的提取效果比 90%乙醇稍好一些，但考虑到甲醇的毒性比乙醇大，且甲醇极性大，选择性较差，提取的杂质也较多，为后续分离纯化工作带来麻烦，所以我们选择 90%乙醇作为提取溶剂。

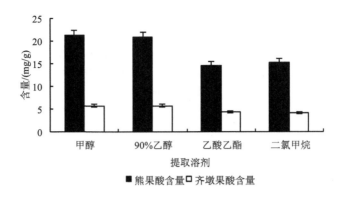

图 3.13　不同提取溶剂对熊果酸和齐墩果酸提取效果的影响

3. 空化混旋固液提取次数的选择

不同空化混旋固液提取次数的对实验结果的影响如图 3.14 所示。

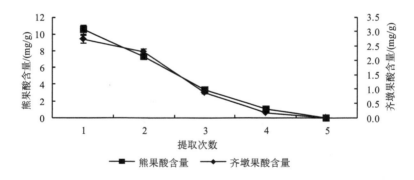

图 3.14　提取次数对熊果酸和齐墩果酸提取效果的影响

如图 3.14，当提取第 4 次时，齐墩果酸和熊果酸几乎被提取完全，而且提取率也超过 95%，因此我们选择负压空化混旋提取的次数为 3 次。

4. 料液比对空化混旋提取效果的影响

称取长春花茎叶提取过生物碱的干燥残渣 1.0 g 共 5 份，分别加入 90%乙醇 6 mL、8 mL、10 mL、12 mL 和 14 mL 进行负压空化混旋提取，提取时间 25 min，通气量 0.2 m³/h，共提取 3 次。提取液减压浓干，20 mL 色谱甲醇定容。HPLC 检测，结果如图 3.15 所示。

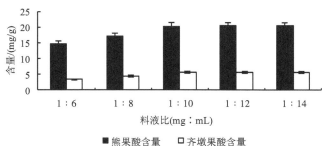

图 3.15　料液比对熊果酸和齐墩果酸提取效果的影响

如图 3.15，随着料液比的增加，熊果酸和齐墩果酸的提取量也随着增加，在料液比为 1 : 10 (g : mL) 时，熊果酸和齐墩果酸的提取率趋于稳定，两者的提取率也均达 90% 以上，并且考虑到料液比太大，导致提取液体积过大，给后续分离纯化工作带来困难，我们选择的料液比为 1 : 10 (g : mL)。

5. 空化混旋提取时间的选择

HPLC 检测，结果如图 3.16 所示。

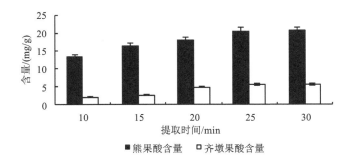

图 3.16　空化混旋时间对熊果酸和齐墩果酸提取效果的影响

由图 3.16 可以看出，20 min 以后熊果酸和齐墩果酸的含量变化就比较小了，25 min 时，两者的提取率都很高，因此我们选择空化混旋提取时间为 25 min。

6. 空化通气量的选择

HPLC 检测，结果如图 3.17 所示。

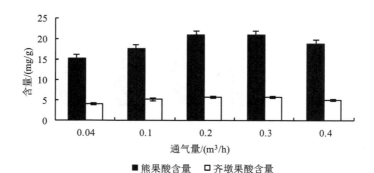

图 3.17　通气量对熊果酸和齐墩果酸提取效果的影响

由图 3.17 可以看出，当通气量为 0.2 m³/h 时，熊果酸和齐墩果酸的提取率变化就比较小了，所以我们选择通气量为 0.2 m³/h。

7. 乙醇浸膏中熊果酸和齐墩果酸的含量测定

按照以上优化的提取条件，称取干燥的长春花提取过生物碱的废渣100.0 g，加入 90%乙醇 1 000 mL 进行负压空化混旋提取，提取时间 25 min，通气量 0.2 m³/h，共提取 3 次。提取液减压浓缩，得熊果酸和齐墩果酸乙醇浸膏。称取乙醇浸膏 0.2 g，20 mL 色谱甲醇定容，HPLC 检测。

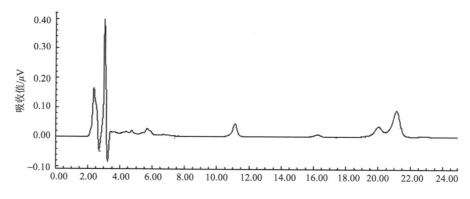

图 3.18　熊果酸和齐墩果酸 90%乙醇浸膏 HPLC 色谱图

如图 3.18 为 90%乙醇提取长春花提取过生物碱的废渣所得浸膏的 HPLC 检测图。100 g 干燥的长春花提取过生物碱的废渣经 90%乙醇提取后得到浸膏19.0 g，由熊果酸和齐墩果酸标准曲线，计算得 90%乙醇提取的浸膏中熊果酸的纯度为 11.00%，提取率为 97.57%；齐墩果酸的纯度为 3.01%，提取率为99.72%。

3.2.3.4　结论

1. 确定了熊果酸和齐墩果酸提取的工艺参数：提取方法为负压混悬空化提取，通气量为 0.2 m³/h，提取溶剂为 90%乙醇，料液比为 1∶10(mg∶mL)，提取时间为 25 min，提取次数为 3 次。

2. 100 g 干燥的长春花提取过生物碱的废渣经 90%乙醇提取后得到浸膏 19.0 g，90%乙醇提取浸膏中熊果酸的纯度为 11.00%，提取率为 97.57%，齐墩果酸的纯度为 3.01%，提取率为 99.72%。

3.3　长春花体内主要活性物质的纯化技术研究

3.3.1　实验材料与仪器

3.3.2.1　实验材料与试剂

长春花干燥样品(海南文昌)；文多灵对照品(美国 SIGMA 公司)；长春质碱对照品(美国 SIGMA 公司)；长春碱对照品(美国 SIGMA 公司)；乙腈(色谱纯)(J&K CHEMICAL LTD.公司)；甲醇(色谱纯)(J&K CHEMICAL LTD.公司)；甲醇(分析纯)(天大化学厂试剂厂)；[Amim] 溴离子液体(上海成捷化学有限公司)；去离子水(自制)；大孔树脂(沧州宝恩吸附材料科技有限公司)。

3.3.2.2　实验仪器

BS-124S 电子天平(北京赛多利斯仪器系统有限公司)；KQ-250DB 型数控超声器(昆山市超声仪器有限公司)；717 型自动进样液相色谱仪(美国 WATERS 公司)；色谱柱(Kromasil C_{18})(J&K 化学技术有限公司)；SZ-93 自动双重纯水蒸馏器(上海亚荣生化仪器厂)；3K30 型离心机(美国 SIGMA 公司)；恒温振荡器(哈尔滨东联电子科技有限公司)；数字鼓风烘箱(上海博讯实业有限公司)；层析柱(天津天波玻璃设备有限公司)。

3.3.2　实验部分

3.3.2.1　分析方法

长春碱、长春质碱和文多灵含量测定按照上节的方法进行。

3.3.2.2　大孔树脂的预处理

大孔吸附树脂合成时，单体和致孔溶剂会残留下来，因此为了清除残留物质，采用以下的方法对大孔吸附树脂进行处理：乙醇浸泡树脂 24 h，之后用回流的方法水煮大孔树脂，到树脂内无乙醇残留为止。将处理后的树脂加双重纯水储存在干燥器内，来保证树脂含水率稳定。使用前，应用乙醇将树脂再浸泡一次，然后再用双重纯水清洗，以保证树脂内无乙醇残留。

3.3.2.3　大孔树脂含水率的测定

准确称取一定量湿树脂，然后将其置于数字鼓风烘箱内 105℃烘干，直到大孔树脂重量恒定。树脂含水率的计算方法见公式(3-1)，而且树脂的含水率均列入表 3.5。

$$\alpha = (W_1 - W_2)/W_1 \times 100\% \tag{3-1}$$

式中，α 为含水率(%)；W_1 为树脂湿重(g)；W_2 为树脂干重(g)。

表 3.5　大孔吸附树脂的物理性质

型号	表面积 /(m²/g)	平均孔径	颗粒直径	极性	含水率 / %
ADS-17	90~150	250~300	0.300~1.200	氢键	65.92
HPD-417	90~150	250~300	0.300~1.250	氢键	48.41
HPD-826	500~600	90~100	0.300~1.250	氢键	62.39
HPD-100A	650~700	95~100	0.300~1.200	非极性	43.49
HPD-200A	700~750	85~90	0.300~1.250	非极性	56.65
HPD-D	650~750	90~110	0.300~1.250	非极性	70.77
HPD-700	650~750	85~90	0.300~1.200	非极性	56.29
HPD-450	500~550	90~110	0.300~1.200	弱极性	67.32
HPD-450A	500~550	90~110	0.300~1.250	中极性	73.46
HPD-750	650~700	85~90	0.300~1.200	中极性	53.76
HPD-850	1 100~1 300	85~95	0.300~1.200	中极性	45.28
HPD-400	500~550	55~75	0.300~1.200	极性	56.27
HPD-500	500~550	55~75	0.300~1.200	极性	75.92
HPD-600	550~600	80	0.300~1.200	极性	69.48
DM-130	500~550	75~80	0.300~1.200	极性	63.84

3.3.2.4　大孔树脂吸附-解吸附

1. 吸附量的测定

在 250 mL 的具塞锥形瓶中，加入 0.5 g 大孔吸附树脂(通过公式(3-1)含水率换算的干重)和 30 mL 长春花的提取液，在室温下在摇床振荡吸附(120 r/min)，充分吸附后，过滤，测定上清液中三种生物碱文多灵、长春质碱和长春碱的含量。按照下边公式计算各生物碱的吸附量：

$$D = (C_0 - C_e) V_1/V \tag{3-2}$$

式中，D 为吸附容量（mg/mL 树脂）；C_0 为初始浓度（mg/mL）；C_e 为平衡浓度（mg/mL）；V_1 为加入提取液体积（mL）；V 为树脂体积（mL）。

2. 解吸率的测定

将吸附了长春花生物碱的大孔吸附树脂置于锥形瓶中，分别加入 30 mL 90% 乙醇，室温下于摇床振荡进行解吸附，过滤，测定生物碱的含量。按以下公式计算树脂的解吸附率：

$$E = [CV_2/(C_0 - C_e) V_1] \times 100\% \tag{3-3}$$

式中，E 为解吸附率；C 为解吸附液浓度（mg/mL）；C_0 为起始浓度（mg/mL）；V_2 为洗脱液体积（mL）；V_1 为加入提取液体积（mL）。

3. 动态吸附-解吸附

通过大孔吸附树脂对长春花体内三种生物碱的静态吸附实验，对筛选出来的大孔吸附树脂进行动态吸附实验。将预处理好的大孔吸附树脂 10 g（通过含水率换算的干重）装入玻璃层析柱中，加入长春花提取液，以一定流速通过层析柱，进行动态吸附实验，测定流出液中三种生物碱浓度。考察上样液的流速，洗脱流速，洗脱液浓度对树脂吸附性能的影响。

3.3.3 结果与讨论

3.3.3.1 大孔树脂的选择

不同型号的大孔吸附树脂，具有不同的孔结构、比表面积、孔径，因此对长春花体内三种生物碱具有不同的吸附-解吸性质。在选择适当的大孔树脂的时候，大孔树脂的吸附量和解吸率的选择常常被作为重要的考虑因素，因此所选择的适合的大孔树脂除了对吸附物质有较好的吸附性能外还应该具有比较强的洗脱能力，即为解吸率。因此我们从 HPD100A、ADS-17、HPD200A、HPD700、HPDD、HPD400、HPD450、HPD450A、HPD750、HPD850、DM130、HPD500、HPD600、HPD417、HPD826 等 15 种大孔树脂中通过吸附量和解吸率综合筛选出最适合的大孔吸附树脂。

1. 树脂的静态吸附

在 250 mL 具塞磨口锥形瓶中加入处理后的树脂 0.5 g[通过公式（3-1）含水率换算的干重]，加入已知浓度的提取液 30 mL，在一定温度下振荡吸附 24 h，达到吸附平衡后测定提取液中三种长春花生物碱的浓度。根据公式（3-2）计算结果可以从图 3.19 中可以看出，15 种树脂中，大孔树脂 HPD700 和 HPD750 的吸附能力明显高于其他树脂，其中 HPD700 的吸附量是最大的。

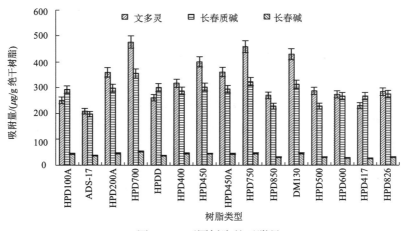

图 3.19　不同树脂的吸附量

2. 树脂的静态解吸

由于每种树脂极性不同，因此对于长春花体内三种生物碱的吸附强弱不一样，导致解吸的程度也有所不同，因此实验中希望树脂的吸附量和解吸率都要相对高些，以保证最终得到的长春花体内三种生物碱得到有效的回收，因此对树脂解吸率的测定也是实验的重要环节。

图 3.20 是吸附完全后的不同树脂在一定的条件下，用 80% 乙醇 30 mL 在一定温度下在恒温水浴振荡器中振荡 10 h 后，测定溶液中三种生物碱的浓度，根据公式 (3-3) 计算而得解吸率。从中可以看出 HPD750 的解吸率是最好的。因此结合吸附量，选择 HPD750 为最适合的大孔吸附树脂。

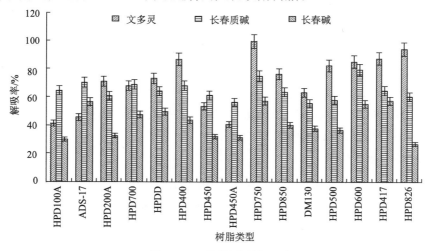

图 3.20　不同树脂的解吸率

3.3.3.2　树脂吸附动力学

通过实验得到了 HPD750 大孔吸附树脂对文多灵、长春质碱和长春碱的吸附动力学曲线。我们知道树脂的吸附动力学特性与吸附效率密切相关。由于各成分化学结构的差别，吸附动力学过程也是各有差异。因此通过实验比较文多灵、长春质碱和长春碱三种成分在 HPD750 上的吸附动力学过程，按照公式(3-2)的方法，测定三种生物碱在不同的吸附时间内(10 min、20 min、30 min、40 min、50 min、60 min、90 min、120 min)的吸附率。以吸附率对时间作图，得到三种生物碱的吸附动力学曲线。如图 3.21 所示，可以看出 HPD750 大孔吸附树脂对于三种长春花生物碱的吸附率在前 50 min 内变化较大，并且在 50 min 内达到平衡。因此确定吸附过程为 50 min。

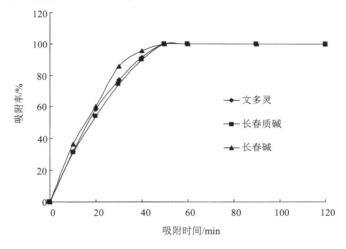

图 3.21　HPD750 树脂的吸附动力学曲线

3.3.3.3　树脂吸附等温线

我们知道，固体在溶液中的吸附，是溶质和溶剂分子争夺表面的净结果，就是在固液界面上，总是被溶剂和溶质两种分子占满。因此如果不考虑溶剂的吸附，当固体吸附剂与溶液中的溶质达到平衡的时候，其吸附量应该与溶液中溶质的浓度和温度有关系。当温度一定时，吸附量只和浓度有关系，平衡吸附量与溶质浓度函数关系的图形表示为吸附等温线，利用吸附等温线就可以推断出一些理化性质。

因此称取多份相同质量的 HPD750 树脂，分别至于 250 mL 的三角锥形瓶中，加入一定量不同浓度的长春花提取液，分别在 5℃、25℃、50℃三个不同温度下，以 120 r/min 的转速在水浴摇床中振荡 24 h，使其达到吸附平衡，然后测定溶液的平衡浓度 C_e。以平衡浓度 C_e(mg/mL)为横坐标，以平衡吸附量

Q_e(mg/g 干树脂)计算方式如公式(3-4)计算所得为纵坐标绘图，得到树脂的静态吸附等温线。

$$Q_e = V(C_0 - C_e)/W \qquad (3\text{-}4)$$

式中，C_e 为平衡时吸附质的浓度(mg/mL)；C_0 为溶液初始浓度(mg/mL)；Q_e 为吸附质在吸附剂中的平衡吸附量(mg/g)；V 为溶液体积(mL)；W 为干树脂质量(g)。

　　如图 3.22~图 3.24 所示，随着长春花提取液浓度的增大，树脂的吸附量也随着增大，而文多灵、长春碱和长春质碱在 5℃时的吸附量要比和 25℃和 50℃的吸附量要高，但是 5℃和 25℃时的吸附量相差不多，几乎相似。因此，为了方便实验，我们选择最适合的吸附温度为 25℃。

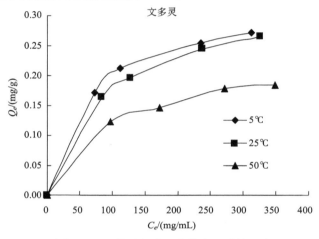

图 3.22　生物碱文多灵的静态吸附等温线

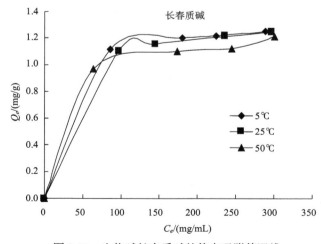

图 3.23　生物碱长春质碱的静态吸附等温线

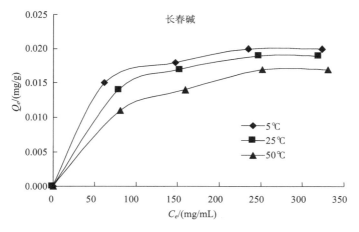

图 3.24　生物碱长春碱的静态吸附等温线

3.3.3.4　吸附等温线模型

Langmuir 和 Freundlich 模型通常作为固—液吸附平衡研究中的经典吸附等温线模型。

Langmuir 模型理论通常是描述吸附剂表面是单分子层吸附且是均匀表面，吸附质之间互不作用。其平衡关系方程如下：

$$Q_e = \frac{V_i(C_0 - C_e)}{W} \tag{3-5}$$

$$D = \frac{C_d V_d}{(C_0 - C_e)V_i} \times 100\% \tag{3-6}$$

$$\text{Langmuir 方程：} \quad \frac{1}{Q_e} = \frac{1}{K_L C_e} + \frac{1}{Q_m} \tag{3-7}$$

$$\text{Freundlich 方程：} \quad \log Q_e = \log K_F + \left(\frac{1}{n}\right)\log C_e \tag{3-8}$$

式中，Q，n，a 为常数；Q_e 为吸附量；Q_m 为最大吸附量；C_0 为初始浓度；C_e 为平衡浓度；V_i 为加入样品液体体积；W 为树脂干重；E 为吸附率；D 为解吸率；C_d 为洗脱液浓度；V_d 为洗脱液体积。

三种目标产物吸附量达到饱和时的数据反映了吸附剂和溶质间的情况。Langmuir 和 Freundlich 等温线模型是两个最常用于表述吸附剂和溶质间吸附情况的等温线模型。将三种目标产物的吸附等温线实验数据引入 Langmuir 和 Freundlich 等温线模型，其结果相关参数均被概括在表 3.6 中。

表 3.6　不同温度文多灵、长春质碱和长春碱在 HPD750 树脂上的
Langmuir 和 Freundlich 的参数

被吸附物	温度 / ℃	Langmuir 方程			Freundlich 方程		
		Q_m	K_l	相关系数	K_F	n	相关系数
文多灵	5	10.343 2	338.732 4	0.991 8	0.899 3	3.563 9	0.977 9
	25	10.213 7	174.263 4	0.982 3	0.912 7	3.492 7	0.992 3
	50	10.000 7	265.741 3	0.992 7	0.922 4	3.337 4	0.968 9
长春质碱	5	7.479 7	158.282 8	0.977 4	1.393 4	8.499 7	0.995 6
	25	6.972 3	185.482 9	0.989 9	1.385 2	7.997 9	0.988 9
	50	6.032 4	155.887 4	0.973 9	1.391 1	7.632 4	0.987 6
长春碱	5	3.271 9	156.232 3	0.996 5	0.882 4	6.772 9	0.973 4
	25	3.090 7	132.447 9	0.991 2	0.893 7	6.234 5	0.989 8
	50	2.937 4	193.714 6	0.989 7	0.872 9	5.991 7	0.992 1

对 Freundlich 方程而言，当 $0.1 < 1/n < 0.5$ 时，表明吸附剂和被吸附物之间容易发生吸附现象；当 $0.5 < 1/n < 1.0$ 时，表明吸附剂和被吸附物之间基本不出现吸附现象；当 $1/n > 1$ 时，表明吸附剂和被吸附物之间无吸附现象发生。而且被吸附物的 Langmuir 方程中相关系数均高于 0.95。因此，吸附等温线与 Langmuir 和 Freundlich 等温线模型能够比较好地吻合。

3.3.3.5　大孔树脂动态吸附长春花体内三种生物碱

根据以上所进行的大孔树脂静态吸附长春花体内三种生物碱所得到的实验结果，可以进行下一步的大孔树脂动态吸附长春花体内三种生物碱的实验，我们依然选择 HPD750 大孔吸附树脂作为进行动态吸附长春花体内三种生物碱文多灵、长春质碱和长春碱的研究对象。

1. 上样流速对树脂吸附率的影响

取适量处理后的 HPD750 大孔吸附树脂，装柱，取已知浓度的长春花离子液体提取液，以 2 BV/h、3 BV/h 和 4 BV/h 的上样速率进行动态吸附。吸附流速既要满足吸附柱的处理能力，同时也要保证吸附质与吸附剂之间有充分的接触时间，让流出液中的生物碱浓度尽可能的低。也就是说，若上样液的质量浓度一定时，上样的速率过大，树脂对长春花体内三种生物碱的动态吸附率就会下降；反之，若上样速率过小，树脂吸附长春花体内三种生物碱的时间会延长，使得生产效率变低下，所以应该综合考虑来确定最佳的上样流速。

因此，从图 3.25~图 3.27 中可以看出，上样流速对树脂的吸附率有比较明显的影响，上样流速是 3 BV/h 时，吸附效果明显比上样流速为 2 BV/h 的好，而当流速在增加到 4 BV/h 时，吸附效果与流速是 3 BV/h 时没有太大的差别，这是因为随着流速的增加，穿透时间提前，完全穿透时间延长。由于流速增加时溶液在

柱中的平均停留时间减小,不利于长春碱在树脂层中进行扩散,不利于吸附的进行。因此,为了提高吸附效率,缩短生产周期,减小样品的浪费,我们选择 3 BV/h 为最佳上样流速。

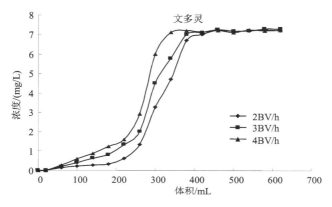

图 3.25 文多灵吸附流速的影响

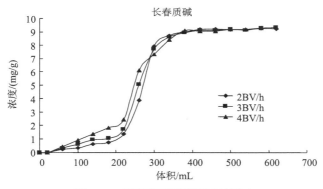

图 3.26 长春质碱吸附流速的影响

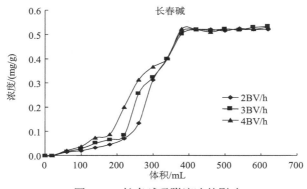

图 3.27 长春碱吸附流速的影响

2. 不同洗脱流速的影响

为了保证长春花体内的三种生物碱被最大限度的洗脱下来，洗脱流速的选择至关重要，因此洗脱流速也作为了考察的重要影响因素，以 3 BV/h 的流速让长春花提取溶液经过大孔树脂柱子，将长春花体内三种生物碱吸附在大孔树脂柱上，经过水洗脱去除杂质后用 80%乙醇以流速为 2 BV/h、3 BV/h、4 BV/h 三种不同流速进行洗脱。测定洗脱液中长春花体内三种生物碱的含量，洗脱流速与洗脱浓度的关系如图 3.28~图 3.30 所示，从图中可以看出，当流速为 2 BV/h 时，洗脱浓度下降比较缓慢。但是在洗脱流速大于 3 BV/h 时，随着流速的加快，长春花体内三种生物碱不能与树脂充分接触，不仅增加了洗脱溶剂的用量而且也提高了成本。如果洗脱流速过慢的话，虽然洗脱的效果比较好，但是由于流速过慢，使得操作时间过长，不利于实验操作，因此实验选择 3 BV/h 为最佳洗脱流速。

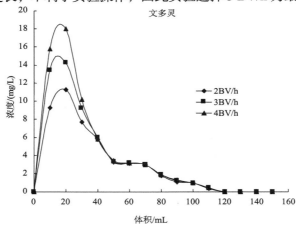

图 3.28　文多灵不同洗脱流速的影响

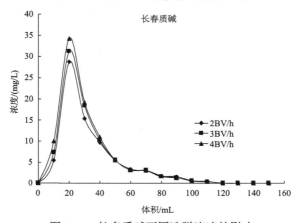

图 3.29　长春质碱不同洗脱流速的影响

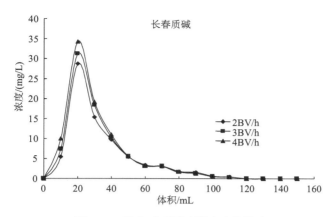

图 3.30　长春碱不同洗脱流速的影响

3. 洗脱液浓度的选择

　　配制 4 份一定浓度的长春花体内三种生物碱提取液，控制吸附流速为 3 BV/h 上样至装有 10 g 绝干树脂的玻璃层析柱中。吸附完全后，用水冲洗去除杂质。最后以流速为 3 BV/h 分别用不同浓度的乙醇对以吸附长春花体内三种生物碱的大孔树脂进行洗脱。以 10 mL 为单位体积收集流出液，测定其中三种生物碱的浓度，绘制洗脱曲线如下图所示，考察不同浓度的乙醇对洗脱曲线的影响。

　　从图 3.31~图 3.33 可以看出，随着洗脱浓度的变大，洗脱量变大并且洗脱效果比较好，但是 40%和 60%乙醇洗脱峰都比较集中，90%乙醇洗脱效果虽然比较好，但是洗脱能力过强，洗脱不能完全，因此综合来说，实验采用 80%乙醇洗脱。

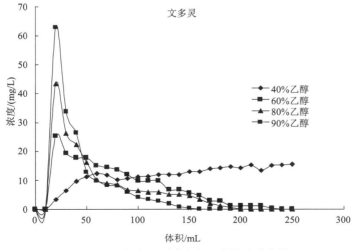

图 3.31　文多灵不同浓度乙醇的洗脱曲线

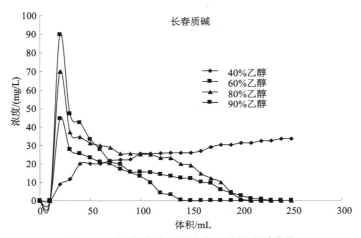

图 3.32　长春质碱不同浓度乙醇的洗脱曲线

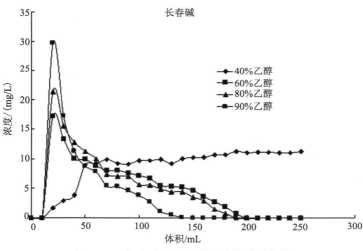

图 3.33　长春碱不同浓度乙醇的洗脱曲线

3.3.4　小结

通过对 15 种大孔吸附树脂的初筛，以提取液中总生物碱的吸附量和解吸率为指标，HPD750 表现最佳，具有成本低、吸附效果好、吸附速率快、稳定性好、易解吸的特点，因此，筛选出效果最好的树脂 HPD750 大孔吸附树脂。

运用大孔吸附树脂 HPD750 进行静态吸附解吸实验，研究了长春花提取液中的三种生物碱在 HPD750 树脂上的吸附动力学，吸附等温线等。平衡吸附量随着浓度的增加而增加，吸附等温线与 Langmuir 和 Freundlich 等温线模型能够较好地吻合。

　　以筛选出的大孔树脂 HPD750，考察动态吸附解吸实验，在动态吸附实验中，选取动态实验吸附流速为 3 BV/h，在动态洗脱实验中，洗脱的乙醇浓度为 80%乙醇，解吸流速为 3 BV/h。

　　经过大孔树脂 HPD750 的处理，长春花体内三种生物碱的百分含量都提高了 20 倍以上，生物碱损失少。文多灵、长春质碱和长春碱的回收率均在 90%以上，并且本方法所用溶剂毒性较小，纯化步骤少，对环境污染小，树脂可再生重复利用，是极具潜在生产价值的纯化方法。

参 考 文 献

[1] 程剑华, 李以镁. 抗癌植物药及其验方. 南昌：江西科学技术出版社, 1998：172~173.

[2] Whitmer S, Canel C, Hallard D, et al. Influence of precursor availability on alkaloid accumulation by transgenic cell line of *Catharanthus roseus*. Plant Physiol, 1998, 11（6）:853~857.

[3] Vand H R, Jacobs D I, Snoeijer W, et al. The *Catharanthus* alkaloids: pharmacognosy and biotechnology. Current Medicinal Chemistry, 2004, 11（5）：607~628.

[4] Neuss N. The spectrum of biological activities of indole alkaloids// Phillipson J D, Zenk M H, eds Indole and biogenetically related alkaloids. London: Academic Press, 1980: 293~313.

[5] Barthe L, Ribet J P, Pelissou M, et al. Optimization of the separation of vinca alkaloids by non-aqueous capillary electrophoresis. Journal of chromatography, 2002,968（1~2）：241~250.

[6] Ramírez J, Ogan K, Ratain M J. Determination of vinca alkaloids in human plasma by liquid chromatography/atmospheric pressure chemical ionization mass spectrometry. Cancer Chemotherapy and Pharmacology, 1997,39（4）：286~290.

[7] Tabakovic I, Gunic E, Juranic I. Anodic fragmentation of catharanthine and coupling with vindoline formation of anhydrovinblastine. The Journal of Organic Chemistry, 1997,62（2）：947~953.

[8] Favretto D, Piovan A, Cappelletti E M. Electrospray ionization mass spectra and collision induced mass spectra of anti-tumour *Catharanthus* alkaloids. Rapid communications in Mass Spectrom, 1998,17（12）：982~984.

[9] Neuss N, Neuss M N. The Therapeutic use of Bisindole Alkaloid from *Catharathus roseus*. The Alkaloid. New York: Academic Press, 1990.

[10] Marantz R, Ventilla M, Shelanski M. Vinblastine-induced precipitation of microtubule protein. Science, 1969, 165（3892）：498~499.

[11] Deus-neumann B, Stockigt J, Zenk M H. Radioimmunoassay for the quantitative determination of catharanthine. Planta Med, 1987, 53（2）:184~188.

[12] 张琳. 长春花 HPLC 指纹图谱的建立及长春瑞宾合成纯化研究. 东北林业大学博士论文, 2006.

[13] Kruczynski A, Hill B T. Vinflunine, the latest vinca alkaloid in clinical development, a review of its preclinical anticancer properties. Crit Rev Oncol Hematol, 2001, 40（2）：159~173.

[14] Hjek T, Honys D, Capkov V. New method of plantmitochondria isolation and sub-fractionation for proteomic analyses. Plant Science, 2004, 167(3):389~395.

[15] Sezgint R K, Dinc K E. An amperometric inhibitor biosensor for the determination of reduced glutathione（GSH）without any derivatization in some plants. Biosensors and Bioelectronics, 2004,19(8)：835~841.

[16] 赵振东，孙震.生物活性物质角鲨烯的资源及其应用研究进展.林产化学与工业，2004, 24 (3)：107~112.

[17] 祖元刚，赵春建，李春英 等.鲜法匀浆萃取烟叶中茄尼醇的研究.高校化学工程学报, 2005, 19(6)：757~761.

[18] 赵春建，祖元刚，付玉杰，等.匀浆法提取沙棘果中总黄酮的工艺研究.林产化学与工业, 2006, 26(2)：38~40.

[19] 祖元刚,祖柏实,史权,等. 打浆萃取装置. CP：ZL02275225.0, 2002-09-11.

[20] 罗猛，付玉杰，祖元刚，等. 反相高效液相色谱法快速测定长春花体内 4 种生物碱.分析化学, 2005, 33(1)：87~89.

第4章 甘草体内活性物质分离*

4.1 甘草体内的主要活性物质

4.1.1 甘草分类地位及分布

甘草属(*Glycyrriza*)隶属豆科(Leguminosae)蝶形花亚科(Papiliantae Taub.)。甘草在全球有 29 种 6 变种，其中我国产 18 种，3 变种[1]。甘草多生长在干旱、半干旱的荒漠草原、沙漠边缘和黄土丘陵地带。《中华人民共和国药典》收录的甘草有 3 种，分别为乌拉尔甘草、胀果甘草和光果甘草，以其根及根茎入药，是最常用的中药之一。

4.1.2 甘草体内主要活性物质

甘草含三萜类、黄酮类和多糖类化合物，另外还含有香豆素类、氨基酸类、生物碱、性激素和有机酸等多种成分。三萜类化合物主要含甘草酸、甘草次酸、甘草萜醇、异甘草内脂、齐墩果酸等。黄酮类化合物主要含甘草苷、异甘草苷、甘草黄酮 A 和甘草查尔酮 A、B。

甘草酸和黄酮类和多糖是甘草体内的最主要活性成分，以往研究大多只注重从甘草体内提取甘草酸和甘草黄酮，而忽略了多糖的重要性，将含有大量多糖类物质的固形物作为废弃物扔掉。

天然的甘草酸以 α 型和 β 型两种构型存在，并以 β-甘草酸为主体。而大量的生化及药理研究和临床应用的结果都已证明，α-甘草酸或其盐在抗炎等方面的作用更优于 β 型，此外，α-甘草酸在抗癌、抗病毒等方面有着广泛的生物活性。从天然产物中直接提取 α-甘草酸不但成本高，产量小，难以满足医药上的需要。因为 β-甘草酸在碱性条件下可以转化为 α-甘草酸，所以采用碱催化转化法将 β-甘草酸转化为 α-甘草酸具有重要的意义。

4.2 甘草体内主要生物活性物质含量测定方法的建立

4.2.1 甘草酸含量分析方法

目前，文献报道的甘草酸含量定量分析方法有很多，由于 HPLC 和其他分析

---

*李晓娟、李佳慧等同学参与了本章内容的实验工作。

方法相比具有灵敏度高、重现性好和操作方便等优点，本节采用 HPLC 法测定甘草酸含量。

4.2.1.1　实验材料及仪器

甲醇(色谱纯)(美国 SIGMA 公司)；醋酸铵(分析纯)(天津市科密欧化学试剂中心)；冰醋酸(分析纯)(天津市耀华化学试剂公司)；甘草酸(98%)(上海同田生物技术有限公司)；双蒸水(自制)；高效液相色谱仪(美国 WATERS 公司)；UV-2550 型紫外-可见分光光度计(日本岛津公司)；超声仪(昆山市超声仪器有限公司)；粉碎机(天津市泰斯特仪器有限公司)；离心机(美国 SIGMA 公司)；乌拉尔甘草根茎采自内蒙古赤峰，由本实验室聂绍荃教授鉴定；分析天平(北京赛多利斯天平有限公司)。

4.2.1.2　样品溶液的制备

甘草阴干粉碎后(过 60 目筛)，准确称取适量甘草粉末置于 500 mL 圆底烧瓶中，按设定液料比加入相应的溶剂，置于恒温水浴，进行回流提取，提取液冷却后过滤，备用。

4.2.1.3　标准品的配制

精密称量甘草酸对照品适量，置于 10 mL 容量瓶中，流动相超声波助溶并定至刻度，配制成浓度为 2.0 mg/mL 的对照品溶液，作为储备液备用。

4.2.1.4　检测波长的确定

将甘草酸对照品用流动相做空白对照，于 200 ~600 nm 波长处扫描，结果在 252 nm 处有最大吸收，紫外光谱如图 4.1 所示。

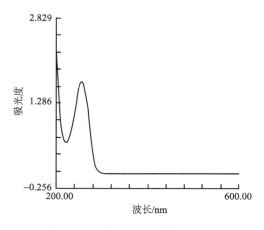

图 4.1　甘草酸对照品紫外光谱图

4.2.1.5 色谱分析条件

色谱柱：ODS C$_{18}$ 柱；检测波长 252 nm；室温；流动相：甲醇：0.2 mol/L 醋酸铵溶液：冰醋酸（67：33：0.5，$V/V/V$）；流速 1 mL/min；进样量：10μL。此条件下样品的分离效果、峰形及保留时间如色谱图 4.2 所示。

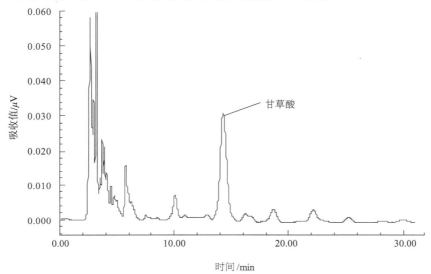

图 4.2 甘草酸样品色谱图

4.2.1.6 标准曲线的绘制

精密移取甘草酸对照品溶液分别以流动相依次进行 2 倍稀释成 5 个不同浓度的标准品溶液。在上述色谱条件下检测，分别测定以上各标准浓度系列样品，每样重复 3 次，取峰面积平均值。以标准品浓度为横坐标 X，峰面积为纵坐标 Y 做标准曲线，进行线性回归，得甘草酸浓度-峰面积方程：$Y = 7\,488\,614.695\,6\,X + 128\,020.524\,3$（相关系数 0.999 6）（图 4.3）。

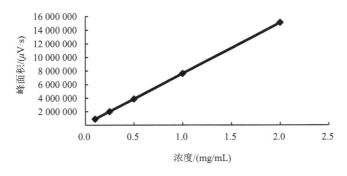

图 4.3 峰面积-甘草酸浓度标准曲线

4.2.1.7　重现性试验

取同一批甘草样品，制备成供试溶液，在上述色谱条件下 5 次进样测定，结果见表 4.1。

表 4.1　重现性试验结果

序号	甘草酸单铵			
	峰面积	标准偏差	平均值	相对标准偏差 / %
1	7 311 788			
2	6 986 408			
3	7 314 607	7 216 749	134 540.5	0.018 643
4	7 231 112			
5	7 239 830			

从结果可以看出，用 HPLC 法测定甘草酸含量，试验结果重现性好，所得数据准确。

4.2.2　甘草酸 18H-差相异构体分析方法

天然的甘草酸以 α 型和 β 型两种构型存在，结构差别仅为在 C_{18} 位上的 H 构型不同，大量研究表明，α-甘草酸与 β-甘草酸的药理作用存在差异，因此有必要定量测定甘草酸中 α-甘草酸和 β-甘草酸的含量。两差向异构体化学结构式相同，理化性质及光谱性质(IR)都极为相似，因而现存的大部分测定方法都不能将二者区分，常采用薄层色谱法[2]、气相色谱法[3]测定其含量，操作步骤较烦琐。本研究在前人工作基础上采用 HPLC 法直接测定了甘草酸 18H-差向异构体含量。

4.2.2.1　实验材料及仪器

甲醇(色谱纯)(美国 SIGMA 公司)；高氯酸(色谱纯)(天津市科密欧化学试剂中心)；25%氨水(分析纯)(天津市东丽区天大化学试剂厂)；磷酸氢二钾(分析纯)(天津市化学试剂六厂)；磷酸二氢钾(分析纯)(天津市北辰方正试剂厂)；甘草酸单铵(98%)(Acros Organics 公司)；甘草酸二铵(陕西昂盛生物医药科技公司)；双蒸水(自制)；高效液相色谱仪(日本 Jasco 公司)；紫外-可见分光光度计 UV-2550 型(日本岛津公司)；超声仪(昆山市超声仪器有限公司)；离心机(SIGMA 公司)；分析天平(北京赛多利斯天平有限公司)。

4.2.2.2　标准品的配制

精密称量甘草酸单铵和甘草酸二铵对照品各 20 mg，置于 10 mL 容量瓶中，流动相超声波助溶并定至刻度，配制成浓度为 2 mg/mL 的对照品溶液，再精密量取甘草酸单铵和甘草酸二铵对照品溶液，等量混合，备用。

4.2.2.3　检测波长的确定

甘草酸单铵和甘草酸二铵为差向异构体，性质相似，将二者对照品用流动相做空白对照，于 200~600 nm 波长处分别进行扫描，甘草酸单铵最大吸收为 252 nm，甘草酸二铵最大吸收为 257 nm，为了准确地测定它们各自的含量，本研究试用 254 nm 同时检测甘草酸单铵和甘草酸二铵，结果证明 254 nm 波长适合两种物质的 HPLC 分析检测，紫外光谱如图 4.4 所示。

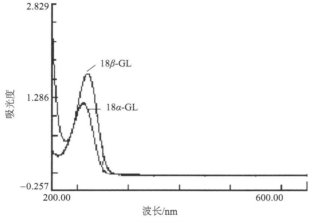

图 4.4　甘草酸单铵和甘草酸二铵光谱图

4.2.2.4　色谱分析条件

流动相：0.1 mol/L 磷酸缓冲液：甲醇：高氯酸（45：55：0.5，*V/V/V*），再用 25% 氨水调节 pH 8；色谱柱 Kromasil C_{18}（4.6 mm × 250 mm，5 μm）；流速 0.8 mL/min；检测波长 254 nm，进样量：10 μL；室温，该色谱条件下甘草酸单铵和甘草酸二铵标准品的色谱图如图 4.5 所示。

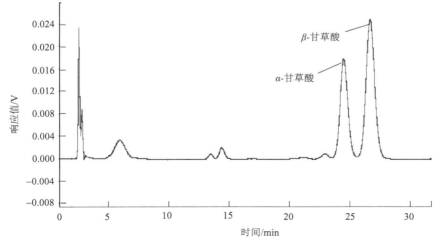

图 4.5　甘草酸单铵和甘草酸二铵标准品色谱图

4.2.2.5　标准曲线的绘制

精密移取甘草酸单铵及甘草酸二铵对照品溶液各 $20\mu L$、$40\mu L$、$80\mu L$、$160\mu L$、$320\mu L$ 分别置于 1 mL 容量瓶中，加流动相溶解并稀释至刻度，摇匀获得系列浓度的标准溶液。在上述色谱条件下检测，分别测定以上各标准浓度系列样品，每样重复 3 次，取峰面积平均值。以标准品浓度为横坐标 X，峰面积为纵坐标 Y 做标准曲线，进行线性回归，得甘草酸单铵浓度-峰面积方程：$Y=51\,796\,545.150\,3\,X+851\,638.833\,3$（相关系数 0.998 4），如图 4.6 所示；甘草酸二铵浓度-峰面积方程：$Y=35\,154\,949.462\,4\,X-104\,652.333\,3$（相关系数 0.996 9），如图 4.7 所示。

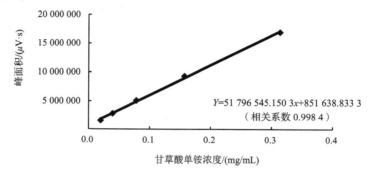

图 4.6　峰面积-甘草酸单铵浓度标准曲线

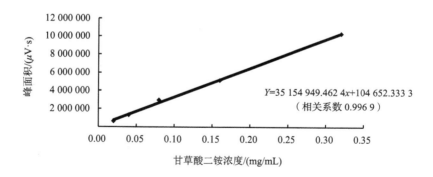

图 4.7　峰面积-甘草酸二铵浓度标准曲线

4.2.2.6　重现性试验

在以上色谱条件下，进样分析甘草酸单铵和甘草酸二铵对照品溶液的峰面积，按绘制标准曲线的方法，重复分析 5 次测定峰面积，结果见表 4.2。从结果可以看出，用 HPLC 法测定这两种差向异构体的含量，实验结果重现性好，所得数据准确可靠。

表 4.2　重现性实验结果

序号	甘草酸单铵				甘草酸二铵			
	峰面积	标准偏差	平均值	相对标准偏差 / %	峰面积	标准偏差	平均值	相对标准偏差 / %
1	1 588 795				763 514			
2	1 573 760				766 997			
3	1 580 376	5 372.9	1 580 477	0.34	740 859	12 019.8	761 935	0.16
4	1 579 809				768 336			
5	1 579 646				769 973			

4.2.3　甘草总黄酮分析方法

甘草体内黄酮类成分包括黄酮类、二氢黄酮类、黄酮醇类、异黄酮类、查尔酮类和双黄酮类化合物，其中以二氢黄酮类和查尔酮类含量较高[4]。目前对甘草体内总黄酮含量的测定方法，常采用以芦丁为对照品的硝酸铝比色法[5]、以柚皮苷为对照品的碱性比色法[6]和以甘草苷为对照品的碱性比色法[7]。在对照品的选择上，虽然芦丁属于黄酮类化合物，但在结构上与甘草体内黄酮主要成分差异较大，同时文献[8]认为以芦丁为对照品，采用比色法测定总黄酮的方法专属性差；柚皮苷虽然是二氢黄酮类化合物，但同甘草苷相比，除都具有 7 位羟基外，还有 5 位的游离羟基，未结合成苷，结构上的差异导致与碱反应后最大吸收波长红移不一致，所以为准确分析甘草总黄酮在分离过程中含量的变化，我们采用黄酮中含量最多的甘草苷为对照品。

4.2.3.1　实验材料与仪器

乌拉尔甘草根茎采自内蒙古赤峰，由本实验室聂绍荃教授鉴定；甲醇（色谱纯）（美国 SIGMA 公司）；甘草苷（98%）（中国药品生物制品检定所）；氢氧化钾（分析纯）（天津市大陆化学试剂厂）；UV-2550 型紫外-可见分光光度计（日本岛津公司）；超声仪（昆山市超声仪器有限公司）；离心机（SIGMA 公司）；分析天平（北京赛多利斯天平有限公司）。

4.2.3.2　对照品溶液的制备

精密称取甘草苷标准品适量，用甲醇溶解，制得浓度为 2.23 mg/mL 的甘草苷对照品溶液，摇匀，冰箱中保存备用。

4.2.3.3　样品的制备

取甘草粉末适量，精密称定，加入甲醇 50 mL 称重，超声提取 30 min，称重，补足损失重量，过滤，收集续滤液，即得。

4.2.3.4 测定方法

精确吸取对照品储备液或样品提取液 0.1 mL 于 10 mL 容量瓶中，准确加入 10%氢氧化钾溶液 0.5 mL，室温放置 5 min，甲醇定容，摇匀，即得对照品或样品的显色液，以甲醇溶液为空白对照于 200～600 nm 波长处扫描，结果发现显色液在 400 nm 处有最大吸收，如图 4.8 所示。

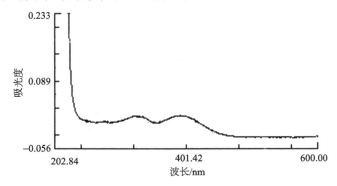

图 4.8　甘草苷对照品光谱图

4.2.3.5 线性关系的考察

精确吸取甘草苷对照品溶液 20 μL、40 μL、80 μL、160 μL、320 μL、640 μL 于 5 个 10 mL 容量瓶中按上述方法操作。以吸光度 A 为纵坐标，对照品的浓度 C(mg/mL) 为横坐标，得吸光度-甘草苷浓度方程：$A=0.555\,7\,C+0.021$（相关系数 0.099 87）（图 4.9）。显色 30 min 内稳定。

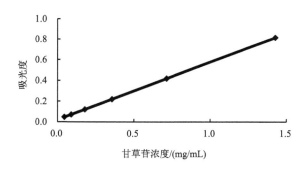

图 4.9　吸光度-甘草苷浓度标准曲线

4.2.3.6 重现性试验

取 5 份甘草粉末按上述方法进行制备和测定。以甘草苷为对照品测定，相对标准偏差为 0.33%（$n=5$）。吸光度值见表 4.3。

表 4.3　重现性试验结果

序号	甘草苷			
	吸光度	标准偏差	平均值	相对标准偏差 / %
1	0.120 1			
2	0.119 7			
3	0.120 0	0.000 4	0.120 2	0.33
4	0.120 7			
5	0.120 5			

4.2.4　甘草黄酮在线分析方法

由于二氢黄酮类在碱性条件下易转化为它的相应异构体-查尔酮类化合物，呈橙-黄色，所以以甘草苷为对照品，10%氢氧化钾为显色剂，在波长为 400 nm 处对样品中总黄酮进行含量测定。然而，对于黄酮这类化合物，在分离和纯化的过程中其活性总会分解。因而，在分离的同时进行检测对黄酮类化合物进行分析有着重要的意义。关于黄酮在线分离和活性检测少有文献报道。这一研究的主要目的是通过传统的光学方法和在线 HPLC-KOH 的方法检测甘草粗提液中黄酮类化合物。

4.2.4.1　实验材料与仪器

甲醇(色谱纯)(美国 SIGMA 公司)；甘草苷(98%)(中国药品生物制品检定所)；氢氧化钾(分析纯)(天津市大陆化学试剂厂)；乌拉尔甘草根茎采自内蒙古赤峰，由本实验室聂绍荃教授鉴定；两台高效液相色谱仪日本(Jasco 公司)；UV-2550 型紫外-可见分光光度计(日本岛津公司)；超声仪(昆山市超声仪器有限公司)；粉碎机(天津市泰斯特仪器有限公司)；离心机(美国 SIGMA 公司)；分析天平(北京赛多利斯天平有限公司)。

4.2.4.2　对照品溶液的制备

精密称取甘草苷标准品适量，用甲醇溶解，制得浓度为 1 mg/mL 的甘草苷对照品溶液，摇匀，冰箱中保存备用。

4.2.4.3　样品的制备

称取适量甘草粉末置于圆底烧瓶中，用 8 倍量的无水乙醇 80℃回流提取 3 h，过滤得提取液，取 1 mL 于室温下离心，上清液直接用于 HPLC 在线分析。

4.2.4.4　测定方法

分光光度法是反应速度测量的最常用方法，可用于一些高灵敏度的显色反

应。KOH 与甘草粗提液的反应动力学用分光光度计测定。于比色皿中加入
1.5 mL 甘草粗提液，并添加 1.5 mL10%KOH。光度计每间隔 2 s 采集一次数据，
采集波长 400 nm，得到动力学反应曲线，吸收值随时间的推移迅速升高，后趋
于稳定如图 4.10 所示。

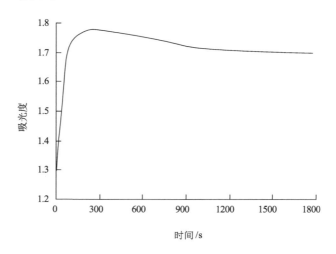

图 4.10　动力学反应曲线

　　在线 HPLC 法可快速检测甘草体内黄酮类化合物。仪器设备的配置如图 4.11
所示，通过高效液相色谱仪将甘草粗提物分离，在柱后与浓度为 10% 的 KOH 溶
液进行显色反应（图 4.12）。试剂流速为 0.2 mL/min，这种显色反应随后由另一台
高效液相色谱仪在波长 400 nm 处检测。黄酮类化合物的分离有赖于高效液相色
谱仪：色谱柱 Kromasil C_{18}（4.6 mm × 250 mm，5 μm）；流动相：乙腈：水：甲酸
（25：75：0.3，V/V）；流速 0.2 mL/min；进样量：10 μL，室温。

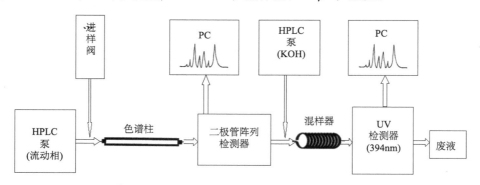

图 4.11　在线 HPLC 检测甘草黄酮仪器配置示意图

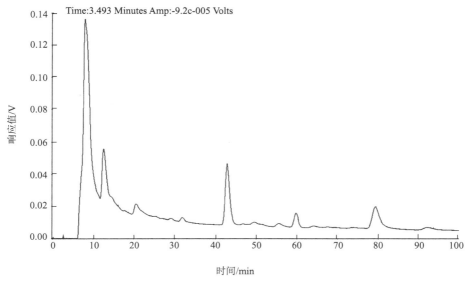

图 4.12　显色反应后色谱图

4.2.4.5　线性关系的考察

精密移取甘草苷对照品溶液各 $20\mu L$、$40\mu L$、$80\mu L$、$160\mu L$、$320\mu L$ 分别置于 1 mL 容量瓶中，加甲醇溶解并稀释至刻度，摇匀获得系列浓度的标准溶液。按实验方法所述在线 HPLC 法色谱条件下检测，分别测定以上各标准浓度系列样品。以标准品浓度为横坐标 X，峰面积为纵坐标 Y 做标准曲线，进行线性回归，得甘草苷浓度-峰面积方程(图 4.13)：

$$Y = 5\,675\,655.010\,8\,X + 16\,410.958\,3(相关系数\ 0.999\,1)$$

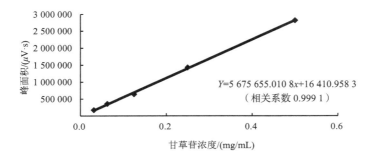

图 4.13　甘草苷浓度-峰面积标准曲线

4.2.4.6 结果与讨论

通过光度测定，反应液随时间推移吸光度迅速升高，溶液呈橙-黄色，这是二氢黄酮类在 KOH 作用下转化为查尔酮类化合物。吸收峰升高越快，表明粗提液与 KOH 反应越快，由此取得二者的动力学反应图像，在 500 s 内趋于相对稳定状态。

上述在线 HPLC-KOH 方法可用于快速测定复杂混合物中的黄酮类成分，尤其是植物提取液中黄酮类成分。对甘草提取液进行了在线测定，同时获得分离前和显色反应后色谱图，HPLC 分析揭示了甘草粗提液中所有黄酮类成分。总黄酮含量由几种黄酮类单体化合物含量相加得出。虽然这一研究的目的不是鉴定黄酮类单体化合物，但粗提液中不同黄酮类单体化合物之间的差别还是可以观察到。这一发现为今后黄酮单体化合物的鉴别提供了基础。

4.2.5 小结

确定了高效液相色谱法作为分析目标产物甘草酸的定量检测方法，色谱条件如下：ODS C_{18} 色谱柱，流动相为甲醇：0.2 mol/L 醋酸铵溶液：冰醋酸（67：33：0.5，$V/V/V$），检测波长 252 nm，室温，流速 1 mL/min，进样量：$10\mu L$。标准曲线的相关系数 0.999 6，重现性试验标准偏差和相对标准偏差分别为 7 216 749 和 0.019%。

在前人工作基础上采用 HPLC 法直接测定了甘草酸 18H-差向异构体含量，用于测定甘草酸转化过程中二者的差别，具体条件为 Kromasil C_{18} 色谱柱，流动相为磷酸缓冲液-甲醇-高氯酸体系，流速 0.8 mL/min；检测波长 254 nm，进样量：$10\mu L$。甘草酸单铵和甘草酸二铵标准曲线的相关系数分别为 0.998 4 和 0.996 9，重现性试验标准偏差分别为 5 372.9 和 12 019.8；相对标准偏差分别为 0.34% 和 0.16%。

确定了以甘草苷为标准品的紫外分光光度法测定甘草总黄酮含量。紫外检测波长为 400 nm，标准曲线相关系数 0.999 6，重现性试验标准偏差为 0.000 4，相对标准偏差为 0.33%。

探索了 HPLC-KOH 方法检测甘草粗提液中黄酮类化合物，这一方法可减少在分离纯化过程中活性物质的分解，可在分离的同时进行测定黄酮类化合物的含量。以甘草苷为对照品，10%氢氧化钾为显色剂，在波长为 400 nm 处对样品中总黄酮含量进行测定，对其线性关系的考察结果是 0.999 1。但由于其所需仪器设备稍复杂，不适于提取纯化过程中甘草总黄酮含量的测定，这一研究的目的不是鉴定黄酮类单体化合物，但粗提液中不同黄酮类单体化合物之间的差别还是可以观察到。

4.3　甘草体内主要活性物质的提取技术研究

4.3.1　甘草酸和甘草黄酮提取技术研究

目前对于甘草体内三萜化合物的提取方法多只是提取甘草酸或黄酮类物质中的一种，在废渣中获取另一种物质，本节采用响应面分析法优化的工艺条件对甘草体内甘草酸及甘草黄酮进行联合提取。获得的提取液经浓缩处理后，用乙酸乙酯萃取可以将甘草酸和黄酮类物质分离：从有机相获得黄酮类化合物粗品；从水相获得甘草酸粗品。

氧的浓度高于或低于正常水平，对机体都会产生损伤。20 世纪 50 年代中期，美国科学家提出氧的损伤效应归因于氧自由基的形成。在生理条件下，96%~99%的氧可通过酶催化还原为水，尚有 1%~4%转变为超氧阴离子自由基 O_2^-，和过氧化氢 H_2O_2。若 O_2^- 和 H_2O_2 得不到及时清除，则可继续反应生成毒性更大的羟自由基·OH，O_2^- 和·OH 都属于活性氧，具有高度的生物活性。人体内的活性氧自由基不仅能够引发脂质过氧化，而且可以损伤机体的组织与器官，进而导致动脉粥样硬化、肿瘤、肾病、糖尿病及衰老等多种疾病的发生与发展[9]。很多研究表明，抗氧化剂对自由基有很强的清除作用。近年来，随着对传统合成抗氧化剂 BHT，BHA，TBHQ 等毒性问题的提出，天然抗氧化剂越来越受到食品饲料等行业的青睐，特别是植物源抗氧化剂因其具有来源广泛、抗氧化性强与机体亲和力强和安全性高等优点，使天然抗氧化剂的研究逐渐成为热点 [10]。黄酮类化合物是具有酚羟基的一类还原性化合物，在复杂反应体系中，由于其自身的抗氧化性是通过酚羟基与自由基反应，形成共振稳定半醌式自由基结构，从而中断自由基的链式反应[11]黄酮类化合物具有抗癌、抗病毒、抗菌、抗过敏、抗血管脆性和血小板聚集及抗糖尿病并发症等多种生理活性与药理作用，而这些生理活性是以黄酮类化合物的抗氧化活性为基础的[12]。本章以甘草为研究对象，探讨了甘草粗提物总黄酮的抗氧化能力，旨在为甘草资源在抗氧化功能食品、药品和天然抗氧化剂的研究和开发领域服务。

4.3.1.1　仪器与材料

1. 仪器

高效液相色谱仪(980 型泵，975 型紫外检测器，Jasco 公司)；UV-2550 型紫外-可见分光光度计(岛津公司)；电子天平(沈阳龙腾电子有限公司)；分析天平(北京赛多利斯天平有限公司)；PW177 型中草药粉碎机(天津市泰斯特仪器有限公司)；电热恒温水浴锅(上海医疗器械五厂)。

2. 试剂及材料

甲醇(色谱纯,SIGMA 公司);甘草酸标准品(98%, Acros Organics 公司);甘草苷标准品(98%,批号:111610-200604,中国药品生物制品检定所),抗坏血酸维生素 C(天津瑞金特化学品有限公司),DPPH(1,1-苯基-2-苦肼基自由基)(美国 SIGMA 公司),ABTS(Fluka 公司),其余试剂均为国产分析纯,自制双重蒸馏水。分析天平(北京赛多利斯天平有限公司),电子天平(沈阳龙腾电子有限公司),电热恒温水浴锅(上海医疗器械五厂),超声仪(昆山市超声仪器有限公司),离心机(美国 SIGMA 公司)。

乌拉尔甘草(*Glycyrrhiza uralensis* Fisch)根茎(采自内蒙古赤峰,由本实验室聂绍荃教授鉴定。)阴干、粉碎,过 60 目筛,备用。

4.3.1.2 实验部分

1. 样品的制备

称取 10.00 g(W_0)甘草粉末置于 500 mL 圆底烧瓶中,按设定液料比加入相应的溶剂,置于恒温水浴,进行回流提取,提取液冷却、过滤后测量体积(L),吸取 1 mL 样品,检测提取液中甘草酸浓度(X_1)和黄酮浓度(X_2),分别按公式(4-1)和公式(4-2)计算甘草酸得率(Y_1)和黄酮得率(Y_2):

$$Y_1 = \frac{X_1 L}{W_0} \times 100\% \tag{4-1}$$

$$Y_2 = \frac{X_2 L}{W_0} \times 100\% \tag{4-2}$$

2. 样品分析

甘草酸和甘草黄酮的含量测定采用上节建立的方法进行。

3. 抗氧化能力检测

1)DPPH 自由基清除实验

参考文献[13]方法并进行适当改进。吸取一定体积甘草黄酮提取液或 1 mg/mL 维生素 C(Vit C)溶液置于 10 mL 试管中,加入 0.025 mg/mL DPPH 甲醇溶液 3 mL,摇匀后室温下避光静置 1h,然后测定溶液在 515 nm 处的吸光值。

以样品的加入量对 DPPH 清除率作图,可以得到清除 50%DPPH 自由基时所需甘草黄酮提取物和 Vit C 的浓度,即 IC50 值。

$$DPPH 自由基清除率 = (1-A_{样品}/A_{对照}) \times 100\% \tag{4-4}$$

式中,$A_{样品}$为样品管溶液的吸光值;$A_{对照}$为对照管溶液的吸光值。

2)ABTS$^+$自由基清除实验

参考文献[14]配制终浓度为 7 mmol/L ABTS 和 2.45 mmol/L 过硫酸钾的混合液，室温避光条件下静置过夜，制得 ABTS 自由基储存液，使用时用水稀释至 734 nm 处吸光度为 (0.596 ± 0.02) 的应用液。移取不同体积的甘草黄酮提取液或 1mg/mL Vit C 溶液，加入 3 mL ABTS$^+$应用液，充分混合，室温下避光反应 30 min 后测定其在 734 nm 处的测吸光度。以样品的加入量对 ABTS$^+$清除率作图，得到清除 50% 的 ABTS$^+$所需提取物和 Vit C 的浓度，以 IC50 值表示。

$$ABTS^+清除率 = (1 - A_{样品}/A_{对照}) \times 100\% \tag{4-5}$$

式中，$A_{样品}$为样品管溶液的吸光值；$A_{对照}$为对照管溶液的吸光值。

3）还原力的测定

吸取 200μL 甘草黄酮提取液，1 mL 200 mmol pH 6.6 的磷酸缓冲溶液，1 mL 1% 铁氰化钾溶液，混合后置于 50℃水浴反应 20 min。然后加入 1 mL 10% 三氯乙酸溶液终止反应，400 r/min 下离心 10 min，取上清液 2 mL，加 2 mL 蒸馏水，0.1% 的三氯化铁 400μL，混匀后在 700 nm 下测定吸光度。以 Vit C 作为对照品，结果以每克提取物相当于 Vit C 的毫克数表示。

4）脂质过氧化水平测定

采用改进硫代巴比妥酸法（TBA 法）测定脂质过氧化代谢产物丙二醛（MDA），从而评价脂质过氧化反应水平。在试管中加入 1 mg/mL 抗坏血酸（60 μL），5% 鸡蛋黄匀浆（4.0 mg 蛋白质/mL，600 μL）30 μL 受试液，通过加入 4 mmoL FeCl$_3$（30 μL）启动脂质过氧化反应。反应液置于 37℃恒温水浴 30 min，加入 10% 三氯醋酸（TCA，1 mL）终止反应。然后经 3500 r/min 离心 10 min，取上清（1 mL），加入 0.67%（m/V）TBA（500 μL）混合，于沸水中加热 10 min。冷却后，于紫外 532 nm 测吸收值。脂质过氧化抑制率按下列公式计算：

$$脂质过氧化抑制率 = [1 - (T - B)/(C - B)] \times 100\% \tag{4-6}$$

式中，T 为受试液吸收度值；C 为溶媒对照管吸收度值；B 为未经脂质过氧化反应（反应零点）对照管吸收度值。

4.3.1.3　结果与讨论

1. 单因素试验

在预试验的基础上，为了确定影响提取结果的主要因素——乙醇浓度、氢氧化钠浓度、回流时间、液料比的变化范围及各因素中心值，精确称取 10.00 g 甘草粉末进行回流提取，比较不同提取条件下甘草酸和黄酮的得率，结果如图 4.14~图 4.17 所示。

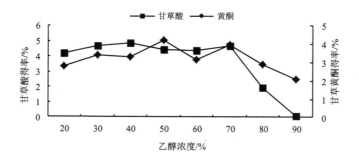

图 4.14　乙醇浓度对甘草酸和黄酮得率的影响

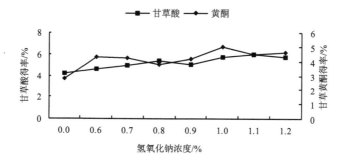

图 4.15　氢氧化钠浓度对甘草酸和黄酮得率的影响

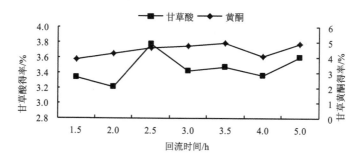

图 4.16　回流时间对甘草酸和黄酮得率的影响

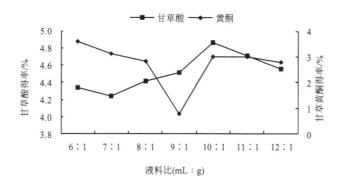

图 4.17　液料比对甘草酸和黄酮得率的影响

由图 4.14 可知，随着乙醇浓度的增大，甘草酸和黄酮得率均呈先增后减的趋势，在乙醇浓度为 70%左右时，二者均获得较高的得率，因此，选择 70%乙醇浓度为中心值。由图 4.15 可知，随着氢氧化钠浓度的增大，甘草酸和黄酮得率逐渐增加，在氢氧化钠浓度 1%后得率增加趋于平缓，且氢氧化钠浓度在 1.0%~1.2%变化不大，因此选择 1.1%氢氧化钠浓度为中心值。由图 4.16 可知，在 1.5~5.0 h，回流时间对甘草酸和黄酮得率的影响不显著，但在 2.5 h 左右，二者得率均达最大值，因此，选择回流时间 2.5 h 为中心值。由图 4.17 可知，随着液料比的增大，甘草酸和黄酮得率逐渐增加，液料比在 10(mL∶g)附近甘草酸和黄酮得率较高，因此，选择液料比 10(mL∶g)为中心值。

2. 响应面法分析因素的选取及分析方案

综合单因素试验结果，选择乙醇浓度、氢氧化钠浓度、回流时间、液料比 4 个因素所确定的水平范围，使用 Design Expert 7.0 软件设计响应面试验，选用中心复合模型，以甘草酸和黄酮的得率为响应值，进行四因素五水平共 30 个实验点(6 个中心点)的响应面分析实验，各因素的编码值与真实值见表 4.4。试验以随机次序进行，实验结果见表 4.5。

表 4.4　试验因素水平及编码

变量	代码		编码水平				
			$-\alpha$	-1	0	1	α
乙醇浓度/%	A	X_1	60	65	70	75	80
氢氧化钠浓度/%	B	X_2	1.00	1.05	1.1	1.15	1.20
回流时间/h	C	X_3	2	2.25	2.5	2.75	3
液料比(mL∶g)	D	X_4	9	9.5	10	10.5	11

注：试验设计中，各因素水平与编码值换算式分别为 $X_1=(A-70)/5$，$X_2=(B-1.1)/0.05$，$X_3=(C-2.5)/0.25$，$X_4=(D-10)/0.5$。

表 4.5　中心组合设计及试验结果

序号	处理				甘草酸得率/%	甘草黄酮得率/%
	X_1	X_2	X_3	X_4		
1	1	1	−1	1	4.80	5.09
2	1	1	1	−1	4.96	5.12
3	−1	−1	−1	−1	5.01	5.29
4	1	−1	1	1	5.11	4.87
5	−1	−1	−1	1	5.70	6.81
6	−1	−1	1	−1	4.83	5.97
7	0	0	0	0	6.05	6.99
8	−1	1	1	1	5.29	5.97
9	−1	1	1	−1	5.32	6.70
10	−1	−1	1	1	5.07	5.57
11	0	0	0	0	5.87	6.78
12	0	0	0	0	5.95	6.44
13	−1	1	−1	−1	4.89	4.86
14	1	−1	−1	1	5.64	5.55
15	0	0	0	0	5.97	6.74
16	−1	1	−1	1	5.71	5.13
17	1	−1	−1	−1	5.03	4.45
18	1	1	−1	−1	4.59	5.58
19	1	1	1	1	4.65	5.22
20	1	−1	1	−1	5.27	4.60
21	−α	0	0	0	4.40	5.34
22	0	0	0	0	5.58	6.48
23	α	0	0	0	3.47	4.33
24	0	0	0	α	5.05	4.95
25	0	0	0	−α	4.23	4.63
26	0	0	α	0	4.76	5.68
27	0	0	0	0	5.33	6.44
28	0	−α	0	0	4.50	5.09
29	0	0	−α	0	4.83	4.51
30	0	A	0	0	4.57	4.81

3. 回归模型分析

经 Design Expert 7.0 软件对表 4.2 中实验数据进行多元回归拟合，得到二次多项回归模型：

$$Y=\beta_0+\sum\beta_i X_i+\sum\beta_{ij}X_i X_j+\sum\beta_{ii}X_i^2$$

式中，Y 为预测响应值；X_i、X_j 为自变量；β_0、β_i、β_{ii}、β_{ij} 为回归系数，取值及分析结果见表 4.6。方程中各项系数绝对值的大小直接反映了各因素对指标值的影响程度，系数的正负反映了影响的方向。

选择对响应值影响显著的各项，得到以甘草酸得率为目标函数的回归方程：

$Y_1=5.689\,7-0.151\,5\,X_1+0.155\,9\,X_4-0.165\,8\,X_1 X_2-0.085\,9\,X_1 X_4+0.084\,2\,X_2 X_3-0.162\,2\,X_3 X_4-0.357\,3\,X_1^2-0.208\,3\,X_2^2-0.142\,3\,X_3^2-0.181\,7\,X_4^2$

以黄酮得率为目标函数的回归方程：

$Y_2=6.569\,4-0.326\,6\,X_1+0.215\,4\,X_2 X_3-0.209\,4\,X_2 X_4-0.368\,7\,X_1^2-0.339\,8\,X_2^2-0.304\,4\,X_3^2-0.379\,6\,X_4^{23}$

表 4.6　回归方程方差分析表

方差来源	Y_1: 甘草酸得率				Y_2: 甘草黄酮得率			
	系数 β	均方	F 值	P 值	系数 β	均方	F 值	P 值
模型	—	0.503 4	24.033 4	<0.000 1**	—	1.125 6	8.010 4	0.000 2**
截距	5.69	—	—	—	6.57	—	—	—
X_1	−0.15	0.551 2	26.315 0	0.000 2**	−0.33	2.559 8	18.216 0	0.000 8**
X_2	−0.05	0.072 1	3.440 1	0.084 8	8.33 E−04	1.67 E−05	1.19 E−04	0.991 5
X_3	−0.04	0.042 1	2.009 3	0.178 2	0.15	0.544 2	3.872 8	0.069 2
X_4	0.16	0.583 1	27.841 4	0.000 1**	0.1	0.218 1	1.552 2	0.233 3
$X_1 X_2$	−0.17	0.439 9	21.003 0	0.000 4**	0.16	0.396 3	2.820 0	0.115 3
$X_1 X_3$	0.05	0.032 9	1.568 5	0.230 9	−0.19	0.555 8	3.955 0	0.066 6
$X_1 X_4$	−0.09	0.118 2	5.641 7	0.032 4*	0.02	6.81 E−03	4.84 E−02	0.829 0
$X_2 X_3$	0.08	0.113 4	5.414 3	0.035 5*	0.22	0.742 2	5.281 6	0.037 5*
$X_2 X_4$	−0.04	0.028 0	1.335 5	0.267 2	−0.21	0.701 4	4.991 4	0.042 3*
$X_3 X_4$	−0.16	0.420 9	20.094 7	0.000 5**	−0.2	0.618 6	4.402 0	0.054 5
X_1^2	−0.36	3.501 7	167.186 8	<0.000 1**	−0.37	3.728 4	26.532 3	0.000 1**
X_2^2	−0.21	1.190 1	56.822 2	<0.000 1**	−0.34	3.167 2	22.539 1	0.000 3**
X_3^2	−0.14	0.555 4	26.518 8	0.000 1**	−0.3	2.542 1	18.090 7	0.000 8**
X_4^2	−0.18	0.905 3	43.224 6	<0.000 1**	−0.38	3.951 6	28.120 6	0.000 1**
残差	—	0.020 9	—	—	—	0.140 5	—	—
失拟项	—	0.024 5	2.037 1	0.257 1	—	0.181 4	4.718 2	0.074 1
净误差	—	0.012 0	—	—	—	0.038 4	—	—

**影响高度显著($P<0.01$)；*表示影响显著($P<0.05$)

　　回归方程(模型)中各变量对指标(响应值)影响的显著性,由 F 检验来判定,概率 P 值越小,则相应变量的显著程度越高。由表 4.3 可知,甘草酸和黄酮回归方程的回归效果极显著。模型失拟项表示模型预测值与实际值不拟合的概率。表 4.3 中模型失拟项的 P 值分别为 0.257 1、0.074 1 均大于 0.05,表明模型失拟项不显著,模型建立的回归方程能较好地解释响应结果并预测最佳提取工艺条件。

　　由表 4.3 可知,对响应值甘草酸作用显著的是 X_1、X_4、$X_1 X_2$、$X_1 X_4$、$X_2 X_3$、$X_3 X_4$、X_1^2、X_2^2、X_3^2、X_4^2;对响应值黄酮作用显著的是 X_1、$X_2 X_3$、$X_2 X_4$、X_1^2、X_2^2、X_3^2、X_4^2。在各影响因素中,液料比对甘草酸得率的影响最大,其次是乙醇浓度;对黄酮得率影响最大的因素是乙醇浓度。从甘草酸和黄酮综合考虑,平方项的影响较大,说明影响值与试验因素之间并不是简单的线性关系。对甘草酸得率有较强交互作用的是乙醇浓度和氢氧化钠浓度、回流时间和液料比;氢氧化钠浓度和回流时间、氢氧化钠浓度和液料比对黄酮得率有交互作用。

　　图 4.18 和图 4.19 显示了对甘草酸得率影响较大的两因素交互作用的等高线图。从图 4.18 可以看出甘草酸得率随着乙醇和氢氧化钠加入量的增加呈先升高后降低的趋势。图 4.19 显示了液料比与回流时间对甘草酸得率的交互作用,回流时间较短时,甘草酸得率随液料比的增加而呈正向变化;当回流时间超过一定值(2.63 h)时,甘草酸得率则有相反趋势。

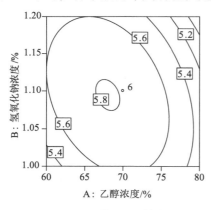

图 4.18　$Y_1 = f(X_1, X_2)$ 等高线图

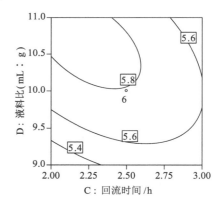

图 4.19　$Y_1 = f(X_3, X_4)$ 等高线图

　　图 4.20 和图 4.21 显示了对甘草黄酮得率影响较大的两因素交互作用的等高线图。从图 4.20 可以看出甘草黄酮得率随着氢氧化钠浓度与回流时间的增加呈先升高后降低的趋势,图 4.21 中氢氧化钠浓度和液料比对甘草黄酮得率的影响也有相似趋势。

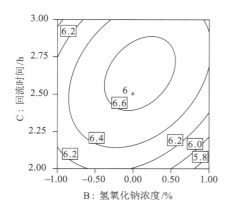

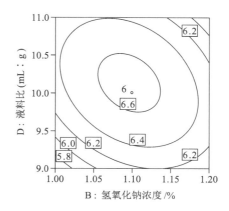

图 4.20　$Y_2=f(X_2, X_3)$ 等高线图　　　　图 4.21　$Y_2=f(X_2, X_4)$ 等高线图

4. 模型的验证

由等高线图可以看出，响应值存在最大值，通过软件分析，预测出最优提取工艺参数：乙醇浓度 68.29%；氢氧化钠浓度 1.10%；回流时间 2.51 h；液料比 10.13：1，甘草酸得率 5.73%，甘草黄酮得率 6.65%。考虑到实际操作的方便，将各因子修正为：乙醇浓度 68%；氢氧化钠浓度 1.1%；回流时间 2.5 h；液料比 10.1：1。在修正条件下对试验结果进行验证试验，得到甘草酸和甘草黄酮得率分别为 5.68% 和 6.73%，与理论预测值吻合良好，表明模型合理有效。

5. 响应面分析法与正交试验设计、均匀试验设计的区别

响应面分析法与正交试验设计、均匀试验设计各有优缺点，响应面分析法与其他两种方法的区别主要体现在以下两个方面。

（1）正交实验设计能给出最佳因素水平组合，但无法找出整个区域上因素的最佳组合和响应值的最优值的缺陷；而响应面分析法能在整个区域上找到因素和响应值之间的明确的函数表达式即回归方程，从而得到整个区域上因素的最佳组合和响应值的最优值[10]。

（2）试验工作量少是均匀试验设计的一个突出的优点，比较适合因素水平较多的情况，但试验数据不能用方差分析来处理；响应面分析法可以依据试验数据拟合回归方程，近而对各影响因素进行方差分析。

6. 抗氧化能力分析

1）甘草黄酮粗提物对 DPPH 的清除作用

DPPH 法在国外广泛用于植物材料的总抗氧化活性的评价和抗氧化剂的筛选。DPPH 是一种比较稳定的自由基，由于苯环的内轭和位阻及硝基的吸电子作用，呈现紫色，被还原后变为浅黄色，较多的用于抗氧化清除自由基实验，由于

DPPH 自由基在 515 nm 处有强吸收，当有自由基清除剂存在时，其与单电子配对而使其吸收值降低，其褪色程度与其所接受的电子数成定量关系，因此可利用分光光度法有效地测定抗氧化剂清除自由基的能力。按公式得出样品的 IC_{50} 值为 21.4μg/mL，作为对照品的 Vit C 的 IC_{50} 值为 39.8μg/mL，可见甘草黄酮粗提物对 DPPH 有一定的清除作用，但不及 Vit C。

2）甘草黄酮粗提物对 $ABTS^+$ 自由基的清除作用

ABTS 经氧化后生成相对稳定的蓝绿色 $ABTS^+$ 水溶性自由基，水溶性抗氧化剂与 ABTS 自由基发生反应后使其溶液褪色，褪色越明显表明该物质的抗氧化能力越强[15]。实验结果表明，样品的 IC_{50} 值为 54.6 μg/mL，作为对照品的 Vit C 的 IC_{50} 值为 38.5μg/mL，可见黄酮粗提液对 $ABTS^+$ 自由基的清除能力较强，大于 Vit C。

3）甘草黄酮粗提物的还原力

还原性是物质抗氧化能力的一个重要指标，Fe^{3+} 被抗氧化物质还原为 Fe^{2+} 而呈现绿色，并于 700 nm 处有最大吸光度。物质的吸光值越大，表明还原能力越强，根据还原量可间接评价各种提取物的抗氧化能力[16]。如图 4.22 所示，与黄酮粗提物相比 Vit C 表现出了较强的还原能力，且随着黄酮粗提物和 Vit C 用量的增大，还原性逐渐增强，呈一定的线性关系，以斜率表示还原能力的增长速率。1 g 甘草黄酮粗提物的还原力与 350 mg 的 Vit C 相当。

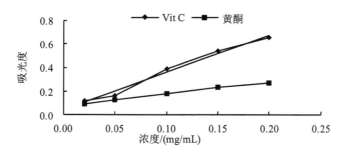

图 4.22   甘草黄酮粗提物与 Vit C 的还原力

4）脂质过氧化

抑制脂质过氧化也是物质抗氧化的机理之一。生物体内脂质过氧化是多种疾病的根源，对于脂质和活性氧含量高的心脏、肝脏线粒体和微粒体的损害尤其严重[17]采用改进的硫代巴比妥酸方法来测定脂质过氧化的产生，利用多不饱和脂肪酸氧化的最终分解产物丙二醛和两分子的 TBA 反应生成复合物，在 532 nm 处有最大吸收峰进行测定。结果如表所示，甘草黄酮粗提物的脂质过氧化抑制率为 76.00%，Vit C 为 85.71%（表 4.7）。

表 4.7　甘草黄酮粗提物及 Vit C 的脂质过氧化抑制率

	T	B	C	脂质过氧化抑制率/%
黄酮	0.067	0.073	0.048	76.00
Vit C	0.048	0.051	0.030	85.71

4.3.1.4　结论

响应面法是统计设计试验技术的合成，采用合理的试验设计，能以最经济的方式，用很少的试验数量和时间对实验进行全面研究，科学地提供局部与整体的关系，并以回归方法作为函数估算工具，将多因子试验由回归因子与试验结果的相互关系函数化。本研究结合所筛选的关键因素利用响应面试验设计，拟合了乙醇浓度、氢氧化钠浓度、回流时间、液料比与甘草酸和黄酮得率之间的相互关系，表明响应面法来寻求联合提取甘草酸和黄酮最佳提取条件是切实可行的，为更高效提取甘草酸和黄酮提供了基础数据。

以 Vit C 为对照，对甘草黄酮粗提物清除 DPPH 自由基、ABTS⁺自由基的能力，还原力及脂质过氧化抑制率进行了考察。结果表明，甘草黄酮粗提物对 DPPH 有一定的清除作用，但较 Vit C 低，可其对 ABTS⁺自由基的清除能力较强，超过 Vit C。Vit C 比甘草黄酮粗提物显示了更强的还原力，而且随着样品用量的增加，还原性逐渐增强，且呈一定线性关系。1 g 甘草黄酮粗提物的还原力相当于 350 mg 的 Vit C。甘草黄酮粗提物对脂质的过氧化有一定抑制作用，稍低于 Vit C。

4.3.2　甘草体内多糖提取技术研究

4.3.2.1　仪器与材料

1. 主要仪器

KQ-250DB 型超声波清洗仪(昆山市超声波仪器有限责任公司)；UV-4060 紫外分光光度计(Amersham Pharmacia Biotech，瑞典)；Virtis Sentry 8 SL 型冷冻干燥机(The Virtis Company Gardiner，美国)。

2. 试剂及原料

葡萄糖、浓硫酸均为分析纯试剂，苯酚为化学纯试剂。

乌拉尔甘草(*Glycyrrhiza uralensis* Fisch.)采自黑龙江省肇东市，由本实验室聂绍荃教授鉴定。

4.3.2.2　实验部分

1. 超声提取甘草多糖的正交试验

甘草 80℃烘干、粉碎，过 60 目筛，以蒸馏水为提取溶剂，根据预试验结果，分别以超声时间、超声温度、液料比和提取次数为影响因素，以甘草多糖的提取率为指标，进行 $L_{16}(4^5)$ 正交试验，因素水平见表 4.8。操作的步骤为：称取甘草粉 10.0 g，按选定的条件进行提取，提取液过滤、合并、浓缩、离心，上清液用 Savag 法除去蛋白质后加入无水乙醇使多糖沉淀析出，抽滤，沉淀用无水乙醇、丙酮、乙醚反复洗涤后冷冻干燥，得到甘草粗多糖，计算得率。

表 4.8　超声的因素水平表

水平	因素			
	A：超声时间 / h	B：超声温度 /℃	C：液料比（mL：g）	D：提取时间 / h
1	2.0	60	10	1
2	3.0	70	15	2
3	4.0	80	20	3
4	5.0	90	25	4

2. 多糖含量的测定

采用苯酚硫酸法对多糖含量进行测定，方法参照文献[11]（徐红等，1998），多糖浓度（Y，μg/mL）-吸光度（X）的回归方程：$Y=15X-0.1891$（相关系数 0.998 8）。

4.3.2.3　结果与讨论

对正交实验的结果进行方差分析和显著性检验，正交实验结果表 4.9 所示。

表 4.9　甘草多糖得率的方差分析

方差来源	f	S_j	S^2	F 值	P 值
A	3	4.454	$S_{A/3}$=1.485	222.700	>0.01*
B	3	0.480	$S_{B/3}$=0.160	24.000	>0.05
C	3	0.034	$S_{C/3}$=0.011	1.700	<0.10
D	3	0.012	$S_{D/3}$=0.004	0.600	<0.10
e	3	0.020	$S_{e/3}$=0.007	1.000	——

* $F_{1-0.10}(3，3)$=5.391，$F_{1-0.05}(3，3)$=9.277，$F_{1-0.01}(3，3)$=29.457

由表 4.9 所示结果可看出，4 个因素对超声提取结果影响大小依次为：提取时间 A>提取温度 B>液料比 C>提取次数 D。

随着超声时间的延长，甘草多糖得率逐渐增加，3.0 h 以后，得率有所减少，所以提取时间选择约 3.0 h 为佳。

提取温度升高，甘草多糖得率增加，当温度大于 80℃时，甘草多糖得率略下降，所以温度以 80℃ 左右为佳。甘草多糖在水中有一定的溶解度，温度过低，提取不完全。温度过高，会加快甘草多糖的水解，所以选择适宜的温度对得率比较重要。

液料比对甘草多糖得率的影响不显著，考虑到工艺成本，选择液料比 10：1(mL：g) 为佳。

随着提取次数的增加，甘草多糖得率逐渐增加，2 次以后，得率有所减少，理论上应该选择 2 次为最佳的提取次数，但由于提取次数对提取率的影响不显著，考虑到简化工艺流程，所以选择提取次数为 1 次。

根据正交试验的方差分析结果，并考虑到工艺成本，确定最佳工艺条件为 A2 B3 C1 D1，即超声时间 3 h；提取温度 80℃；液料比 10：1(mL：g)；提取次数 1 次。

对超声提取的试验结果进行逐步回归分析，得到回归方程：

$$Y = 7.983\ 83 - 0.511\ 27\ X_1^2 + 3.616\ 474\ X_1 - 0.001\ 01\ X_2^2 + 0.164\ 017\ X_2 - 0.000\ 34\ X_3^2 + 0.018\ 604\ X_3 - 0.004\ 55\ X_4^2 + 0.042\ 92\ X_4 \tag{4-3}$$

式中，X_1 为超声时间(h)；X_2 为超声温度(℃)；X_3 为液料比(mL：g)；X_4 为提取次数。

回归系数 0.972 32；残差值(final loss)为 0.272 5，从计算结果可以看出模拟值与实验值拟合良好，说明数值模拟是成功的。

根据方程对最佳提取条件进行预测，结果见表 4.10。

表 4.10　最优解预测

变化	范围	最优解
超声时间 / h	2~5	3.5
超声温度 /℃	60~90	81
液料比(mL：g)	10~25	25
提取时间 / h	1~4	4
得率/%	—	5.42

拟合的方程预测的最优解与正交试验极差和方差的分析结果基本一致。由于液料比和提取次数对得率的影响不显著，综合考虑工艺成本确定最佳工艺条件为超声时间 3.5 h；超声温度 81℃；液料比 10(mL：g)；提取次数 1 次。按上述优化提取条件进行了 3 次超声提取实验，得到甘草多糖的平均得率为 5.40%，纯度为 39.95%，重复实验相对偏差为 2.54%，与回归方程的预测值 5.42% 接近，说明超声优化条件重现性良好。

4.4　甘草体内主要活性物质纯化技术研究

4.4.1　实验材料与仪器

无水乙醇(分析纯)(天津市东丽区天大化学试剂厂)；硫酸(分析纯)(丹东市胜利化工厂)；氨水(分析纯)(天津市东丽区天大化学试剂长)；乙酸乙酯(分析纯)(天津市光复科技发展有限公司)；双重蒸馏水(自制)；pH 计(Sartorius)；分析天平(北京赛多利斯天平有限公司)；电子天平(沈阳龙腾电子有限公司)；电热恒温水浴锅(上海医疗器械五厂)；超声仪(昆山市超声仪器有限公司)；离心机(SIGMA 公司)。

4.4.2　试验方法

4.4.2.1　甘草酸的初步纯化

甘草酸的初步纯化分别采用了 pH 梯度法和溶剂萃取法[18]。将粗提液减压浓缩后，用 20% H_2SO_4 调节 pH=6。滤液用乙酸乙酯萃取分离甘草酸和黄酮类物质，有机相减压浓缩所得浸膏即为黄酮类化合物的粗品。之后将乙酸乙酯萃取出的水相，用硫酸调节 pH=3，过滤，滤饼用冷水洗涤至 pH 5~6，即为甘草酸粗品。

4.4.2.2　甘草酸的精制

将甘草粗品放入三口瓶中 80℃回流搅拌，滤除不溶物，滤渣重复上述步骤，合并的上清液，氨气调节 pH 后置于冰箱中冷藏 12 h。

用反复重结晶的方法精制甘草酸。将冷藏液过滤，得固形物，加少量水回流溶解后趁热加入不同体积的冰醋酸，同时考察不同时间对析晶纯度的影响。

4.4.3　结果与讨论

4.4.3.1　回流次数的的确定

称取甘草酸粗品 50 g，加入预先放有 500 mL 无水乙醇的 1000 mL 三口瓶中，80℃水浴回流搅拌溶解 1.5 h，过滤，上清取样 HPLC 测定甘草酸含量为66.4%。滤渣重复以上步骤，滤得的上清甘草酸含量 25.8%。通过 2 次回流已获取大部分甘草酸，余下不溶物甘草酸含量甚微，所以回流 2 次即可。将 2 次取得的上清液合并，并通入氨气，调节 pH=9.4，溶液置于冰箱冷藏，冷藏后的上清液甘草酸的铵盐含量约 5.9%，表明大部分甘草酸存在于固形物中，可用于下一步的结晶。

4.4.3.2　醋酸量对甘草酸析晶纯度及质量的影响

获得的固形物约为 35g，加少量水回流溶解，得黏稠状半流体，趁热加入 2~8 倍体积的冰醋酸，缓慢降温后放入冰箱冷藏层中析晶，考察不同醋酸量对甘草酸析晶纯度和析晶质量的影响，结果表明冰醋酸的最佳体积为析晶母液的 3 倍，见表 4.11 和图 4.23。

表 4.11　不同醋酸量的析晶纯度和析晶质量

醋酸量（mL：g 固形物）	峰面积	纯度	析晶质量 / g
2 倍	1 160 664	0.546	0.152
3 倍	1 706 902	0.803	0.218 3
4 倍	1 463 980	0.688	0.205 3
5 倍	1 389 905	0.654	0.151 8
6 倍	1 342 133	0.631	0.130 2
7 倍	1 692 688	0.796	0.111 6
8 倍	1 959 684	0.922	0.105 6
标准品	2 020 218	0.95	——

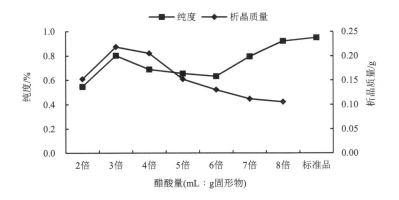

图 4.23　不同醋酸量的析晶纯度和析晶质量

4.4.3.3　不同时间对析晶纯度的影响

为了进一步提高纯度，将晶体加入少量的醋酸 90℃水浴溶解，缓慢降温后放入冰箱冷藏层中析晶，于不同时间吸取上清检测，表明析晶的最佳时间为 22 h，此时不同倍数醋酸量的上清中甘草酸剩余量最低，见表 4.12 和图 4.24。

表 4.12   不同时间析晶后的上清液浓度（mg/mL）

时间 / h	4 倍	5 倍	6 倍	7 倍	8 倍
4	5.663	6.950	10.794	16.237	11.546
8	5.417	6.952	10.257	12.811	10.648
22	3.879	5.501	6.622	7.969	7.507
26	4.079	5.565	6.568	8.183	7.789
30	4.013	5.572	6.382	7.137	7.514
34	3.692	4.912	5.597	6.289	6.796
38	3.428	4.588	5.048	5.712	6.301

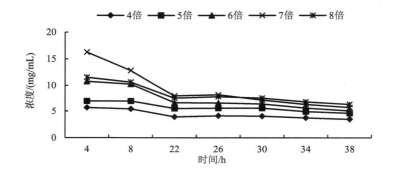

图 4.24   不同时间析晶后的上清液中甘草酸浓度

4.5   甘草体内主要活性物质转化技术研究

由于大量药理和毒理研究证实，α-甘草酸比 β-甘草酸抗炎作用强，副作用小。所以 α-甘草酸的转化有着重要意义。

4.5.1   液体碱回流法转化

4.5.1.1   实验材料与仪器

甘草酸单铵（98%）（Acros Organics 公司）；氢氧化钾（分析纯）（天津市大陆化学试剂厂）；丙三醇（分析纯）（天津市永大化学试剂开发中心）；蒸馏水（自制）；pH 计（Sartorius）；分析天平（北京赛多利斯天平有限公司）；电子天平（沈阳龙腾电子有限公司）；电热恒温水浴锅（上海医疗器械五厂）；超声仪（昆山市超声仪器有限公司）；离心机（美国 SIGMA 公司）。

4.5.1.2　实验方法

称取 20 g 甘草酸单铵(β-甘草酸)溶解到 200 mL 20%KOH 水溶液中，混合后倒入反应器中，进行回流搅拌反应。分成两份，一份 90℃水浴回流搅拌反应 8 h 取样检测。另一份油浴(115℃)回流搅拌反应，并分别在反应 8 h、16 h 和 20 h 的时候取样检测。反应结束后，吸取上清液检测。

随后通过调节 pH，在低温下重结晶，过滤，水洗，真空干燥，得到 α 型甘草酸晶体混合物。

4.5.1.3　结果与讨论

在不同条件下进行反应，结果如图所示，90℃水浴回流搅拌反应 8 h，此反应生成了 α-甘草酸，但反应并不完全，采取油浴(115℃)回流磁力搅拌反应 8 h 的转化率高于 90℃水浴反应，而油浴 16 h 时仍有明显转化趋势，待 20 h 反应接近完全，见图 4.25~图 4.30。

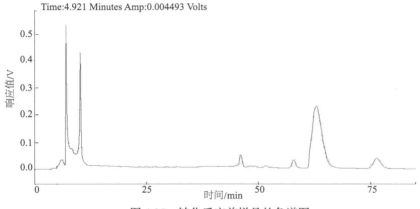

图 4.25　转化反应前样品的色谱图

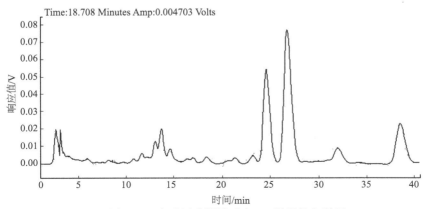

图 4.26　水浴回流搅拌反应 8 h 样品的色谱图

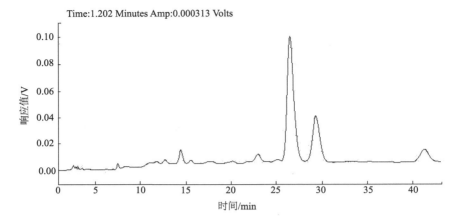

图 4.27　油浴回流搅拌反应 8 h 样品的色谱图

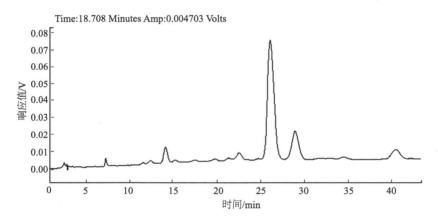

图 4.28　油浴回流搅拌反应 16 h 样品的色谱图

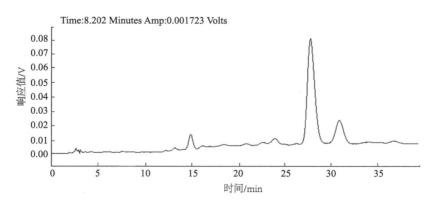

图 4.29　油浴回流搅拌 20 h 样品的色谱图

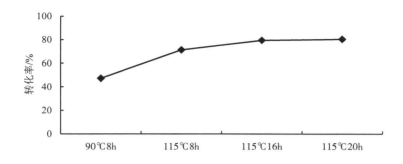

图 4.30　不同方法 α 型甘草酸的转化率样品的色谱图

4.5.1.4　小结

采用液体碱 KOH 对 β-甘草酸进行转化。结果表明，在不同条件下，90℃水浴回流搅拌反应 8 h，可转化一部分 β 型甘草酸，油浴反应 8 h 的转化率明显高于水浴反应，再反应 8 h，仍有部分 β 型甘草酸转化成 α 型甘草酸，直到反应 20 h 转化接近完全，变化趋于平缓。

4.5.2　固体碱催化转化

固体碱就是指能够化学吸附酸的固体或能使酸性指示剂变色的固体，它与均相溶液碱相比具有几个突出优点。催化剂容易从反应混合物中分离出来；反应后催化剂容易再生；对反应设备没有严重腐蚀；另外，固体碱催化剂在某些反应中还具有几何空间效应[19]。阴离子交换树脂是典型的固体碱，碱性阴离子交换树脂适用于工业生产的催化，具有碱度范围广，颗粒均匀，耐磨损，孔隙率高等有点，甘草酸是一种三元羧酸，对几种碱性阴离子交换树脂转化甘草酸效果进行了考察。

氧化铝也是固体碱的一种，是一种较好的催化剂载体及有机反应的催化剂[20]。碱性氧化铝是一种具有多微孔、高分散度的固体催化剂，它的比表面积大于 300 m²/g，孔容大于 0.5 mL/g，微孔孔径小于 2.0 nm，间隙孔孔径在 2.0~50 nm，完全具备催化作用所要求的特性和孔径，把反应物分子吸附在微孔表面以催化反应顺利地进行.当反应物分子以适当的取向紧密地吸附在氧化铝微孔表面时，可促进其电子云变形，减小活化熵使反应容易进行[21]。同时考察了碱性氧化铝对甘草酸的催化效果。

4.5.2.1　实验材料与仪器

甘草酸单铵(98%)(Acros Organics 公司)；大孔阴离子交换树脂(D301-G)(天津市光复精细化工研究所)；强碱性阴离子交换树脂(717)(天津市光复精细化工研

究所）；大孔阴离子交换树脂（D296）（天津市光复精细化工研究所）；碱性氧化铝（分析纯）（上海市五四化学试剂有限公司）；无水乙醇（分析纯）（天津市东丽区天大化学试剂厂）；氢氧化钠（分析纯）（天津市化学试剂六厂）；盐酸（分析纯）（丹东市胜利化工厂）；正丁醇（分析纯）（哈尔滨市化工试剂厂）；蒸馏水（自制）；分析天平（北京赛多利斯天平有限公司）；电子天平（沈阳龙腾电子有限公司）；电热恒温干燥箱（宁波自动化仪表研究所）；水浴振荡器（东联电子技术开发有限公司）；超声仪（昆山市超声仪器有限公司）。

4.5.2.2　实验部分

1. 固体碱的预处理

新离子交换树脂使用前必须进行预处理，以除去树脂中含有的少量未聚合单体、交联剂、致孔剂及其他有机、无机杂质。树脂用约 2 倍体积的乙醇溶液浸泡 2~3 h，重复操作数次，至在浸泡液中加入蒸馏水无浑浊产生，然后用蒸馏水洗至无乙醇味。接着用约 2 倍体积 5% 的 NaOH 溶液浸泡树脂 4 h，蒸馏水将其洗至中性，2 倍体积 4%HCl 溶液浸泡约 4 h，蒸馏水洗至中性，最后再用 2 倍体积 5%NaOH 溶液浸泡 4 h，蒸馏水洗至中性。在浸泡的过程中不断搅拌，预处理完毕，将树脂浸泡在蒸馏水中备用。

碱性氧化铝在使用前经 120℃处理。

2. 分析检测方法

溶液中甘草酸的含量测定采用高效液相色谱法。

表 4.13　固体碱对甘草酸的转化

树脂型号	转化率 / %	
	2 h	5 h
D301-G	—	1.20
717	—	—
D296	0.25	0.27
碱性氧化铝	2.01	2.20

3. 样品处理方法

树脂法：在室温（22℃）下，精密称取不同型号预处理的树脂各 1.0 g，置于具塞锥形瓶中，精密加入 10 mg/mL 甘草酸单铵溶液 30 mL，放置振荡器中振荡（100 r/min），间隔 2 h 后测定溶液中甘草酸的剩余量。

氧化铝法：采用正丁醇作为溶剂进行回流，取适量碱性氧化铝加 100 mL 甘草酸单铵溶液搅拌回流转化。于 2 h、5 h 取样检测甘草酸剩余量。

在这两种方法反应之后，将树脂及氧化铝过滤，用 5%氢氧化钠溶液对过滤的树脂及氧化铝进行洗脱，检测洗脱液。

4.5.2.3　结果与讨论

分别考察了大孔弱碱性苯乙烯系阴离子交换树脂(D301-G)、强碱性阴离子交换树脂(717)及大孔强碱性苯乙烯系阴离子交换树脂(D296)对 β-甘草酸的转化。结果如表所示，D301-G 和 717 对甘草酸有较强的吸附作用，反应 2 h 和 5 h 后，溶液中甘草酸含量均为痕量，难以计算，经洗脱后只有 D301-G 的洗脱液能检测到有 1.2%的转化，717 型洗脱液中检测不到甘草酸。D296 型树脂转化后剩余溶液中检测到的甘草酸含量和反应前差别不大，只有 0.27%的转化。

采用正丁醇作为转化溶剂，对碱性氧化铝的考察结果表明，甘草酸大部分吸附到氧化铝上，碱性洗脱液不易将氧化铝上吸附的甘草酸溶液洗脱下来，洗脱液的转化率只有 2.20%。不过这一方法可以有效地从甘草提取物中分离甘草酸。

4.5.2.4　小结

考察了碱性阴离子交换树脂和碱性氧化铝两种固体碱对甘草酸的转化。结果表明，除大孔强碱性苯乙烯系阴离子交换树脂(D296)外，其余两种树脂对甘草酸都有较强的吸附作用。经碱液洗脱，大孔弱碱性苯乙烯系阴离子交换树脂(D301-G)的洗脱液能检测到有 1.2%的转化，强碱性阴离子交换树脂(717)难以洗脱，故无法测算有无转化，D296 型树脂转化后剩余溶液中检测到的甘草酸含量和反应前差别不大，只有 0.27%的转化。碱性氧化铝的转化率也较低，为 2.20%，可以用于从甘草提取物中分离甘草酸。

参 考 文 献

[1]　李学禹. 甘草属分类系统与新分类群的研究. 植物研究, 1995, 12(1): 13~43.

[2]　Vampa G, Benvenuti S, Rossi T. Determination of glycyrrhizin and 18 alpha-, 18 beta-glycyrrhetinic acid in rat plasma by high-performance thin-layer chromatography. Farmaco, 1992, 47(S5): 825~832.

[3]　徐子硕. 甘草及其制剂中化学成分测定方法进展. 中草药, 1994, 25(7): 385.

[4]　张雪辉. 甘草体内总黄酮的含量测定. 中国中药杂志, 2001, 26(11): 746.

[5]　孙萍. 甘草总黄酮的微波提取及含量测定. 时珍国医国药, 2003, 14(5): 266.

[6]　石忠峰, 李茹柳, 陈蔚文. 甘草总黄酮提取纯化工艺研究. 中药新药与临床药理, 2008, 19(1): 67~69.

[7]　伍蔚萍, 孙文基, 阎宏涛, 等. 分光光度法测定甘草体内总黄酮的含量. 药物分析杂志, 2005, 25(4): 469~472.

[8]　郭亚健, 范莉, 王晓强, 等. 关于 NaNO2-Al(NO3)3-NaOH 比色法测定总黄酮方法的探讨. 药物分析杂志, 2002, 22(2): 97.

[9] Dykes L, Rooney L W. Sorghum and millet phenols and antioxidants. Journal of Cereal Science, 2006, 44(3): 236~251.

[10] Torres R, Faini F, Modak B, et al. Antioxidant activity of coumarins and flavonols from the resinous exudate of Haplopappus multifolius. Phytochemistry, 2006, 67 (10): 984~987.

[11] 孙庆雷, 王晓. 黄酮类化合物抗氧化反应性的构效关系. 食品科学, 2005, (26)4: 69~73.

[12] 赵雪梅. 胡柚皮化学成分及其活性研究. 浙江大学博士论文, 2003: 107~108.

[13] 吴素芳, 曹炜, 姚亚萍. 油菜蜂花粉提取物对羟基自由基介导 2-脱氧核糖损伤的抑作用. 食品科学, 2006, 27(10): 544~548.

[14] Siddhuraju P. Antioxidant activity of Polyphenolic compounds extracted from defatted raw and dry heated Tamarindus indica seed coat. LWT-Food Science and Technology, 2007, 40(6): 982~990.

[15] Re R, Pellegrini N, Proteggente A. Antioxidant activity applying an improved ABTS radical cation decolorization assay. Free Radical Biology and Medicine, 1999, 26(9~10): 1231~1237.

[16] Choi Y, Jeong H S, Lee J. Antioxidant activity of methanolic extracts from some grains consumed in Korea. Food Chemistry, 2007, 103(1): 130~138.

[17] Saigusa N, Terahara N, Ohba R. Evaluation of DPPH-radieal-scavenging activity and antimutagenicity and analysis of anthocyanins in an alcoholic fermented beverage produced from cooked or raw purple-fleshed sweet potato(Ipomoea batatas cv. ayamurasaki) roots. Food Science and Technology Researeh, 2005, 11(4), 390~394.

[18] 汪河滨.甘草黄酮和甘草酸的联合提取及分离纯化工艺研究. 石河子大学硕士论文, 2005: 42~43.

[19] 李俊鹏.固体碱催化剂的研究进展.广东轻工职业技术学院学报, 2007, 6(3): 13~17.

[20] Mckillop A, Young D W. Organic synthesis using supported reagents. Synthesis, 1979, 401(6): 481.

[21] 马晨, 刘少杰, 王文. 碱性氧化铝催化丙二酸与芳香醛的 Knoevenagel 缩合反应. 山东大学学报, 1997, 32(3): 313~316.

第5章　迷迭香体内活性物质分离*

5.1　迷迭香体内的主要活性物质

5.1.1　迷迭香分类地位及分布

迷迭香(*Rosmarinus officinalis* L.)，又名油安草，属唇形科迷迭香属多年生常绿小灌木植物，原产于欧洲地区和非洲北部地中海沿岸。1981 年，中国科学院北京植物研究所在我国云南、贵州等地成功地进行了引种[1,2]。我国现主要在南方大部分地区与山东地区栽种。

5.1.2　迷迭香体内主要活性物质

迷迭香是目前公认的具有抗氧化作用的一种植物，20 世纪 60 年代末和 70 年代初先后由德国和日本科学家从迷迭香体内分离出具有高效抗氧化能力的成分，对多种复杂的类脂物的氧化具有很强的抑制效果，现广泛应用于化妆品和食品领域[3,4]。此外，在药用功能方面，迷迭香具有抗肿瘤、抗炎、抗血栓和保肝降酶等作用[5-8]。酚酸类化合物是迷迭香体内主要的活性成分[9]，既包括以鼠尾草酸、鼠尾草酚等酚酸为代表的脂溶性抗氧化成分，又包括以迷迭香酸等酚酸为代表的水溶性抗氧化成分，因此迷迭香植株中含有极其复杂的酚酸家族。除迷迭香酸和鼠尾草酚外，迷迭香体内尚含鼠尾草酚、Rosmanol、7-*O*-methylrosmanol 和 7-*O*-ethylxosmanol 等多种脂溶性酚酸类物质，也具有很强的抗氧化作用[10-14]。

迷迭香酸(rosmarinic acid)，如图 5.1a，是由一分子咖啡酸和一分子 3,4-二羟基苯基乳酸(即丹参素)的缩合物，为水溶性的多酚类化合物，1958 年由 Ellis 首次从唇形科植物迷迭香 *Rosmarinus officinalis* L.中分离得到，在植物中的分布较为广泛，主要存在于唇形科、紫草科、葫芦科、椴树科、伞形科的多种植物中。迷迭香酸为天然抗氧化剂，有抗炎、免疫抑制、抗血栓等多种活性[15-19]，对其进行研究开发具有重要意义。

鼠尾草酸(carsonic acid)，如图 5.1b，为酚型二萜类化合物，鼠尾草酸最初被发现存在于唇形科鼠尾草属植物鼠尾草(*Salvia officinalis* L.)中，后来发现其同样存在于其他唇形科植物迷迭香、快乐鼠尾草和三叶鼠尾草等中。鼠尾草酸为无

---

*肖长文、隋小宇、孙强、葛洪爽等同学参与了本章内容的实验工作。

色至淡黄色粉末晶体，是一种油溶性物质，易溶于油脂，不溶于水，具有高效、安全无毒、耐高温等特性。具有抗炎、抗病毒、免疫调节，神经调节等多种生理及药理活性[20-23]。Ninomiya 等[24]报道鼠尾草酸等迷迭香提取物，除了可以通过有效调节脂肪的吸收来控制人的体重，从而达到减肥的目的之外，还可以治疗炎症，治疗咽喉疼痛，治疗消化不良，预防老年痴呆症，治疗糖尿病，以及促进神经生长因子的生成等。

熊果酸(ursolic acid，UA)化学结构式如图 5.1c，又名乌索酸、乌苏酸，是存在于多种天然植物中的一种三萜类化合物，资源分布广，毒性低，具有广泛的生物活性，尤其在抗癌、抗肿瘤、抗氧化、抗炎、保肝、降血脂方面的作用显著[25-30]。近年来发现，迷迭香体内也存在熊果酸，它不仅对多种致癌、促癌物有抵抗作用，而且能抑制多种恶性肿瘤细胞的生长。同时，熊果酸及其衍生物还对病毒具有抑制活性。因此，熊果酸的药理学活性越来越引起药物专家们的关注。

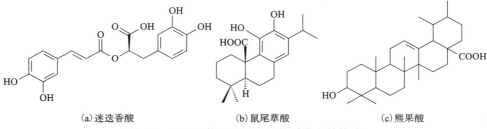

(a)迷迭香酸　　　　　　　(b)鼠尾草酸　　　　　　(c)熊果酸

图 5.1　迷迭香体内 3 种活性物质化学结构式

5.2　迷迭香体内主要活性物质的含量测定方法的建立

5.2.1　迷迭香体内酚酸含量测定方法的建立

迷迭香植株中含有极其复杂的酚酸，本节建立了 Folin-Ciocalteu 比色法测定迷迭香酚酸的方法，以为迷迭香的质量控制和开发利用提供理论依据。

5.2.1.1　仪器与材料

1. 仪器

UV-2550 型紫外分光光度计(日本岛津公司)；RE-52AA 型旋转蒸发仪(上海青浦沪西仪器厂)；高速中药粉碎机(浙江永康溪岸药具厂)。

2. 材料

迷迭香枝叶，2006 年 9 月采收于浙江富阳，为三年生栽培种。

没食子酸对照品，购于中国药品生物制品检定所，鼠尾草酸对照品，购于

SIGMA 公司，鼠尾草酚、迷迭香酸对照品，购于上海同田生化技术有限公司，检测用水为二次蒸馏水，其他试剂均为国产分析纯。

5.2.1.2　实验部分

1. 迷迭香酚酸对照品溶液

精密称取鼠尾草酸、鼠尾草酚和迷迭香酸对照品各 1.5 mg，于 5 mL 容量瓶中 95%乙醇溶解，并定容至刻度，摇匀。配制成浓度为 0.3 mg/mL 的对照品溶液，使用时稀释适当倍数。

精密称取 2.5 mg 没食子酸对照品，用 80%乙醇溶解并定容至 100 mL，得 25 μg/mL 没食子酸标准溶液。

2. 样品溶液

迷迭香枝叶于粉碎机中粉碎，筛分后称取 60~80 目粗粉 5 g，放入锥形瓶中，分别加入 80%乙醇溶液 80 mL，超声提取三次，每次 30 min，合并三次提取液，过滤，减压浓缩至干，再用80%乙醇溶解，过滤并定容至50 mL。使用时稀释20 倍。

3. Folin-Ciocalteu 试剂

在 1000 mL 磨口圆底烧瓶中加入 100 g 钨酸钠、25 g 钼酸钠、700 mL 去离子水、50 mL 85%磷酸、100 mL 浓盐酸，回流 10 h，除去冷凝管，然后添加 150 g 硫酸锂和数滴液溴，敞口继续维持沸腾 15 min，以除去过量的溴。冷却，定容至1000 mL，过滤，置于棕色试剂瓶中，冰箱中冷藏备用[31]。使用时稀释1 倍。

4. Folin-Ciocalteu 比色条件

1)测定波长

取稀释 20 倍后的样品溶液液和 100 μg/mL 没食子酸溶液各 1 mL，分别加入 Folin-Ciocalteu 试剂及适量 10% Na_2CO_3 溶液，并用二次蒸馏水定容至 25 mL，静置显色反应一段时间后，用分光光度计在波长 400~800 nm 扫描，确定最大检测波长。用 1 cm 比色皿测定光吸收值，随行空白对照。

2)比色体系中各试剂的用量

Folin-Ciocalteu 与 10% Na_2CO_3 比例：取 1 mL 没食子酸对照溶液，加入 Folin-Ciocalteu 试剂 1 mL，8 min 后加入不同体积 10% Na_2CO_3 溶液，显色反应后加水定容至 25 mL，放置反应一段时间后，于分光光度计上测定吸光值。

Folin-Ciocalteu 用量：取 1 mL 没食子酸对照溶液，加入 Folin-Ciocalteu 试剂 0.5~3.5 mL，8 min 后加入 3 倍于 Folin-Ciocalteu 试剂体积的 10% Na_2CO_3 溶液，经显色反应后加水定容至 25 mL，放置反应一段时间后，测定吸光值。

3)显色温度

取 1 mL 没食子酸对照溶液，加入 Folin-Ciocalteu 试剂 1.5 mL，8 min 后加

入 4.5 mL 10% Na_2CO_3 溶液，用水定容至 25 mL，在 5~45℃不同的温度下显色，测定吸光值。

4）显色时间

取 1 mL 没食子酸对照溶液，加入 Folin-Ciocalteu 试剂 1.5 mL，8 min 后加入 4.5 mL 10% Na_2CO_3 溶液，用水定容至 25 mL，于 25℃条件下反应，间隔不同时间测定吸光值，以确定比色体系显色完全所需要的时间。

5. 标准曲线的绘制

准确吸取 0.5 mL、1.0 mL、2.0 mL、3.0 mL、4.0 mL、5.0 mL 没食子酸标准溶液，分别定容于 10 mL 容量瓶内，配成不同浓度的标准溶液，然后从各溶液中吸取 1 mL 加入 25 mL 容量瓶中，加入 Folin-Ciocalteu 试剂 1.5 mL，充分摇匀，放置 8 min 后加入 4.5 mL 10% Na_2CO_3 溶液，摇匀，加水定容，在 25℃水浴中振荡反应 3 h，随行空白，在 765 nm 处测定吸光值，以吸光值为纵坐标，标准溶液浓度为横坐标，绘制标准曲线。

6. Folin-Ciocalteu 比色方法评价

1）稳定性试验

取 1 mL 迷迭香提取样品液，加入 Folin-Ciocalteu 试剂 1.5 mL，8 min 后加入 4.5 mL 10% Na_2CO_3 溶液，用水定容至 25 mL，于 25℃条件下反应 3 h 后，隔时测定其吸光值，以评价该分析方法的稳定性。

2）重现性试验

取迷迭香提取样品液 5 份，按上述处理及检测方法，分别测定其酚酸含量，并计算结果的相对标准偏差，以评价该方法的重现性。

3）精密度试验

采用 Folin-Ciocalteu 比色法对迷迭香同一样品重复测定 6 次，并计算结果的相对标准偏差，以评价该方法的精密度。

4）加标回收试验

在迷迭香样品液中加入不同量的没食子酸标准溶液，分别测定其酚酸含量，并计算其回收率，以评价该分析方法的准确性和可靠性。

5.2.1.3　结果与讨论

1. 测定原理与方法

酚酸类化合物分子上有极易氧化的羟基，Folin-Ciocalteu 试剂中的钨钼酸可以将其定量氧化，自身被还原，在碱性条件下生成蓝色化合物。颜色的深浅与酚酸含量呈正相关，在一定条件下遵从 Lambert-Beer 定律，可测定迷迭香体内酚酸总量[32,33]。

2. 吸收波长的选择

Sington V. L.和 Rossi J. R. J. A.[31]认为，不同的酚类物质与 Folin-Ciocalteu 试剂作用后的显色液其吸收波长各不相同。因此利用 Folin-Ciocalteu 法时应根据原料及所选用的标准品来选择最佳吸收波长。鼠尾草酸、鼠尾草酚、迷迭香酸、没食子酸对照品溶液和迷迭香样品溶液与 Folin-Ciocalteu 试剂反应显色后分别在波长 400~800 nm 扫描，表明在 755~770 nm 均有明显的吸收峰，且波形相似，而空白溶液则无吸收峰(图 5.2)，表明方法可行，选择没食子酸为标准品，选择 765 nm 为紫外检测波长。

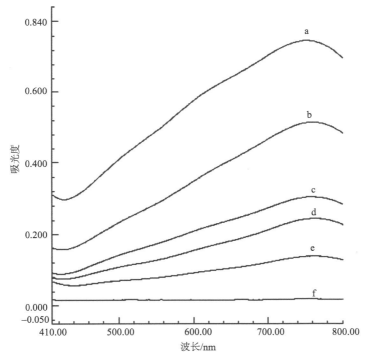

图 5.2　样品、对照品和空白与 Folin-Ciocalteu 试剂显色后的吸收光谱
a：没食子酸；b：样品；c：鼠尾草酸；d：鼠尾草酚；e：迷迭香酸；f：空白

3. 试剂用量的确定

Folin-Ciocalteu 试剂与 Na_2CO_3 比例的确定。Na_2CO_3 是反应体系中显色的介质，且控制着反应体系的酸碱环境，不同的 Na_2CO_3 加入量会有不同的颜色效果，由表 5.1 可知，当 Na_2CO_3 的加入量大于 2.0 mL 时，溶液的 pH 大于 9，溶液颜色呈现蓝色，且在加入量为 3.0 mL 时，体系的显色反应较为完全且趋于稳定。可确定 Folin-Ciocalteu 试剂与 10% Na_2CO_3 的体积比为 1∶3。

由图 5.3 可知，当 Folin-Ciocalteu 试剂的加入量大于 1.5 mL 时，体系的显色反应较充分且趋于稳定，所以可确定 Folin-Ciocalteu 试剂的加入量为 1.5 mL。

表 5.1　　Folin-Ciocalteu 试剂与 Na₂CO₃溶液比例

10% Na$_2$CO$_3$加入量/ mL	吸光度	溶液颜色	pH
0.25	0.259	绿色	5~6
0.5	0.340	绿色	7
1.0	0.408	靛蓝	7~8
2.0	0.561	蓝色	9
3.0	0.570	蓝色	9~10
4.0	0.572	蓝色	10
5.0	0.570	蓝色	10~11
6.0	0.574	蓝色	10~11

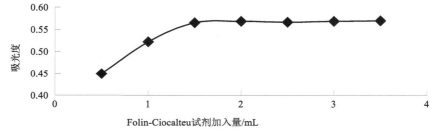

图 5.3　　Folin-Ciocalteu 试剂对吸光度的影响

4. 反应温度和时间对显色稳定性的影响

由图 5.4 可知，反应温度在 25~30℃时，显色反应较为完全，吸光度出现最大值。当在 5℃进行反应时，溶液有略微混浊现象，所以吸光值很大。由于 Lambert-Beer 定律要求被测溶液为澄清稀溶液，所以此温度下的显色反应不可取。本实验确定显色反应温度为 25℃。

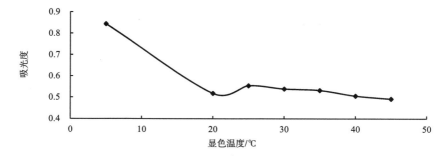

图 5.4　　反应温度对显色稳定性的影响

酚酸与显色剂的充分反应需要一定的时间。由图 5.5 可知，3 h 后显色反应较为完全且趋于稳定，所以本实验确定 3 h 为显色反应时间。

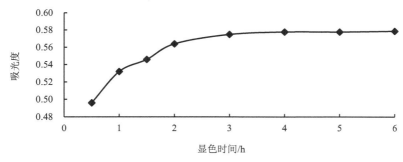

图 5.5 反应时间对显色稳定性的影响

5. 标准曲线的绘制

根据实验方法所述，绘制标准曲线，回归方程为 $y=0.005\ 0\ x+0.002\ 8$，相关系数为 0.999 5，表明没食子酸浓度在 5~50 μg/mL 与其吸光值呈良好的线性关系，确定该方程可用于迷迭香酚酸的定量检测。

6. 稳定性

根据实验方法所述，对迷迭香提取液的显色反应进行稳定性试验，放置 0 h、0.5 h、1 h、2 h、3 h、4 h 后测定的吸光值分别为 0.712、0.713、0.714、0.713、0.713、0.713，相对标准偏差为 0.09%，表明该方法在显色反应完后 4 h 内吸光值仍比较稳定。

7. 重现性

根据实验方法所述，对迷迭香样品液的显色反应进行重现性试验，5 份样品所测得的酚酸质量分数分别为 2.765%、2.801%、2.813%、2.773%、2.781%，相对标准偏差为 0.72%，表明该方法重现性较好。

8. 精密度

根据实验方法所述，对同一样品测定 6 次，吸光值分别为 0.701、0.701、0.702、0.701、0.700、0.702，酚酸质量分数分别为 2.793%、2.793%、2.797%、2.793%、2.788%、2.797%，相对标准偏差为 0.12%，说明该方法具有很高的精密度，能够达到样品分析要求。

9. 加标回收

根据实验方法所述，进行加标回收试验，由表 5.2 可知，4 次加标回收试验的最低回收率为 98.8%，最高回收率为 104.1%，平均回收率为 102.1%，其相对标准偏差为 2.46%。表明该方法准确可靠，可用于迷迭香酚酸含量的检测。

表 5.2　加标回收试验结果

加标量/μg	总检出量/μg	回收率/%	平均回收率/%	相对标准偏差/%
0	137.04	—		
50	189.04	104.0		
100	235.85	98.8	102.1	2.46
150	293.23	104.1		
200	339.84	101.4		

5.2.1.4　结　论

采用 Folin-Ciocalteu 比色法对迷迭香总酚酸含量进行测定。实验表明：适宜的比色条件为 Folin-Ciocalteu 试剂与 10% Na_2CO_3 的体积比为 1：3，Folin-Ciocalteu 试剂 1.5 mL，显色温度 25℃，反应时间 3 h，检测波长 765 nm。该检测方法有较好的准确度和精密度，具有重复性好、操作过程简便、快速、可靠性高等优点。

5.2.2　高效液相色谱法测定迷迭香体内三种活性物质

本节建立了以高效液相色谱同时定量测定迷迭香体内迷迭香酸、鼠尾草酸和熊果酸的方法。

5.2.2.1　材料与仪器

1. 材料与试剂

迷迭香叶(2009 年 9 月采自浙江海正药业富阳种植基地)；迷迭香酸对照品(纯度 98%)(SIGMA 公司)；鼠尾草酸对照品(纯度 91%)(SIGMA 公司)；熊果酸对照品(纯度 90%)(SIGMA 公司)；乙腈(色谱纯)(J&K CHEMICAL LTD.)；检测用水(自制二次蒸馏水)。

2. 实验仪器

UV-2550 型紫外可见光分光光度计(日本岛津公司)；717 型自动进样高效液相色谱仪(美国 WATERS 公司)；BS124S 电子天平(北京赛多利斯仪器公司)；3K30 型离心机(美国 SIGMA 公司)；SZ-93 自动双重纯水蒸馏器(上海亚荣生化仪器厂)。

5.2.2.2　试验方法

1. 色谱测定条件

采用高效液相色谱法同时定量测定迷迭香酸、鼠尾草酸和熊果酸。色谱条件色谱柱：HiQ SiL C$_{18}$ V 色谱柱(4.6 mm×250 mm，5 μm)，流动相：A 为乙腈；B 为 2%甲酸水溶液(V/V)；梯度洗脱程序：0~10 min，30%A；10~15 min，

30%~70%A ； 15~35 min， 70%A ； 35~40 min， 70%~90%A ； 40~55 min，90%A；55~60 min，90%~30%A。最后再返回到初始状态。柱温：30℃；流速：1.0 mL/min；检测波长：283 nm，215 nm；进样量：10 μL。如图 5.6 所示，此检测条件下三种标准品的 HPLC 谱图分离度较好。

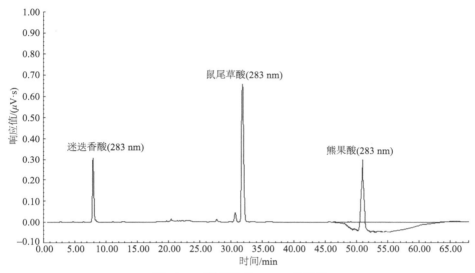

图 5.6　三种标准品 HPLC 色谱图

2. 对照品溶液的制备

分别配制三种对照品溶液，迷迭香酸对照品：0.2 mg/mL、0.4 mg/mL、0.6 mg/mL、0.8 mg/mL、1.0 mg/mL；鼠尾草酸对照品：2 mg/mL、4 mg/mL、6 mg/mL、8 mg/mL、10 mg/mL；熊果酸对照品：1 mg/mL、2 mg/mL、3 mg/mL、4 mg/mL、5 mg/mL。

3. 供试品溶液的制备

取迷迭香叶 0.5 g，加入 25 mL 80%乙醇溶液微波辅助提取 10 min。取适量提取液离心(离心条件：温度 25℃；速度 12 000 r/min；时间 5 min)，取 1 mL 上清液进行 HPLC 检测，每样重复进样 3 次。

4. 标准曲线的绘制

依次取三种配制好的对照品溶液进样，每个浓度重复 3 次。按上述色谱条件测定，以对照品浓度为横坐标，峰面积为纵坐标，绘制标准曲线，计算回归方程。

5. 稳定性考察

制备供试品溶液，按上述色谱条件在 30 h 内每隔 5 h 进样 10 μL，测定三种活性物质的峰面积，并计算结果的相对标准偏差，以评价该方法的稳定性。

6. 精密度试验

取供试品溶液，连续进样 6 次，测定三种活性物质的峰面积，并计算结果的相对标准偏差，以评价该方法的精密度。

7. 重现性试验

取迷迭香样品 6 份，测定三种活性物质的峰面积，并计算结果的相对标准偏差，以评价该方法的重现性。

8. 加标回收率试验

提取溶液中分别加入不同量的三种标准溶液，分别测定其含量，并计算其回收率，以评价该分析方法的准确性和可靠性。

5.2.2.3　结果与讨论

1. 标准曲线的绘制

三种活性物质标准曲线方程、相关系数、线性检测范围和保留时间见表 8.3。

表 5.3　标准曲线方程

对照品	标准曲线方程	相关系数	线性检测范围/(mg/mL)	保留时间/min
迷迭香酸	$y = 22\,407\,547.187\,0\,x + 554\,759.050\,1$	0.999 3	0.2~1.0	8.1
鼠尾草酸	$y = 2\,657\,149.400\,0\,x - 202\,756.200\,0$	0.998 2	2.0~10	31.1
熊果酸	$y = 1\,694\,302.200\,0\,x + 74\,682.800\,0$	0.997 5	1.0~5.0	51.5

2. 稳定性考察

按实验方法所述进行方法的稳定性试验，记录峰面积，以峰面积计算相对标准偏差，迷迭香酸、鼠尾草酸和熊果酸相对标准偏差分别为 1.38%、1.10% 和 1.94%（$n=6$）。结果表明供试品溶液在室温条件下放置 30 h 比较稳定。

3. 精密度试验

按实验方法部分所述进行方法的精密度试验，记录峰面积，以峰面积计算相对标准偏差，迷迭香酸、鼠尾草酸和熊果酸相对标准偏差分别为 0.44%、0.31% 和 0.60%，说明该方法具有较高的精密度，能够达到分析要求。

4. 重现性试验

按实验方法部分所述进行方法的精密度试验，记录峰面积，以峰面积计算相对标准偏差，迷迭香酸、鼠尾草酸和熊果酸相对标准偏差分别为 1.26%、1.43% 和 1.77%（$n=6$），说明该方法的重现性较好。

5. 加样回收率试验

按实验方法部分所述进行加标回收试验，计算三种活性物质的加标回收率和平均回收率。迷迭香酸、鼠尾草酸和熊果酸相对标准偏差分别为 1.02%、0.85% 和 0.36%(n=5)。表明该方法准确可靠。

5.2.4　小结

本节建立了同时检测迷迭香体内三种活性物质的高效液相色谱方法，色谱条件为色谱柱：HiQ SiL C_{18} V 色谱柱(4.6 mm×250 mm，5 μm)，流动相：A 为乙腈；B 为 2%甲酸水溶液(V/V)；梯度洗脱程序：0~10 min，30%A；10~15 min，30%~70%A；15~35 min，70%A；35~40 min，70%~90%A；40~55 min，90%A；55~60 min，90%~30%A。最后再返回到初始状态。柱温：30℃；流速：1.0 mL /min；检测波长：283 nm，215 nm；进样量：10 μL。在方法评价中，同样考察了精密度、稳定性、重现性等相关数据，从数据分析中可以看出本研究建立的高效液相色谱方法对微波辅助同时提取迷迭香叶中迷迭香酸、鼠尾草酸、熊果酸的检测具有灵敏度高、稳定性好、精密度高、准确可靠等优点。

5.3　迷迭香体内主要活性物质的提取技术研究

5.3.1　微波辅助法提取迷迭香体内主要活性物质的技术研究

目前迷迭香酸、鼠尾草酸和熊果酸的提取研究主要是采用乙醇回流提取[34,35]、多种有机溶剂分步提取[36]和超临界 CO_2 萃取法[37,38,39]等。回流法是目前迷迭香酸、鼠尾草酸和熊果酸提取的主流方法，但是其中鼠尾草酸在分离过程中受操作条件的影响较大，容易转变成其氧化中间产物鼠尾草酚，使抗氧化作用降低[40]，导致产品往往难以达到国际市场要求；超临界 CO_2 萃取受处理量的限制，产量低，目前工业开发难度较大。因此，还需要进一步研究更加有效的提取迷迭香酸、鼠尾草酸和熊果酸的方法。

5.3.1.1　材料与仪器

1. 实验仪器

WP700TL 23-K5 型微波炉(格兰仕微波电器有限公司)；UV-2550 紫外可见光分光光度计(日本岛津公司)；BS124S 电子天平(北京赛多利斯仪器系统有限公司)；3K30 型离心机(美国 SIGMA 公司)；API3000 型液/质谱联用仪(美国 AB 公司)；核磁共振仪 INOVA-500NMR(美国 AB 公司)。

微波辅助提取装置自制：WP700TL 23-K5 型微波炉(格兰仕微波电器有限公司)，顶部钻孔，接回流冷凝管，管壁用聚四氟乙烯膜包覆以防止微波泄漏，装置示意如图 5.7 所示。

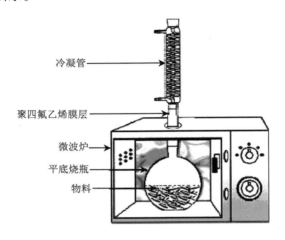

冷凝管

聚四氟乙烯膜层

微波炉

平底烧瓶

物料

图 5.7　微波辅助提取装置示意图

2. 实验材料和试剂

迷迭香枝叶 2009 年 9 月采自浙江海正药业富阳种植基地，为 3 年生栽培种，采收后自然阴干，粉碎至 250~850 μm，含水率 9.5%；鼠尾草酸、迷迭香酸、熊果酸对照品 SIGMA 公司，纯度分别为 91%、98%、90%；乙腈、甲酸 Dima Technology Inc 公司，色谱纯；二次蒸馏水自制；其余试剂均为国产分析纯。

5.3.1.2　实验方法

1. 原材料处理

将 2 kg 粉碎至 250~850 μm 的迷迭香枝叶在容器外喷洒 0.1 kg 去离子水水散 24 h 后置于自制水蒸气蒸馏装置中，直接通入蒸汽，通气时间 3 h，蒸汽流量 1.5 m³/h，于油水分配器中分出挥发油。蒸馏结束后，冷却，取出迷迭香，于 60℃减压干燥，为后续提取原料。

2. 高效液相色谱定量测定条件

色谱条件　色谱柱：HiQ SiL C_{18} V 色谱柱(4.6 mm×250 mm，5 μm)，流动相：A 为乙腈；B 为 2%甲酸水溶液(V/V)；梯度洗脱程序：0~10 min，30%A；10~15 min，30%~70%A；15~35 min，70%A；35~40 min，70%~90%A；40~55 min，90%A；55~60 min，30%~90%A 最后再返回到初始状态。柱温：30℃；流速：1.0 mL /min；检测波长：283 nm，215 nm；进样量：10 μL。

3. 样品中迷迭香酸、鼠尾草酸和熊果酸的含量测定

取提取液离心（离心条件：温度 25℃；速度 12 000 r/min；时间 5 min），取 1 mL 上清液进行 HPLC 检测，每样重复进样 3 次，将峰面积取平均值，代入回归方程，依公式(5-1)计算各目的成分的得率：

$$Y = cV/M \tag{5-1}$$

式中，Y 为得率(mg/g)；c 为目的成分的浓度(mg/mL)；V 为提取液体积(mL)；M 为原料重量(g)。

4. 单因素试验

每次准确称取 5.0 g(绝干计)迷迭香干燥原料，置于 250 mL 锥形瓶中，于自制微波提取装置中多种条件下提取，以确定提取因素变化范围及各因素的适宜值。测定鼠尾草酸、迷迭香酸和熊果酸的含量，并计算得率。

1) 乙醇浓度

称取迷迭香样品 5.0 g，共 18 份，分为 6 组，每组 3 个平行样，料液比为 1∶20，分别加入体积分数分别为 0%、30%、50%、70%、80% 和 90%的乙醇溶液，微波功率 700 W 提取 10 min，取样检测三种组分含量。

2) 料液比

称取迷迭香样品 5.0 g，共 24 份，分为 8 组，每组 3 个平行样，分别按不同的料液比(1∶8、1∶12、1∶16、1∶20、1∶25、1∶30、1∶40 和 1∶50，g/mL)，加入体积分数 90%的乙醇溶液，微波功率 700 W 提取 10 min，取样检测三种组分含量。

3) 提取时间

称取迷迭香样品 5.0 g，共 24 份，分为 8 组，每组 3 个平行样，按料液比 1∶20 加入体积分数 90%的乙醇溶液，微波功率 700 W，选择不同的匀浆时间(1 min、3 min、5 min、7 min、10 min、15 min、20 min 和 30 min)提取，取样检测三种组分含量。

4) 微波功率

称取迷迭香样品 5.0 g，共 12 份，分为 4 组，每组 3 个平行样，按料液比 1∶20 加入体积分数 90%的乙醇溶液，选择不同微波功率(230 W、385 W、540 W、700 W)提取 10 min，取样检测三种组分含量。

5) 提取次数

称取迷迭香样品 5.0 g，共 15 份，分为 5 组，每组 3 个平行样，按料液比 1∶20 加入体积分数 90%的乙醇溶液，微波功率 700 W 提取 10 min，将每次提取液过滤，滤饼再加入相同溶剂重复上述提取过程(1、2、3、4、5 次)每次滤液取 1 mL 用于含量测定，取样检测三种组分含量。

5.3.1.3　结果与讨论

1. 乙醇体积分数对提取效果的影响

迷迭香体内鼠尾草酸、迷迭香酸和熊果酸易溶于乙醇、甲醇、丙酮等极性较大的有机溶剂中，乙醇无毒，对植物细胞有较强的穿透能力，对许多成分溶解性能好且能抑制酶的催化作用，所以本研究采用乙醇为提取溶剂，考察乙醇不同体积分数对提取迷迭香体内三种活性成分得率的影响。实验按料液比 1：20，微波功率 700 W 提取 20 min，提取一次。乙醇体积分数对鼠尾草酸，迷迭香酸和熊果酸的提取效果如图 5.8 所示。

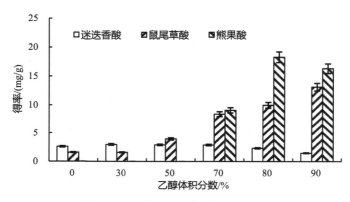

图 5.8　乙醇体积分数对得率的影响

由图 5.8 可以看出，乙醇体积分数对三种活性物质得率影响较大。随着乙醇体积分数的增加，迷迭香酸得率呈现先增长后下降的趋势；鼠尾草酸呈现上升趋势；熊果酸在乙醇体积分数达到 70%之前未在提取液中检测出，从 70%开始呈现先增长后下降的趋势。根据相似相容原理，随着乙醇体积分数的改变，提取溶剂的极性也随着改变，所以活性物质的得率也随着改变。而熊果酸得率在乙醇体积分数达到 90%时开始降低，迷迭香酸在乙醇体积分数达到 70%时开始降低。这种现象可以解释为加入水对物料起着溶胀作用，物料充分溶胀后可以加大物料与提取溶剂的接触面积，使提取更加充分。当乙醇体积分数过大时提取溶剂中水含量过小，使物料溶胀不充分，从而导致活性物质的提取得率降低。综合考虑三种活性成分的得率，选择80%乙醇溶液作为提取溶剂。

2. 料液比对提取效果的影响

乙醇体积分数 80%，微波功率 700 W，提取时间 20 min，提取一次。改变料液比，考察不同料液比对迷迭香酸、鼠尾草酸和熊果酸得率的影响。

由图 5.9 可以看出，料液比对迷迭香酸得率影响不显著，但料液比对鼠尾草酸和熊果酸得率影响较显著，随着料液比由 1∶8 到 1∶20，鼠尾草酸和熊果酸得率增长较快，料液比超过 1∶20 时得率增长不明显。在一定范围内，料液比的增长可以使物料提取更加充分，但料液比达到一定时，提取已经较充分，再增大料液比也不会使活性物质提取得率增大。综合考虑三种活性物质的得率和规模生产中节约溶剂等问题，选择 1∶20 作为提取的料液比。

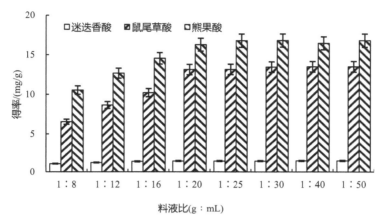

图 5.9　料液比对得率的影响

3. 提取时间对提取效果的影响

提取时间决定着生产周期的长短，决定着生产成本和能源的消耗，是生产工艺研究中一个十分重要的影响因素。当溶剂为 80%体积分数乙醇，超声功率 700 W，料液比 1∶20，提取一次情况下，不同超声提取时间对迷迭香酸、鼠尾草酸和熊果酸得率的影响如图 5.10 所示。可以看出随着超声时间的增加，鼠尾草酸、迷迭香酸和熊果酸得率逐渐增加，超过 10 min 时得率增长不显著，综合考虑三种活性物质的得率和能源消耗等因素，选择微波提取时间为 10 min。

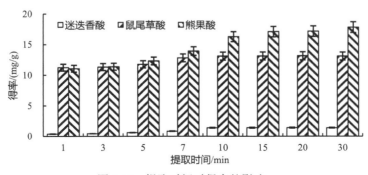

图 5.10　提取时间对得率的影响

4. 微波功率对提取效果的影响

图 5.11 为体积分数 80%乙醇，料液比 1∶20，微波时间 20 min，提取一次的提取结果。由图可知，随着微波功率的增加，迷迭香酸、鼠尾草酸和熊果酸的得率呈现先上升后下降的趋势，功率在 540 W 达到最大得率。微波加热方式与一般加热方式原理不同，具有强力、瞬时、高效的特点，当功率较大时，可能会使某些化合物发生降解，造成得率降低的现象，所以在微波功率达到 700 W 时三种活性成分有所降低。综合考虑三种活性物质的得率，选择 540 W 作为微波提取功率。

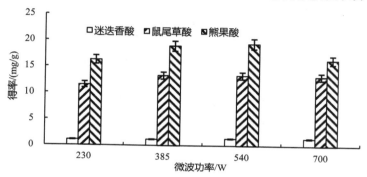

图 5.11　微波功率对得率的影响

5. 提取次数对得率的影响

在体积分数 80%乙醇，超声功率 200W，料液比 1∶10，增加提取次数，考察提取次数对迷迭香酸及鼠尾草酸提取效果的影响，结果如图 5.12 所示。

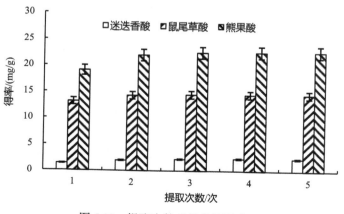

图 5.12　提取次数对得率的影响

由图 5.12 可知，随着提取次数的增加，迷迭香酸、鼠尾草酸和熊果酸的得率呈上升趋势，但提取两次后上升不显著。因此提取次数选择 2 次较合理。规模生产时亦可考虑提取 2 次，第 2 次提取液作为下一批次的提取溶剂使用，以降低成本。

6. 最佳条件的验证

根据单因素实验确定了最佳工艺条件为乙醇体积分数 80%、料液比 1：20 g/mL、提取次数为 2 次、微波时间 10 min、超声功率 520 W。在最佳条件下提取，重复实验三次取平均值，验证实验结果。迷迭香酸、鼠尾草酸、熊果酸得率分别为 2.25 mg/g、14.48 mg/g、21.97 mg/g。

5.3.1.4　小结

本研究将微波辅助提取首次应用到迷迭香叶中迷迭香酸、鼠尾草酸和熊果酸的提取过程，得到了很好的效果。考察了微波提取时间、乙醇体积分数、料液比和微波功率等因素对提取工艺的影响，通过单因素法进行工艺优化，得到了提取过程优化的工艺条件：乙醇体积分数 80%、料液比 1：20（g：mL）、提取次数为 2 次、微波时间 10 min、微波功率 520 W。最佳条件下迷迭香酸、鼠尾草酸、熊果酸得率分别为 2.25 mg/g、14.48 mg/g、21.97 mg/g。

5.3.2　pH 控制匀浆法提取迷迭香体内主要活性物质的技术研究

迷迭香体内富含多种高效、安全的抗氧化成分，能够有效清除体内自由基，具有消炎、抗肿瘤、抗艾滋病毒等功效。迷迭香体内脂溶性的抗氧化成分中含量最高活性最强的属鼠尾草酸[40-44]。鼠尾草酸在分离过程中受操作条件的影响较大，容易转变成其氧化中间产物鼠尾草酚，使抗氧化作用降低[45]。

提取鼠尾草酸的常用方法有溶剂浸提法、回流法、超声法等。溶剂浸提法耗时长，效率低；超声法就目前而言工业化设备能耗高，噪声大，环境欠友好；回流法是目前鼠尾草酸提取的主流方法，但是鼠尾草酸向鼠尾草酚的转化严重，导致产品往往难以达到国际市场要求。寻找更加有效的提取鼠尾草酸的方法成为近年来的研究热点。

匀浆提取是指生物组织通过加入溶剂进行组织匀浆或磨浆，以提取活体组织中有效成分的一种提取方法。该方法一般应用于从动物组织中提取氨基酸、蛋白质等目的成分[46,47]，近年来祖元刚等将植物组织应用匀浆提取法对萜烯醇、黄酮类物质进行提取，收到了很好的效果[48,49]，应用匀浆法提取植物活性成分，可以直接将物料置于匀浆机内，与提取溶媒在匀浆装置中混合匀浆，通过机械及液力剪切作用将物料撕裂和粉碎，使物料破碎和有效成分的提取同步进行，达到对植物有效成分快速、强化提取的目的。匀浆提取法提取速度快，温度低，能耗低，目的成分得率高。本节利用匀浆法对迷迭香枝叶中鼠尾草酸进行了提取，对匀浆提取过程中的各因素进行了优化，取得满意结果，为扩大生产提供了有参考价值的提取工艺。

5.3.2.1 仪器与材料

1. 仪器

匀浆机根据本室专利 ZL 02275225.0 自制；高效液相色谱仪(PU-980 控制泵，UV-975 紫外检测器，日本 Jasco 公司)；色谱柱 Diamonsil^R C$_{18}$(250 mm×4.6 mm，5 μm)；旋转蒸发仪(上海青浦沪西仪器厂)；KQ-250DB 型数控超声波清洗器(昆山市超声仪器有限公司)；DGW-99 型台式高速微型离心机(宁波新芝科器研究所)；循环水式多用真空泵(郑州长城科工贸有限公司)。

2. 材料与试剂

迷迭香枝叶 2006 年 9 月采自浙江海正药业富阳种植基地，为 3 年生植株，采收后自然阴干，经测定含水率为 9.5%。鼠尾草酸对照品购自 SIGMA 公司，纯度 91%，鼠尾草酚对照品购自 Alexis 公司，纯度 95%；含量测定用乙腈、磷酸为色谱纯，购自美国 Dima Technology Inc 公司，二次蒸馏水自制；其余试剂均为国产分析纯。

5.3.2.2 实验部分

1. 分析方法

鼠尾草酸和迷迭香酸含量的测定按照上节建立的方法进行。

2. 原料预处理

迷迭香枝叶筛选去除沙石等机械杂质后剪切成长度为 1~2 cm 段后采用水上蒸馏法蒸出挥发油，晾干装袋置于阴凉通风处备用。

3. 匀浆提取参数优化

1) 乙醇浓度

鼠尾草酸主要作为抗氧化剂添加到食品中，因此选用无毒溶剂乙醇作为提取溶剂。分别取预处理后的迷迭香原料 10 g 置于匀浆机中，加入体积分数为 50%、60%、70%、80%、90%和无水乙醇 200 mL 匀浆提取 4 min，过滤，滤液用离心机 10 000 r/min 高速离心，5 min 后取上清进行 HPLC 检测，每次试验做三个平行。

2) 提取溶剂 pH

分别取预处理后的迷迭香原料 10 g 置于匀浆机中，加入分别加入用盐酸溶液或 NaOH 溶液调节 pH 为 2.0、3.0、4.0、5.0、6.0、8.0、9.0、10.0、11.0、12.0 的体积分数为 80%乙醇溶液 200 mL 匀浆，余下操作同前。

3) 提取溶剂中调节酸种类

分别取预处理后的迷迭香原料 10 g 置于匀浆机中，加入分别用硫酸、盐酸、乙酸、磷酸、酒石酸和柠檬酸调节 pH 3.0 的体积分数为 80%乙醇溶液 200 mL，余下操作同前。

4)匀浆提取时间

分别取预处理后的迷迭香原料 10 g 置于匀浆机中，加入盐酸调节 pH 3.0 的体积分数为 80%乙醇 200 mL，匀浆 10 min，每 2 min 取样 200 μL，余下操作同前。

5)料液比

分别取预处理后的迷迭香原料 10 g 置于匀浆机中，选择不同的料液比(1∶6、1∶8、1∶10、1∶12、1∶14)，分别加入盐酸调节 pH 3.0 的体积分数为 80%乙醇，匀浆机中匀浆 4 min，余下操作同前。

4. 匀浆提取与其他常规方法的比较

取预处理后的迷迭香原料 10 g 若干份，粉碎，分别加盐酸调节 pH 3.0 的体积分数为 80%乙醇 200 mL 进行如下处理：超声提取(在频率 80 kHz 下，40℃超声提取 30 min)、回流提取(80℃回流提取 3 h)、常温冷浸提取(室温冷浸 24 h)、水浴振荡提取(50℃水浴振荡提取 8 h)，上述提取液均冷却至室温，HPLC 检测，每次试验做三个平行。

5.3.2.3　结果及讨论

1. 乙醇浓度

不同乙醇浓度对迷迭香枝叶中鼠尾草酸的匀浆提取结果如图 5.13 所示。由图 5.15 可知，随着乙醇体积分数的升高，鼠尾草酸的溶出程度(提取量)增加，其原因在于鼠尾草酸属脂溶性物质，增加乙醇的体积分数，提取溶剂的极性则逐渐降低，根据相似相容原理，乙醇浓度越高，对鼠尾草酸的提取效果越好；鼠尾草酸纯度则在 80%乙醇体积分数处出现峰值，乙醇体积分数过大，提取物中除鼠尾草酸以外的其他低极性物质的溶出量也在增多，导致鼠尾草酸纯度降低，因此我们选择 80%体积分数的乙醇作为鼠尾草酸的提取溶剂。

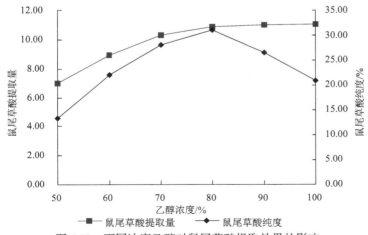

图 5.13　不同浓度乙醇对鼠尾草酸提取效果的影响

2. 提取溶剂 pH 的选择

由图 5.14 可以看出，鼠尾草酸在 pH 6~8 向鼠尾草酚转化最严重，图中可以看出近乎 50%的鼠尾草酸发生了转变，而在酸性条件下提取液中鼠尾草酚含量很低，因此适当的酸性有助于保护鼠尾草酸不向鼠尾草酚转化，酸性太强对设备的腐蚀性增加，因此提取溶剂的 pH 以 3~4 为宜。

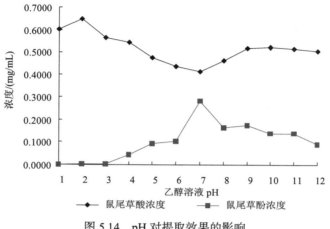

图 5.14　pH 对提取效果的影响

3. 提取溶剂中调节酸种类的选择

由图 5.15 可以看出，盐酸和柠檬酸对鼠尾草酸的保护作用更好，而磷酸和乙酸几乎无效，其原因有待于进一步研究。而盐酸和柠檬酸相比，达到相同的 pH，盐酸的用量少，成本低，所以我们选择以盐酸作为酸性调节物质进行鼠尾草酸的提取。

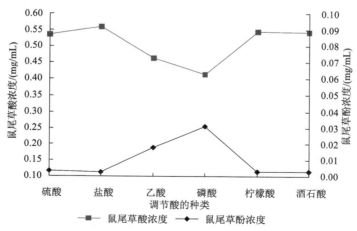

图 5.15　不同种类酸对鼠尾草酸提取效果的影响

4. 匀浆时间

从图 5.16 中可以看出，鼠尾草酸的提取量随着匀浆时间的增加而提高，且在匀浆 4 min 时候提高较为明显，随后增加趋势则较为平缓，但是，随着匀浆时间的增加，物料被破碎的程度也就越细，下一步的固液分离操作难度也就越大，所以，我们选择匀浆时间为 4 min。

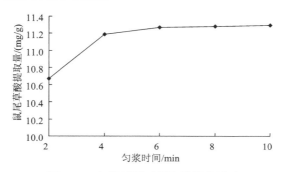

图 5.16　匀浆时间对提取效果的影响

5. 液料比的选择

鼠尾草酸在乙醇中的溶解性较好，从图 5.17 中可以看出，随着料液比的增大，鼠尾草酸的提取量也一直在增加，只是增加的趋势逐渐平缓，当料液比达到 1∶12 后，再增加料液比，鼠尾草酸的提取量的增加很少，因此从节约成本，提高生产效率的角度考虑，我们选择料液比为 1∶12，以适应于工业化生产。

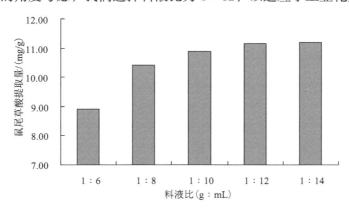

图 5.17　料液比对鼠尾草酸提取量的影响

6. 匀浆提取与其他常规提取方法的比较

超声提取、回流提取、常温冷浸提取、水浴振荡提取、匀浆法提取对鼠尾草酸的提取率比较结果见表 5.4。从表 5.4 可以看出，匀浆提取和其他提取方法相比，匀浆提取所用时间短，不需加温，提取率高，因此，匀浆提取在提高产率、节省时间等方面具有明显的优势。

表 5.4 　鼠尾草酸不同提取方法各项指标的比较

提取方法	提取温度/℃	过程总用时/h	提取次数	得率/%
匀浆提取	20	0.07	1	92.67
回流提取	80	3	1	85.23
超声提取	40	0.5	1	94.36
水浴振荡提取	50	8	1	85.32
常温浸提	20	24	1	66.28

5.3.2.4　结论

采用 pH 控制匀浆法从迷迭香枝叶中提取鼠尾草酸，研究了提取过程中不同影响因子对提取效果的影响。确定的匀浆提取优化条件为：以盐酸调节 pH 3.0 的体积分数为 80%乙醇作为提取溶剂，料液比 1：12，匀浆 4 min，匀浆提取 1 次。

匀浆提取法鼠尾草酸提取率高于回流、水浴振荡和常温浸提提取，而与超声提取法相近，匀浆法提取耗能时间仅 4 min，匀浆提取法用于鼠尾草酸提取优势明显。

匀浆提取技术对迷迭香枝叶中鼠尾草酸的提取操作简单、快速、充分，省去了对物料进行粉碎的步骤，使物料破碎和有效成分的提取同步进行，使用盐酸将提取溶剂调节为酸性(pH 3~4)可有效避免鼠尾草酸在提取过程中的氧化降 解。

5.3.3　超声辅助法提取迷迭香体内主要活性物质的技术研究

鼠尾草酸和迷迭香酸的提取研究主要是采用乙醇回流提取[33,34,50-52]、多种有机溶剂分步提取[36]和超临界 CO_2 萃取法[37,38]等。回流法是目前鼠尾草酸和迷迭香酸提取的主流方法，但是其中鼠尾草酸在分离过程中受操作条件的影响较大，容易转变成其氧化中间产物鼠尾草酚，使抗氧化作用降低[45]，导致产品往往难以达到国际市场要求；超临界 CO_2 萃取的致命缺点是受处理量的限制，产量低，目前工业开发难度较大。因此，寻找更加有效的提取鼠尾草酸和迷迭香酸的方法成为近年来的研究热点。

超声辅助提取是近年来发展起来的新型提取技术，超声波所独具的物理特性能促使植物细胞组织破壁或变形，使有效成分提取更充分，提取速度快，能耗较低。超声提取技术原本用于植物成分含量测定时样品的提取过程，一段时期国内外均碍于无产业化的大型设备难以在实际生产中应用。近年来，机械搅拌和超声循环强化提取、连续式逆流超声提取等多种专用的产业化提取设备相继出现使超声提取植物功效成分成为现实。本节利用超声法以鼠尾草酸和迷迭香酸为指标成分，同时以各指标成分的得率和浸膏得率为响应因子对迷迭香体内主要抗氧化成分鼠尾草酸和迷迭香酸进行了提取，在单因素实验的基础上对超声提取过程中的各因素采用响应面法进行了优化，取得满意结果，为规模生产提供了有价值的工艺参数。

5.3.3.1　仪器与材料

1. 仪器

KQ-250DB 型台式数控超声波清洗器(昆山市超声仪器有限公司)；3K30 型离心机(SIGMA 公司)；717 型自动进样高效液相色谱仪：包括 1525 二元泵和 2487 型紫外光检测器，美国 WATERS 公司；BS124S 电子天平(北京赛多利斯仪器系统有限公司)；HF-20B 超声动态循环提取装置(北京弘祥隆生物技术开发有限公司)。

2. 材料与试剂

迷迭香枝叶 2008 年 9 月采自浙江海正药业富阳种植基地，为 3 年生栽培种，采收后自然阴干，粉碎至 250~850 μm，含水率 9.5%；鼠尾草酸对照品、迷迭香酸对照品 SIGMA 公司，纯度分别为 91%、98%；乙腈、磷酸、甲酸 Dima Technology Inc 公司，色谱纯；二次蒸馏水自制；其余试剂均为国产分析 纯。

5.3.3.2　实验部分

1. 水蒸气蒸馏法蒸除挥发油

将 2 kg 粉碎至 250~850 μm 的迷迭香枝叶在釜外喷洒 0.1 kg 去离子水水散 24 h 后置于自制水蒸气蒸馏装置中，直接通入蒸汽，通气时间 3 h，蒸汽流量 1.5 m³/h，于油水分配器中分出挥发油。蒸馏结束后，冷却，取出迷迭香，于 60℃减压干燥，作为后续提取的原料。

2. 活性物质含量测定

活性物质含量的测定按照上节建立的方法进行。

3. 影响提取工艺效果的因素试验

1)单因素试验

准确称取 10.0 g(绝干计)迷迭香干燥原料，置于 250 mL 锥形瓶中，于超声波清洗器中在多种条件下提取，以确定提取因素变化范围及各因素的适宜值。将每次提取液过滤，滤液减压回收溶剂并于 60℃减压干燥，计量浸膏重量，测定鼠尾草酸和迷迭香酸的含量，并计算得率。

2）工艺优化实验

以乙醇浓度、超声时间、超声功率和料液比等因素作为考察对象，采用 Design Expert 7.0 统计分析软件的响应面分析法安排试验，以获取最适工艺参数。试验水平因素安排见表 5.5。

表 5.5　实验因素水平编码

水平	X_1：乙醇体积分数/%	X_2：超声时间/min	X_3：超声功率/W	X_4：料液比(m/V)
−1	60	40	175	1∶9
0	70	50	200	1∶10
1	80	60	225	1∶11

3）中试放大验证

放大验证实验在超声动态循环提取装置中进行。该装置有效容积 20 L，超声功率 0~1800 W，配有 0~1500 r/min 的循环电机。取 1 kg 迷迭香原料（绝干计）装入超声动态循环提取装置中，按优化条件提取，重复实验 3 次取平均值，由于中试设备为动态循环式设备，根据预实验恒定循环电机转数 800 r/min。

5.3.3.3　结果与讨论

1. 单因素对提取效果的影响

1）乙醇体积分数对提取效果的影响

因迷迭香体内鼠尾草酸及迷迭香酸易溶于乙醇、甲醇、丙酮等有机溶剂中。乙醇无毒，对植物细胞有较强的穿透能力，对许多成分溶解性能好且能抑制酶的催化作用，所以本研究采用乙醇为提取溶剂。不同浓度的乙醇溶液极性不同，对极性不同的物质具有不同的得率。实验按料液比 1∶10 在超声功率 250 W，超声提取 30 min，提取 1 次时，乙醇体积分数对鼠尾草酸及迷迭香酸的提取效果如图 5.20 所示。

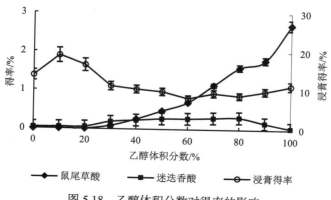

图 5.18　乙醇体积分数对得率的影响

由图 5.18 可以看出，随着乙醇体积分数的增加，鼠尾草酸得率逐渐提高，而迷迭香酸得率在乙醇体积分数在 40%~80%时得率近乎相同，但乙醇体积分数超过 80%时迷迭迭香酸得率骤然下降，而浸膏得率在乙醇体积分数 60%~80%维持较低水平。因此选择乙醇体积分数 60%~80%为待优化范围。

2) 超声提取时间对提取效果的影响

提取时间决定着生产周期的长短，决定着生产成本和能源的消耗，是生产工艺研究中一个十分重要的影响因素。当溶剂为 80%体积分数乙醇，超声功率 250 W，料液比 1∶10 的情况下，不同超声提取时间对迷迭香酸及鼠尾草酸得率的影响如图 5.19 所示。可以看出随着超声时间的增加，鼠尾草酸和迷迭香酸得率逐渐增加，超过 50 min 鼠尾草酸得率有降低趋势，推测在长时间超声作用下鼠尾草酸发生部分降解或异构化。因此超声时间在 40~60 min 作为进一步考察范围。

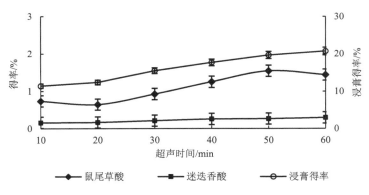

图 5.19　超声时间对得率的影响

3) 超声功率对提取效果的影响

图 5.20 为乙醇体积分数 80%，料液比 1∶10，超声时间 50 min 的提取结果。由图 5.20 可知，随着超声功率的增加，迷迭香酸及鼠尾草酸的得率先升后降，功率在 200 W 左右有最大得率。这是因为对于一定频率和一定发生面的超声波来说，功率增大，声强随着增大。单位时间内超声产生的空化事件增多，从而有利于得率的提高。但是不能无限制的增大超声功率，一则太高的声强产生的大量空泡通过反射声波可能减少能量的传递，二则功率过大，导致声强过高，超声的高能量可能造成迷迭香酸及鼠尾草酸的降解或异构化。为了进一步明确超声功率对迷迭香酸及鼠尾草酸得率的影响，选取超声功率在 175~225 W 进行优化设计。

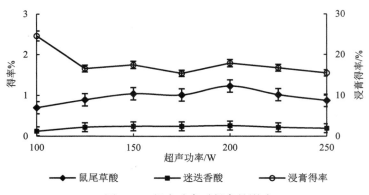

图 5.20　超声功率对得率的影响

4）料液比对提取效果的影响

在乙醇体积分数 80%，超声功率 200 W，提取 1 次 50 min，变化料液比，观察不同料液比对迷迭香酸及鼠尾草酸得率的影响。

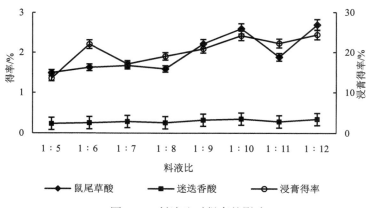

图 5.21　料液比对得率的影响

由图 5.21 可以看出料液比对迷迭香酸得率的影响不是很显著，但料液比对鼠尾草酸得率影响变化显著，在 1∶10 时出现一个最大值，浸膏得率则随料液比增加缓慢增大。综合考虑原料的渗透作用要求料液比不能过小和规模生产中节约溶剂等问题，料液比选择 1∶11~1∶9 进一步优化。

5）pH 对得率的影响

在乙醇体积分数 80%，超声功率 200 W，提取一次 50 min，料液比 1∶10，变化 pH，观察不同 pH 对迷迭香酸及鼠尾草酸得率的影响。

由图 5.22 可以看出 pH 变化对迷迭香酸得率的影响并不明显，但 pH 对鼠尾草酸的得率影响变化显著，在 pH 7 时，鼠尾草酸得率达到最大值，浸膏得率也维持较低水平，为简化工艺，可采取不调节溶剂 pH 的方式进行提取。

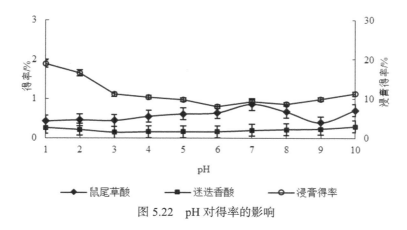

图 5.22 pH 对得率的影响

6) 提取次数对得率的影响

在乙醇体积分数 80%，超声功率 200 W，料液比 1：10，增加提取次数，考察提取次数对迷迭香酸及鼠尾草酸提取效果的影响，结果如图 5.25 所示。

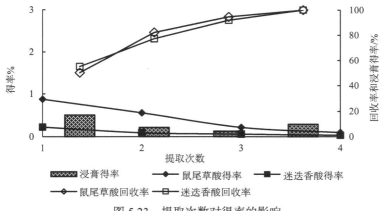

图 5.23 提取次数对得率的影响

由图 5.23 可知，随着提取次数的增加，迷迭香酸及鼠尾草酸的得率逐渐下降，回收率逐渐提高，而对比浸膏得率的柱形图可以看出，第 4 次提取杂质成分明显增多。因此提取次数选择 3 次较合理。规模生产时亦可考虑提取 3 次，最后 1 次的提取液作为下一批次的提取溶剂使用，以降低成本。

2. 超声提取条件优化

1~24 号是析因试验，25~29 号是中心试验。29 个试验点分为析因点和零点，其中析因点为自变量取值在 X_1、X_2、X_3 所构成的三维顶点；零点为区域的中心点，零点试验重复 5 次，用以估计试验误差。由 Box-Behnken 设计方案所得结果见表 5.6。

在工业生产中浸膏得率体现的是杂质的溶出情况，理论上在迷迭香功效成分得率相同的条件下，浸膏得率越少，杂质的溶出量就越少，可为后续的纯化工作提供方便，所以在选择优化条件的时候，除了考察功效成分的得率外，浸膏得率也是一个重要的考察因素，应尽可能选择浸膏得率小的提取条件，因此在优化实验中设置了总得率和浸膏得率双响应值。

表 5.6 响应面实验方案及结果分析

试验编号	因素				响应值	
	X_1：乙醇体积分数/%	X_2：超声时间/min	X_3：超声功率/W	X_4：料液比(m/V)	Y_1：总得率/%	Y_2：浸膏得率/%
1	80	50	200	9	1.71	18.14
2	70	50	200	10	2.7	19.92
3	80	50	175	10	1.65	17.24
4	60	50	225	10	1.05	16.12
5	70	50	200	10	2.45	24.30
6	60	50	175	10	1.03	16.10
7	80	40	200	10	1.09	18.29
8	80	50	200	11	1.97	17.81
9	70	40	225	10	1.57	13.17
10	70	50	225	9	1.81	14.41
11	70	50	225	11	1.79	15.03
12	70	40	175	10	1.11	13.62
13	70	60	200	11	2.01	13.69
14	70	50	175	11	1.92	14.57
15	70	40	200	9	1.18	10.86
16	70	60	225	10	1.86	14.69
17	60	40	200	10	1.18	15.38
18	70	50	200	10	2.6	19.43
19	70	50	200	10	2.16	20.42
20	70	40	200	11	1.07	13.92
21	70	50	175	9	1.67	14.79
22	80	60	200	10	1.21	18.41
23	60	60	200	10	1.26	15.27
24	70	60	175	10	2.06	14.21
25	70	50	200	10	2.99	20.26
26	60	50	200	9	1.06	15.75
27	80	50	225	10	1.92	16.90
28	60	50	200	11	1.22	16.19
29	70	60	200	9	1.97	12.65

对实验数据进行多项拟合回归，以高效液相色谱检测到的峰面积计算出的总得率(Y_1)和浸膏得率(Y_2)为因变量，乙醇浓度(X_1)，超声时间(X_2)，超声功率(X_3)，料液比(X_4)为自变量，建立回归方程如下：

总得率：

$$Y_1 = 2.58+0.23\,X_1+0.26\,X_2+0.047\,X_3+0.048\,X_4+1.000\,\text{E}{-}002\,X_1X_2+0.063\,X_1X_3 \\ +0.025\,X_1X_4-0.16\,X_2X_3+0.037\,X_2X_4-0.068\,X_3X_4-0.76\,X_1{}^2-0.61\,X_2{}^2 \quad (5\text{-}6) \\ -0.38\,X_3{}^2-0.38\,X_4{}^2$$

浸膏得率：

$$Y_2=20.87+1.00\,X_1+0.31\,X_2-0.018\,X_3+0.38\,X_4+0.057\,X_1X_2-0.090\,X_1X_3-0.19\,X_1X_4 \\ +0.23\,X_2X_3-0.51\,X_2X_4+0.21\,X_3X_4-0.53\,X_1{}^2-3.96\,X_2{}^2-3.13\,X_3{}^2-3.51\,X_4{}^2 \quad (5\text{-}7)$$

回归方程可信度分析见表 5.7，其中总得率和浸膏得率的相关系数分别为85.94%和 88.76%。表明超过 85%的实验数据可用该模型进行解释，说明方程可靠性较高。变异系数越低，显示实验稳定性越好，本实验中变异系数分别为17.08%和 8.30%，较低，说明实验操作可信度高。综上说明了该回归方程为优化超声提取迷迭香鼠尾草酸和迷迭香酸工艺条件提供了一个良好的模型。

表 5.7　回归方程可信度分析

项目	总得率	浸膏得率
平均值	1.70%	16.26%
复相关系数	0.718 7	0.775 3
校正后相关系数	0.378 2	0.636 1
标准差	0.13	0.60
得率的变异系数	17.08	8.30

表 5.8　回归分析结果

方差来源	自由度 df	Y_1平方和 ss	Y_2平方和 ss	Y_1均方 MS	Y_2均方 MS	$Y_1\,F$值	$Y_2\,F$值	$Y_1\,Pr{>}F$	$Y_2\,Pr{>}F$
模型	14	7.21	201.42	0.51	14.39	6.11	7.9	0.000 9	0.000 2
X_1	1	0.63	11.96	0.63	11.96	7.48	6.57	0.016 1	0.022 6
X_2	1	0.84	1.13	0.84	1.13	9.94	0.62	0.007 1	0.444 3
X_3	1	0.026	3.68×10^{-3}	0.026	3.68×10^{-3}	0.31	2.02×10^{-3}	0.586 3	0.964 8
X_4	1	0.028	1.77	0.028	1.77	0.33	0.97	0.573 2	0.340 8
X_1X_2	1	4.00×10^{-4}	0.013	4.00×10^{-4}	0.013	4.75×10^{-3}	7.26×10^{-3}	0.946	0.933 3
X_1X_3	1	0.016	0.032	0.016	0.032	0.19	0.018	0.673 3	0.895 8
X_1X_4	1	2.50×10^{-3}	0.15	2.50×10^{-3}	0.15	0.03	0.081	0.865 7	0.779 6
X_2X_3	1	0.11	0.22	0.11	0.22	1.29	0.12	0.274 6	0.735 5

方差来源	自由度 df	Y_1平方和 ss	Y_2平方和 ss	Y_1均方 MS	Y_2均方 MS	Y_1 F 值	Y_2 F 值	Y_1 Pr>F	Y_2 Pr>F
X_2X_4	1	5.63×10^{-3}	1.02	5.63×10^{-3}	1.02	0.067	0.56	0.799 9	0.466 6
X_3X_4	1	0.018	0.18	0.018	0.18	0.22	0.097	0.649	0.760 2
X_1X_1	1	3.76	1.85	3.76	1.85	44.67	1.01	< 0.000 1	0.331 2
X_2X_2	1	2.41	101.89	2.41	101.89	28.57	55.95	0.000 1	< 0.000 1
X_3X_3	1	0.91	63.43	0.91	63.43	10.85	34.83	0.005 3	< 0.000 1
X_4X_4	1	0.95	79.79	0.95	79.79	11.29	43.81	0.004 7	< 0.000 1
残差	14	1.18	25.5	0.084	1.82	—	—	—	—
失拟项	10	0.8	10.18	0.08	1.02	0.85	0.27	0.619 9	0.959 4
净误差	4	0.38	15.32	0.094	3.83	—	—	—	—
总离差	28	8.39	226.92	—	—	—	—	—	—

采用 Design Expert 7.0 程序对实验结果进行方差分析，分析结果见表 5.9。表 5.8 中的 $Pr>F$ 值项表示大于 F 值的概率，从中可以看出总得率：X_1（乙醇体积分数）、X_2（超声时间）和 X_3X_3 对 Y_1 值的影响显著（$Pr>F$ 的值小于 0.05），X_1X_1、X_2X_2 和 X_4X_4 对 Y_1 值的影响高度显著（$Pr>F$ 的值小于 0.005）；浸膏得率：X_1（乙醇体积分数）对 Y_2 值的影响显著（$Pr>F$ 的值小于 0.05），X_2X_2、X_3X_3 和 X_4X_4 对 Y_2 值的影响高度显著（$Pr>F$ 的值小于 0.005），表明实验因子对响应值不是简单的线性关系，因子间一次项和交互作用项的影响相对较小，这和回归方程中二次项影响高度显著相一致。

经过 Box-Behnken 设计优化提取条件，最佳的提取工艺参数为：乙醇体积分数为 72.29%、料液比为 1∶10.05、超声时间和功率分别为 51.27 min 和 200.55 W，此时迷迭香总得率理论值可达到：2.62%；浸膏得率的理论值可达到 21.05%。

3. 最佳条件的放大验证

由于小试使用的超声提取设备为超声波清洗器，而中试使用循环式超声强化提取装置，两者虽然有所差异，但原理是相同的。中试设备的物料采用电机强制循环而小试设备的物料仅靠超声空化效应而上下浮动。根据预实验结果，给定循环电机转数 800 r/min，在最佳超声条件下提取，重复实验三次取平均值，验证实验结果。得率为 2.70%，与理论值相差 0.08%；浸膏得率为 21.54%，与理论值相差 0.49%。

5.3.3.4　结论

采用超声法以迷迭香酚酸类化合物鼠尾草酸和迷迭香酸为指标成分，同时以各指标成分的总得率和浸膏得率为响应因子进行了提取，在单因素实验的基础上对超声提取过程中的各因素采用响应面进行了优化，得到的最佳超声提取工艺条件为：乙醇体积分数为 72.29%、料液比为 1∶10.05、超声时间为 51.27 min 和超声功率为 200.55 W，最佳条件下的验证实验表明：迷迭香鼠尾草酸和迷迭香酸总得率可达到 2.70%，浸膏得率可达到 21.54%。

5.4　迷迭香体内主要活性物质的纯化技术研究

本节以脂溶性酚酸为目的产物，以清除自由基活性为目标，采用大孔吸附树脂法对迷迭香提取物进行纯化，从国产 9 种大孔吸附树脂中筛选出 1 种对迷迭香脂溶性总酚酸具有良好吸附和解吸性能的树脂，考察了此树脂对迷迭香脂溶性总酚酸的静态、动态吸附与解吸性能及部分影响因素，并对纯化后产品清除自由基的活性进行了研究。为迷迭香总酚酸纯化方法的完善提供了理论参考，有利于迷迭香总酚酸的进一步开发与应用。

5.4.1　仪器与材料

5.4.1.1　仪器

UV-2550 型紫外分光光度计（日本岛津公司）；WATERS1525 高效液相色谱仪（美国 WATERS 公司）；RE-52AA 型旋转蒸发仪（上海青浦沪西仪器厂）；高速中药粉碎机（浙江永康溪岸药具厂）；HZS-HA 型水浴振荡器（哈尔滨东联电子有限公司）；BS-100A 型自动流份收集器（巩义市予华仪器有限责任公司）。

5.4.1.2　材料与试剂

迷迭香枝叶，2007 年 9 月采收于浙江富阳，为 3 年生栽培种。

大孔吸附树脂：X-5、D4020、AB-8、H1020、D3520、NKA-II 树脂，南开大学化工厂；HPD-100A，HPD800 树脂，沧州宝恩化工有限公司；SIPI 树脂，上海亚东核级树脂有限公司。

没食子酸对照品，中国药品生物制品检定所；Vit C、BHT 和鼠尾草酸标准品，美国 SIGMA 公司；鼠尾草酚标准品，美国 Alexis 公司；DPPH 与乙腈试剂，北京百灵威公司；检测用水为二次蒸馏水，其他试剂均为国产分析纯。

5.4.2　实验部分

5.4.2.1　迷迭香脂溶性总酚酸提取物的制备

迷迭香枝叶于高速中药粉碎机中粉碎，筛分后称取 60~80 目粗粉 10 g，放入锥形瓶中，分别加入 80%乙醇溶液 100 mL，超声提取 3 次，每次 30 min，合并 3 次提取液，过滤，滤液经减压浓缩回收乙醇，再用等体积的乙酸乙酯萃取浓缩液 3 次，合并萃取液，经减压浓缩后得浸膏，备用。平行操作 3 次，分别测定脂溶性总酚酸的质量分数，其总酚酸的平均质量分数为 47.74%。

5.4.2.2 迷迭香脂溶性总酚酸的定量分析

采用 Folin-Ciocalteus 法对迷迭香提取物、解吸物及纯化样品中的迷迭香脂溶性总酚酸质量分数进行测定，以没食子酸为对照品[53]。标准曲线为：$y=0.004\,9\,x+0.007\,5$，相关系数为 0.999 3，x 为没食子酸的质量浓度(μg/mL)，y 为吸光值，线性范围为 5~50μg/mL。

采用高效液相色谱法检测样品液中鼠尾草酸及鼠尾草酚含量[54]。

色谱条件色谱柱：C_{18} 不锈钢柱，4.6 mm×250 mm，填料粒径 5μm；流动相：乙腈：10 mmol/L 冰乙酸(52：48，V/V)；检测波长，285 nm；流速为 1.0 mL/min；柱温为 25℃。

5.4.2.3 大孔吸附树脂的预处理

无水乙醇浸泡树脂 24 h，充分溶胀后湿法装柱，并使树脂分布均匀，无气泡。用无水乙醇冲洗至流出液与蒸馏水混合无白色混浊为止。用蒸馏水以同样流速冲洗至无乙醇味，然后用 5 BV 体积分数为 4%的 HCl 以 5 BV/h 的流速淋洗，用蒸馏水洗至 pH 6~7，再用质量分数 2%的 NaOH 以 5 BV 体积、5 BV/h 的流速淋洗，最后用蒸馏水洗至中性，备用[55]。

5.4.2.4 树脂的筛选

取不同型号的湿树脂 5 g 分别装入加有 100 mL 一定质量浓度的提取物溶液中，水浴振荡 24 h(25℃、110 r/min)，取上清液测定总酚酸浓度。滤去提取液后树脂经蒸馏水洗 2 次，再放入 100 mL 体积分数 80%乙醇中，于相同条件下解吸，测定解吸液的总酚酸浓度。分别按下式计算树脂吸附量和解吸率。

$$吸附量(mg/g) = \frac{(C_0 - C_1)V}{M(1-a)} \qquad (5\text{-}8)$$

$$解吸率 = \frac{C_2}{(C_0 - C_1)} \times 100\% \qquad (5\text{-}9)$$

式中，C_0、C_1、C_2 分别为吸附前迷迭香总酚酸含量、吸附后迷迭香总酚酸含量、解吸液的迷迭香总酚酸含量(mg/mL)；V 为迷迭香提取液体积(mL)；M 为湿树脂质量(g)；a 为树脂的含水率(%)。

5.4.2.5 吸附动力学曲线

将 6.0 g 湿树脂置于 120 mL 一定浓度的迷迭香提取液中，振荡吸附(25℃、

110 r/min)，定时取上清液，测定其总酚酸质量浓度，绘制吸附动力学曲线。

5.4.2.6 吸附等温线

分别将 3 g 湿树脂置于 100 mL 锥形瓶中，并加入 30 mL 不同浓度的迷迭香总酚酸提取液，水浴振荡吸附(25℃、110 r/min)，5 h 后测定上清液总酚酸浓度，绘制吸附等温线。

5.4.2.7 解吸剂的筛选

分别将 40 mL 体积分数为 40%、70% 和 90% 的乙醇溶液加入到装有 2 g 饱和吸附树脂的锥形瓶中，振荡解吸(25℃、110 r/min)，定时取解吸液，测其迷迭香总酚酸含量，绘制静态解吸曲线。

5.4.2.8 动态吸附与解吸

取一定量树脂，湿法装柱(高径比 15∶1，柱直径为 18 mm)，将质量浓度为 1.24 mg/mL、2.62 mg/mL、3.54 mg/mL 和 4.45 mg/mL 的迷迭香提取物溶液以 1 mL/min 的流速分别过柱，并采用自动流份收集器进行接收，每管定时收集 2 min。

将已知浓度的迷迭香提取液经动态饱和吸附后，用蒸馏水洗涤树脂至流出液无色，再用体积分数 90% 的乙醇溶液以 1 mL/min 的流速洗脱，并采用自动流份收集器进行接收，每管定时收集 8 min。测定洗脱液中迷迭香总酚酸含量，并绘制洗脱曲线。

5.4.3 结果与讨论

5.4.3.1 树脂的选择

本实验选择 X-5、D4020、AB-8、H1020、NKA-II、HPD-100A、SIPI、HPD800 和 D3520 9 种树脂进行静态吸附及解吸实验，实验结果见表 5.9。

表 5.9 树脂的静态吸附解吸特性

树脂名称	含水率 / %	饱和吸附量 /(mg/g)	解吸率 / %
X-5	63.75	10.79	58.08
D4020	76.56	6.98	66.74
AB-8	73.90	10.72	75.11
H1020	55.64	19.84	72.59
NKA-II	55.00	13.97	68.83
HPD-100A	70.97	9.27	65.94
SIPI	64.29	8.46	59.23
HPD800	68.72	4.97	77.85
D3520	74.08	12.10	74.04

可以看出，在 9 种树脂中，H1020、NKA-II 和 D3520 对迷迭香脂溶性总酚酸均具有相对较强的吸附和解吸能力，其中 H1020 树脂具有最高的饱和吸附量和较好的解吸率。由于迷迭香所含的脂溶性酚酸类物质中，含量相对较高且抗氧化活性较为确定的化合物是鼠尾草酸及鼠尾草酚[24,56]，因此，为了考察主要脂溶性酚酸类物质的吸附水平，对 9 种树脂静态吸附后的溶液分别采用 HPLC 检测其中鼠尾草酸和鼠尾草酚的含量变化，其结果如图 5.24 所示。可以看出，经过 H1020 树脂静态吸附后的迷迭香提取液，鼠尾草酸和鼠尾草酚的残留量降低最为显著，表明 H1020 树脂能够较好地吸附这两种主要的酚酸类物质。综上原因，本实验选择 H1020 树脂进行迷迭香总酚酸的纯化。

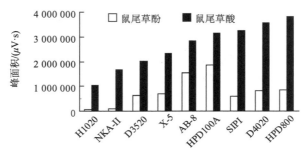

图 5.24　静态吸附后溶液中的鼠尾草酸和鼠尾草酚含量

5.4.3.2　吸附动力学曲线

吸附速度是树脂吸附性能的重要参考指标。25℃时，H1020 树脂对迷迭香脂溶性总酚酸的静态吸附动力学曲线如图 5.25 所示。由图 5.27 可以看出，0~2 h，H1020 树脂对迷迭香脂溶性总酚酸的吸附量随时间增大而增大，3 h 后总酚酸吸附量趋于稳定，基本达到吸附平衡状态，饱和吸附量为 18.76 mg/g 干树脂。可见，H1020 树脂对迷迭香脂溶性总酚酸的吸附属于快速吸附平衡。

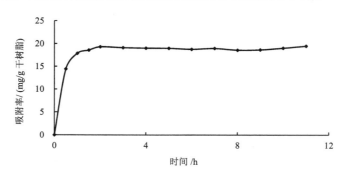

图 5.25　25℃下 H1020 树脂吸附动力学曲线

5.4.3.3　吸附等温线

25℃时，H1020 树脂对迷迭香脂溶性总酚酸的吸附等温线如图 5.26 所示。根据 Giles 等划分的 4 种等温线类型（L 形、S 形、H 形和 C 形）[57]，H1020 树脂对迷迭香脂溶性总酚酸的吸附属于 S 形吸附，类似 Brunauer 等划分的气体吸附等温线第 II 型吸附[58]，表现出多层吸附的特征。在等温线起始段斜率小，随浓度的增大，吸附等温线有一块快速升高的区域，这常是由于被吸附分子对液相中溶质分子吸引所造成的。当溶剂有强烈的竞争吸附能力，溶质以单一端基垂直或近似垂直地定向吸附于固体表面形成的结果。

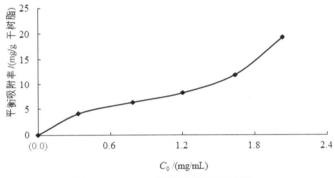

图 5.26　H1020 树脂的吸附等温线

5.4.3.4　解吸剂的确定

大孔吸附树脂在吸附抗氧化多酚类物质方面具有可逆性。考虑到甲醇、丙酮等常用洗脱液的毒性较大，提取后如果回收不完全会对人体造成损害。因此从安全及成本的角度考虑，本实验分别以体积分数为 40%、70% 和 90% 的乙醇溶液作为解吸剂进行解吸实验，其解吸曲线如图 5.29。由图 5.27 可知，体积分数为 40% 的乙醇

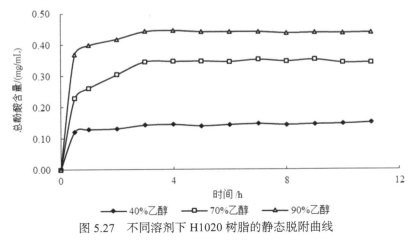

图 5.27　不同溶剂下 H1020 树脂的静态脱附曲线

溶液能在最短时间内达到解吸平衡(约 1 h)，但解吸液的迷迭香总酚酸浓度较低。体积分数为 70%和 90%的乙醇溶液均在 3 h 左右达到了解吸平衡，其中 90%乙醇溶液的解吸液中总酚酸浓度最高，因此，将其作为迷迭香总酚酸洗脱的解吸剂。

5.4.3.5　动态吸附与解吸

树脂的吸附过程为热力学放热过程，在较低温度下具有较大的吸附速率，所以本实验的动态吸附与解吸操作选择在 20℃环境下进行。将 4 种总酚酸浓度不同的迷迭香提取液，分别以 1 mL/min 的流速通过 H1020 树脂柱后，使用自动流份收集器进行接收，并将接收管进行标记，间隔测定各管中的总酚酸浓度。以管序号(即流出液体积)为横坐标，总酚酸浓度为纵坐标绘制吸附动力学曲线，如图5.28 所示。

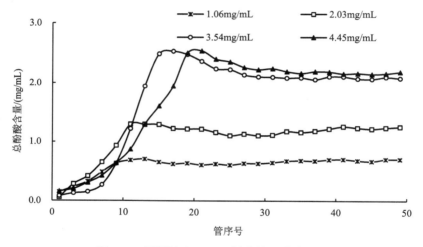

图 5.28　不同浓度 H1020 树脂的吸附动力学曲线

由此曲线可计算出动态吸附平衡时迷迭香总酚酸的吸附量。由图 5.28 可以看出，由于湿法装柱的树脂中残留部分蒸馏水，所以动态吸附初始阶段的流出液中，迷迭香总酚酸的含量较低，这并不是真正的动态吸附量，而是蒸馏水将流动相稀释所致，随着样品溶液持续的加入，蒸馏水的稀释作用逐渐消除，所以 4 种浓度的样品溶液均出现了一个跳跃性的峰值，这表明吸附活动还在继续进行。当流出液的总体积达到 60 mL 左右时，4 种溶液的吸附均达到了一个稳定的状态，吸附量变化不明显。由图可以看出，当吸附平衡时，4 种浓度的样品溶液表现出不同的吸附效果，随着样品溶液浓度的增大，饱和吸附量也不断增加。但上样质量浓度过高时，容易造成树脂的污染和堵塞，降低吸附能力，所以本实验选取4.45 mg/mL 作为动态洗脱实验的上样液浓度。

将质量浓度为 4.45 mg/mL 的迷迭香提取液以 1 mL/min 的速度上样，待饱和吸附后，用蒸馏水洗涤树脂至流出液无色，以去除其中杂质，再用 90%乙醇洗脱，洗脱速度为 1 mL/min，其洗脱曲线如图 5.29 所示。由图 5.29 可以看出，洗脱峰窄且集中，无拖尾，被解吸的脂溶性总酚酸主要集中在 1.0~1.8 BV 段，2.7 BV 的洗脱剂可将吸附的酚酸完全洗脱，故此解吸剂具有洗脱效率高、用量少和污染小的特点，便于洗脱剂的回收及目的产物的纯化。

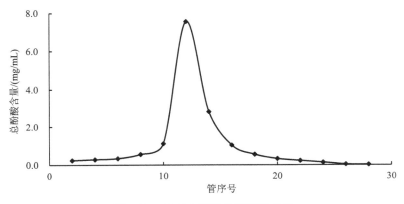

图 5.29　H1020 树脂动态解吸曲线

将 20 g 迷迭香叶按 5.3 节的方法制备提取物，按本节的方法进行纯化，洗脱液收集后，经低温干燥处理得固状物，采用 Folin-Ciocalteus 法测定其脂溶性总酚酸的质量分数为 70.46%。

5.4.3.6　迷迭香脂溶性总酚酸纯化样品清除 DPPH 自由基活性分析

将迷迭香脂溶性总酚酸纯化样品配制成不同浓度的溶液，检测其对 DPPH 自由基的清除效果，并与 BHT、Vit C 的清除效果比较，结果如图 5.30 所示。

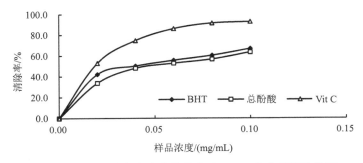

图 5.30　不同浓度迷迭香总酚酸对 DPPH 自由基清除作用

由图中数据计算出 Vit C、BHT 和迷迭香脂溶性总酚酸纯化样品 3 种物质的

回归曲线分别为 $y_1=-144.62\,x^2+22.91\,x+0.048\,9$，$y_2=-84.78\,x^2+14.246\,x+0.053\,4$，$y_3=-79.31\,x^2+13.53\,x+0.039\,8$。由图 5.32 可知，迷迭香脂溶性总酚酸纯化样品具有较强的清除 DPPH 自由基活性，IC_{50} 值（即清除 50% DPPH 自由基的浓度时对应的样品浓度值）为 0.046 9 mg/mL，弱于 Vit C（IC_{50}=0.023 0 mg/mL），但与 BHT（IC_{50}=0.041 6 mg/mL）较为接近。

5.4.4　结论

H1020 树脂用于迷迭香脂溶性总酚酸纯化时具有成本低、吸附量大、吸附速度快、分离稳定性好、易解吸的特点，为理想的纯化材料，其饱和吸附量为 19.84 mg/g，饱和吸附时间为 3 h，体积分数为 90% 的乙醇溶液为适宜的解吸剂，树脂对迷迭香脂溶性总酚酸的吸附属于"S"形吸附。上样液质量浓度对树脂的吸附效率存在较大影响，在一定质量浓度范围内，提高上样液质量浓度有利于改善树脂对迷迭香脂溶性总酚酸的吸附。当浓度为 4.45 mg/mL 的迷迭香脂溶性总酚酸提取液以 1 mL/min 的流速过柱，经动态纯化后，迷迭香脂溶性总酚酸的质量分数由 47.74% 提高到 70.46%，在实际应用中，若想得到更理想的纯化效果，可结合其他的纯化方法加以改进。该纯化组分清除 DPPH 自由基的 IC_{50} 值为 0.046 9 mg/mL，说明该纯化产物具有良好的抗氧化能力，在食品、药品、化妆品等诸多领域具有广阔的应用前景。

参 考 文 献

[1]　江苏新医学院. 中药大辞典. 上海: 上海科技出版社, 1986: 1738~1739.

[2]　高彦祥. 超临界 CO_2 萃取香料精油的研究. 食品与发酵工业, 1996(6): 6~12.

[3]　Brieskorn C H, Dömling H J. Natural and synthetic derivatives of carnosol acid. Unters Forsch, 1969, 144(1): 129~132.

[4]　Chipault J R, Mizuno G R, Lundberg W O. Antioxidant properties of spices in oil–in–water emulsions. Food Research, 1955, 20: 443.

[5]　曹树稳, 余燕影, 温辉梁, 等. 迷迭香提取物的抗乳腺癌活性研究. 营养学报, 2001, 23(3): 225.

[6]　刘鹰翔, 计志忠. 迷迭香酸药理作用的研究进展. 国外医药-植物药分册, 1993, 8(6): 248.

[7]　Lee J J, Jin Y R, Yong L, et al. Antiplatelet activity of carnosol is mediated by the inhibition of TXA2 receptor and cytosolic calcium mobilization. Vascular Pharmacology, 2006, 45(3): 148~153.

[8]　Georgantelis D, Blekas G, Katikou P, et al. Effect of rosemary extract, chitosan and α-tocopherol on lipid oxidation and color stability during frozen storage of beef burgers. Meat Science, 2007, 75 (2): 256~264.

[9]　陈美云. 迷迭香高效无毒抗氧化剂的开发利用. 林产化工通讯, 2000, 34(3), 28~30.

[10] Offord E A, Macé K, Avanti O, et al. Mechanisms involved in the chemoprotective effects of rosemary extract studied in human liver and bronchial cells. Cancer Letters. , 1997, 114(1~2): 275~281.

[11] Tsai P J, Tsai T H, Ho S C. *In vitro* inhibitory effects of rosemary extracts on growth and glucosyltransferase activity of *Streptococcus sobrinus*. Food Chemistry, 2007, 105(1): 311~316.

[12] Paris A, Strukel J B, Renko M, et al. Inhibitory effect of carnosolic acid on HIV-1 protease in cell-free assays. Journal of Natural Products. , 1993, 56(8): 1426~1430.

[13] Calabrese V, Scapagnini G, Catalano C, et al. Biochemical studies of a natural antioxidant isolated from rosemary and its application in cosmetic dermatology. Tissue Reaction, 2000, 22: 5~13.

[14] Troncoso N, Sierra H, Carvajal L, et al. Fast high performance liquid chromatography and ultraviolet–visible quantification of principal phenolic antioxidants in fresh rosemary. Journal of Chromatography A. , 2005, 1100(1): 20~25.

[15] Youn J, Lee K H, Won J, et al. Beneficial effects of rosmarinic acid on suppression of collagen induced arthritis. J Rheumatol, 2003, 30(6): 1203~1207.

[16] Sanbongi C, Takano H, Osakabe N, et al. Rosmarinic acid inhibits lung injury induced by diesel exhaust particles. Free Radic Biol Med, 2003, 34 (8): 1060~1069.

[17] Takano H, Osakabe N, Sanbongi C, et al. Extract of perilla frutescens enriched for rosmarinic acid, apolyphenolic phytochemical, inhibits seasonal allergic rhinoconjunctivitis in humans. Exp Biol Med(Maywood), 2004, 229 (3): 247~254.

[18] 张百嘉, 刘榴. 丹参水溶性部分药理研究进展. 中草药, 1996, 27 (10): 634~637.

[19] 邹正午, 徐理纳, 田金英. 迷迭香酸抗血栓和抗血小板聚集作用. 药学学报, 1993, 28(4): 241~245.

[20] 李颢, 陈学良, 李大庆, 等. 鼠尾草酸联合三氧化二砷对 HL-60 细胞的影响. 中华血液学杂志, 2006, 27(3): 194~196.

[21] Mccarthy T L, Kerry J P, Kerry J F, et al. Assessmentof the antioxidant potential of natural food and plantextracts in fresh and previously frozen pork patties. Meat Science, 2001, 57(2): 177~184.

[22] Kaloustian J, Portugal H, Pauli A M, et al. Chemical chromatographic, and thermal analysis of rosemary(*Rosmarinus officinalis*). Journal of Applied Polymer Science, 2002, 83(4): 747~756.

[23] Basaga H, Tekka C, Acikel F. Antioxidative and free radical scavenging properties of rosemary extract. Lebensmittel-W issenschaftund Technologie, 1997, 30(1): 105~108.

[24] Ninomiya K, Matsuda H, Shimoda H, et al. Carnosic acid, a new class of lipid absorption inhibitor from sage. Bioorganic & Medicinal Chemistry Letters, 2004, 26(14): 1943~1946.

[25] Shih Y H, Chein Y C, Wang J Y, et al. Ursolic acid protects hippocampal neurons against kainite-induced excitotoxicity in rats. Neuroscience letters, 2004, 362(2): 136~140.

[26] Somova L O, Nadar A, Rammanan P, et al. Cardiovascular, antihyperlipidemic and antioxidant effects of oleanolic and ursolic acids in experimental hypertension. Phytomedicine, 2003, 10 (2~3): 115~121.

[27] Liu J. Pharmacology of oleanolic acid and ursolic acid. Journal of ethnopharmacology, 1995,

49(2): 57~68.

[28] Saravanan R, Viswanathan P, Pugalendi K V. Protective effect of ursolic acid on ethanol-mediated experimental liver damage in rats, Life sciences. 2006. 78(7): 713~718.

[29] Lu J, Zheng Y L, Wu D M, et al. Ursolic acid ameliorates cognition deficits and attenuates oxidative damage in the brain of senescent mice induced by D-galactose. Biochemical Pharmacology, 2007, 74(7): 1078~1090.

[30] Ovesná Z, Kozics K, Slamenová D. Protective effects of ursolic acid and oleanolic acid in leukemic cells. Mutation Research/Fundamental and Molecular Mechanisms of Mutagenesis. 2006, 600(1~2): 131~137.

[31] Singleton V L, Rossi J A. Colorimetry of total phenolics with phosphomolybdic-phosphotungstic acid reagents. American Journal of Enology and Viticulture, 1965, 16(3): 144~158.

[32] 吴尊, 徐宁, 温美娟. 磷钼酸-磷钨酸盐比色法测定土壤中总酚酸含量. 环境化学, 2000, 19(1): 67~72.

[33] Tsimidou M, Papadopoulos G, Boskou D. Phenolic compounds and stability of virgin olive oil Part I. Food Chemistry, 1992, 45(2): 141~144.

[34] 廖霞俐, 凌敏, 赵金和, 等. 溶剂法提取迷迭香天然抗氧化剂工艺研究. 广西工学院学报, 2006, 17(2): 87~90.

[35] 肖香, 王洪新. 迷迭香抗氧化剂的提取工艺研究. 河南工业大学学报(自然科学版), 2006, 27(2): 54~59.

[36] 刘雪梅, 姜爱莉. 迷迭香抗氧化成分的提取及其活性研究. 粮油加工与食品机械, 2005, (4): 55~57.

[37] 潘利明, 梁晓原. 超临界二氧化碳萃取迷迭香体内二萜酚类成分的工艺研究. 云南中医中药杂志, 2006, 27(1): 48~49.

[38] 黄纪念, 屠鹏飞, 蔡同一. 超临界 CO_2 流体萃取迷迭香体内抗氧化活性成分的工艺研究. 中草药, 2004, 35(2): 150~153.

[39] 袁珂, 孙伟, 张晓明. 超临界二氧化碳萃取冬凌草中熊果酸的研究. 林产化学与工业, 2006, 26(2): 131~132.

[40] 刘兴宽, 郁建平, 连宾, 等. 贵州引种的迷迭香(*Rosmarinus officinalis* L.)中挥发油化学成分分析. 贵州大学学报(农业与生物科学版), 2002, 21(3): 186~190.

[41] 陆翠华. 迷迭香的引种栽培和抗氧化试验. 中国野生植物, 1992, (3): 17~21.

[42] 常静, 肖绪玲, 王夺元. 我国引种的迷迭香抗氧化成分的分离和抗氧化性能研究. 化学通报, 1992, (3): 30 ~ 33.

[43] Inatani R, Nakatani N, Fuwa H. Antioxidative effect of the constituents of rosemary (*R osmarinus officinalis* L.) and their derivatives. Argic. Biol. Chem, 1983, 47(3): 521~528.

[44] Richheimer S L, Matthew W, Bernart, et al. Antioxidant activity of lipid-soluble phenolic diterpenes from rosemary. Journal of the American Oil Chemists' Society, 1996, 73 (4): 507~514.

[45] Wei G J, Ho C T. A stable quinone identified in the reaction of carnosol, a major antioxidant in rosemary, with 2, 2-diphenyl-1-picrylhydrazyl radical. Food Chemistry, 2006, 96: 471~476.

[46] Hjekt H, Capkov V. New method of plantmitochondria isolation and sub-fractionation for

proteomic analyses. Plant Science, 2004, 167(3): 389~395.

[47] Sezgint R, Dinc K. An amperometric inhibitor biosensor for the determination of reduced glutathione (GSH) without any derivatization in some plants. Biosensors and Bioelectronics, 2004, 19(8): 835~841.

[48] 祖元刚, 赵春建, 李春英, 等. 鲜法匀浆萃取烟叶中茄尼醇的研究. 高校化学工程学报, 2005, 19(6): 757~761.

[49] 赵春建, 祖元刚, 付玉杰, 等. 匀浆法提取沙棘果中总黄酮的工艺研究. 林产化学与工业, 2006, 2: 38~40.

[50] 吴峰敏, 吕本连, 段文录. 迷迭香有效成分的提取研究. 内蒙古中医药, 2008, (6): 66~67.

[51] 杨海麟, 鲁时瑛, 杨胜利, 等. 迷迭香抗氧化剂的提取方法研究. 天然产物研究与开发, 2002, 14(4): 20~23.

[52] 毕良武, 赵振东, 李冬梅, 等. 迷迭香抗氧化剂和精油综合提取技术研究（Ⅰ）——两步提取法. 林产化学与工业, 2007, 27(4): 11~15.

[53] 杨磊, 隋小宇, 祖元刚, 等. Folin-Ciocalteu 法测定迷迭香体内总酚酸含量. 中成药, 2009, 31(2): 272~275.

[54] 吕岱竹, 王明月, 袁宏球, 等. 高效液相色谱法测定迷迭香超临界提取物中的鼠尾草酸和鼠尾草酚. 分析测试学报, 2006, 25(3): 109~111.

[55] 彭密军, 钟世安, 周春山, 等. 大孔吸附树脂分离纯化杜仲中活性成分. 离子交换与吸附, 2004, 20(1): 13~22.

[56] Okamura N, Fujimoto Y, Kuwabara S, et al. , Dynamic ion-exchange chromatography for the determination of lanthanides in rock standards. Journal of Chromatography A, 1994, 679(2): 381~386.

[57] 究潘炘, 刘亚群, 陈顺伟, 等. 马尾松松针提取物抗氧化能力研究. 浙江林业科技, 2009, 39(1): 44~46.

[58] Brunauer S, Deming L S, Deming W E, et al. On a theory of the van der waals adsorption of gases. Journal of the American Chemical Society, 1940, 62(7): 1723~1732.

第6章 茶叶体内活性物质分离*

6.1 茶叶体内活性物质研究现状

6.1.1 茶树分类地位及分布

茶树（*Camellia sinensis*（L.）O. Ktze.）系山茶科山茶属灌木或小乔木[1]。茶树喜欢温暖湿润气候，分布主要集中在南纬16度至北纬30度之间。我国西南部是茶树的起源中心，野生种遍见于中国长江以南各省的山区，目前世界上有60个国家引种了茶树。

6.1.2 茶叶体内主要活性物质

茶树的叶子可制茶，茶多酚是茶叶体内含有的一类主要活性成分，占茶叶干重的18%~36%[2]。茶多酚是含有多个羟基的酚类物质，是一种天然、高效、安全的抗氧化剂，它还具有抗衰老、抗癌、抗辐射、降血脂、降血糖、降血压、抗菌等一系列重要作用[3]。茶多酚中又以儿茶素类成分含量居多，主要包括表儿茶素（EC）、儿茶素（C）、表没食子儿茶素没食子酸酯（EGCG）、表儿茶素没食子酸（ECG）和表没食子儿茶素（EGC）等5种儿茶素。

6.2 茶叶体内活性物质含量测定方法的建立

目前，对茶叶或其他植物材料中儿茶素组分的分析方法主要有紫外吸收法[4]、薄层色谱法[5]、毛细管电泳法[6]、高效液相色谱法（HPLC）[7,8]。紫外吸收法和毛细管电泳的灵敏度较差，因而高效液相色谱法仍然是目前测定儿茶素成分的主流方法。等度洗脱高效液相色谱存在分析时间长或分离效果差的缺点，后来开发的高效液相色谱-质谱联用法（HPLC/MS）法[9]虽然可以克服上述缺点，但仪器昂贵，不适用于常规分析检测。本节提出了一种简便、有效的梯度洗脱HPLC儿茶素分析方法，分析测定绿茶中的5种主要的儿茶素组分，并对此方法进行了方法的系统考察。

---

*高彦华、林平、汪雷等同学参与了本章内容的实验工作。

6.2.1　仪器与材料

6.2.1.1　仪器

高效液相色谱仪（日本 Jasco 公司），包括 980 型输液泵，1525 型紫外检测器。HiQ SiL C$_{18}$ V 色谱柱（250 mm×4.6 mm，5 μm，日本 KYATECH 公司）。

6.2.1.2　材料与试剂

乙腈（色谱纯，DIMA 公司），冰醋酸（SIGMA 公司），二次蒸馏水（自制）；表儿茶素、儿茶素、表没食子儿茶素、表儿茶素没食子酸、表没食子儿茶素没食子酸酯（SIGMA 公司）；绿茶购于海南五指山。

6.2.2　实验部分

6.2.2.1　对照品溶液的制备

分别精密称取表没食子儿茶素、儿茶素、表儿茶素、表没食子儿茶素没食子酸酯和表儿茶素没食子酸对照品适量，分别配制成浓度为 1.5 mg/mL、1.0 mg/mL、1.0 mg/mL、2.0 mg/mL 和 1.0 mg/mL 的储备液。将上述 5 种储备液各取 500 μL 混合、摇匀，即得含 300 μg/mL 表没食子儿茶素、200 μg/mL 儿茶素、200 μg/mL 表儿茶素、400 μg/mL 表没食子儿茶素没食子酸酯和 200 μg/mL 表儿茶素没食子酸混合对照品储备液。

6.2.2.2　供试品溶液的制备

取茶叶粉碎并过 60 目筛，称取 1.00 g 粉末，加 80%甲醇 50 mL，超声提取 30 min，过滤，滤渣再重复上述步骤提取 1 次，2 次提取液合并，80%甲醇定容至 100 mL，摇匀。取 1 mL 定容后溶液 16 000 r/min 下离心 10 min，上清液过 0.45 μm 微孔滤膜，作为供试品溶液。

6.2.2.3　色谱条件

色谱柱：HiQ SiL C$_{18}$ V 柱（250 mm×4.6 mm，5 μm）；流动相：9%乙腈-1.5%冰乙酸溶液为流动相 A，80%乙腈-1.5%冰乙酸溶液为流动相 B，梯度洗脱，洗脱程序见表 6.1，流动相流速 1.0 mL/min，柱温 35℃，紫外检测波长：280 nm，进样量 10 μL。

表 6.1　梯度洗脱程序

时间 / min	流动相 A 含量 / %	流动相 B 含量 / %
0	100	0
10	100	0

时间 / min	流动相 A 含量 / %	流动相 B 含量 / %
25	70	30
35	70	30
36	100	0
50	100	0

6.2.3　结果与分析

6.2.3.1　系统适用性试验

取供试品溶液 10 μL 进样，记录色谱图，表没食子儿茶素、儿茶素、表儿茶素、表没食子儿茶素没食子酸酯和表儿茶素没食子酸的保留时间分别为 7.4 min、9.6 min、14.7 min、16.5 min、和 22.1 min，各峰与相邻峰的分离度均大于 1.2。供试品及对照品的色谱图见图 6.1。

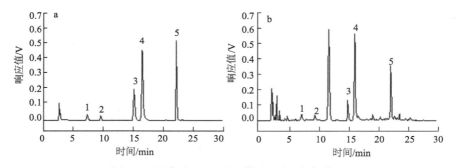

图 6.1　混合对照品(a)和供试品(b)的色谱图

1. 表没食子儿茶素；2. 儿茶素；3. 表儿茶素；
4. 表没食子儿茶素没食子酸酯；5. 表没食子儿茶素

6.2.3.2　方法学考察

1. 回归方程、检测限及精密度

将对照品储备液稀释成不同浓度，按前述色谱条件测定峰面积，分别以各分析物色谱峰面积(Y)为纵坐标，质量浓度(X, μg/mL)为横坐标绘制标准曲线，得到表没食子儿茶素、儿茶素、表儿茶素、表没食子儿茶素没食子酸酯和表儿茶素没食子酸的回归方程、相关系数和线性范围见表 6.2。取混合对照品储备液不断稀释后进样分析，以 3 倍信噪比确定检测限，结果见于表 6.2。

取一定浓度的混合对照品溶液，分别进行峰面积和保留时间的日内及日间精密度考察。在同一天连续进样 6 次，计算日内精密度，每份样品连续测定 6 d，计算日间精密度，结果亦列于表 6.2。表 6.2 的结果表明，5 种分析物峰面积和保留时间的标准偏差均较小，表明色谱系统重复性良好。

表 6.2　5 种分析物的回归方程、线性范围、相关系数、检测限及精密度

分析物	回归方程	相关系数	浓度范围/(μg/mL)	检测限/(μg/mL)	日内标准偏差		日间标准偏差	
					峰面积/%	保留时间/%	峰面积/%	保留时间/%
表没食子儿茶素	$Y=2\,176.3\,X+43\,207.3$	0.999 5	15~300	2.73	0.89	1.07	1.31	1.53
儿茶素	$Y=2\,991.7\,X+4\,853.2$	0.999 2	10~200	2.14	0.65	0.93	0.91	1.33
表儿茶素	$Y=15\,007.4\,X+25\,311.5$	0.999 1	10~200	2.06	0.98	0.94	1.44	1.45
表没食子儿茶素没食子酸酯	$Y=18\,247.1\,X+13\,582.6$	0.999 4	20~400	2.39	1.13	0.90	1.49	1.66
表儿茶素没食子酸	$Y=22\,917.5\,X+35\,662.7$	0.999 6	10~200	1.88	1.02	1.04	1.24	1.52

按 6.2.2.2 项下方法平行制备 6 份供试品，测定并计算 5 种有效成分的含量，表没食子儿茶素、儿茶素、表儿茶素、表没食子儿茶素没食子酸酯和表儿茶素没食子酸含量的相对标准偏差分别为 2.19%、1.69%、1.46%、1.56% 和 1.64%，表明方法精密度良好。

2. 溶液稳定性考察

取新制备的同一份供试品溶液，分别在室温下放置 0 h、1 h、2 h、4 h、8 h、12 h、24 h 后进样分析。表没食子儿茶素、儿茶素、表儿茶素、表没食子儿茶素没食子酸酯和表儿茶素没食子酸峰面积的相对标准偏差分别为 1.13%、1.54%、1.28%、1.36% 和 1.47%，表明供试品溶液在 24 h 内稳定。

3. 加样回收率

量取绿茶提取液 12 份，分为 4 组，每组 3 份。每组样品中分别精密加入混合对照品储备液 0 μL、20 μL、50 μL、100 μL，按所建立的方法进行供试品溶液的制备和测定，计算表没食子儿茶素、儿茶素、表儿茶素、表没食子儿茶素没食子酸酯和表儿茶素没食子酸的含量，计算各组分的回收率，结果见表 6.3。

表 6.3　样品中 5 种成分的加样回收率($n=3$)

化合物	加入量/mg	测得量/mg	回收率/%	相对标准偏差/%
表没食子儿茶素	0	172.8	——	1.42
	6	178.6	97.33	1.58
	15	187.3	96.87	1.32
	30	202.5	98.83	1.72
儿茶素	0	20.8	——	1.45
	4	24.7	96.44	1.89
	10	30.6	97.62	1.12
	20	40.7	99.64	1.34

续表

化合物	加入量 / mg	测得量 / mg	回收率 / %	相对标准偏差 / %
表儿茶素	0	29.6	—	1.30
	4	33.5	97.34	1.15
	10	39.4	98.13	1.58
	20	48.9	96.74	1.42
表没食子儿茶素没食子酸酯	0	719.2	—	1.23
	8	727	97.98	1.95
	20	738.7	97.51	2.07
	40	757.7	96.20	2.24
表儿茶素没食子酸	0	130.4	—	1.25
	4	134.3	96.85	1.82
	10	140.3	99.21	1.76
	20	149.7	96.64	1.35

表 6.3 结果表明，所有组分的回收率在 96.20%~99.64%，相对标准偏差值均小于 2.24%，说明本方法准确可靠。

6.2.3.3　样品测定

分别取 5 个厂家生产的绿茶，按 9.2.2.2 的方法操作，取供试品溶液 $10\mu L$ 进样分析，并计算绿茶中 5 种成分的含量，结果见表 6.4。

表 6.4　绿茶中 5 种有效成分的含量测定($n=3$)

化合物	表没食子儿茶素	儿茶素	表儿茶素	表没食子儿茶素没食子酸酯	表儿茶素没食子酸
含量 / %	4.32	0.52	0.74	17.98	3.26
相对标准偏差 / %	2.13	2.17	1.76	1.87	1.62

6.3　茶叶体内活性物质提取技术研究

6.3.1　仪器与材料

6.3.1.1　仪器

高效液相色谱仪，1580 泵，1575 型紫外检测器，日本 Jasco 公司生产；FSH-2 型高速匀浆机，江苏省金坛市环宇科学仪器厂生产；负压空化混悬固液提取装置，森林植物生态学教育部重点实验室自制。

6.3.1.2 材料与试剂

新鲜老龄茶叶 2004 年 4 月，采自浙江富阳茶园；对照品 EGCG 购自 SIGMA 公司，含量 98%；试剂中乙腈、乙酸乙酯、硫酸为色谱纯，购于美国 Dima Technology Inc 公司；其他试剂为国产分析纯。

6.3.2 实验部分

6.3.2.1 组合工艺

选定 4 种不同提取条件。条件 1：常温水匀浆提取及负压空化混悬固液提取；条件 2：常温柠檬酸水匀浆提取及负压空化混悬固液提取；条件 3：新鲜老龄茶叶经高温杀青后，再用常温水匀浆提取及负压空化混悬固液提取；条件 4：高温水匀浆提取及负压空化混悬固液提取。

称取 20 g 新鲜老龄茶叶，以 1∶10（g∶mL）料液比加入提取剂于高速匀浆机中，匀浆提取至叶片完全粉碎后，减压过滤，得匀浆提取液及滤渣，滤渣再以 1∶10（g∶mL）料液比加入提取剂于负压空化混悬固液提取装置中，进行负压空化混悬固液提取，通气量 1 m³/h，负压空化混悬固液提取 20 min，每隔 5 min 取样，HPLC 检测 EGCG 的含量。确定最佳空化提取时间，减压过滤，得提取液及滤渣，负压空化混悬固液提取重复操作 3 次。

6.3.2.2 传统工艺

本实验对干燥老龄茶叶选定 3 种不同的传统提取工艺。工艺 1：常温水渗漉提取；工艺 2：50℃水浸提；工艺 3：回流提取。分别将 20 g 新鲜老龄茶叶按如下两种方法进行干燥处理：方法 1：自然风干；方法 2：40℃烘箱内烘干；干燥后的老龄茶叶经粉碎机进行粉碎，过 60 目筛，置于提取装置中，按照上述 3 种工艺分别进行提取。本实验所确定的所有工艺的提取溶剂用量均相同。

6.3.2.3 EGCG 含量的测定

色谱柱 ODS-C$_{18}$（250 mm×416 mm，5 μm）；检测波长：280 nm；流动相：乙腈∶水∶乙酸乙酯∶硫酸（80∶11∶2∶0.18，$V/V/V/V$）；流速 1.0 mL/min。柱温为室温；进样量 10 μL。

标准曲线的绘制：精密称取对照品 EGCG 2.9 mg 于 10 mL 容量瓶中，流动相溶解并稀释至刻度，得 EGCG 0.284 2 mg/mL 的对照品储备液，备用。精密吸取对照品储备液 0.5 mL、1 mL、1.5 mL、2 mL 和 2.5 mL，分别置于 5 mL 容量瓶中，流动相稀释至刻度，制成不同浓度的对照品溶液。

依次吸取上述对照品溶液进样，测定峰面积，重复 3 次，取平均值，绘制标准曲线，并计算回归方程。结果表明，EGCG 在 0.028 42~0.284 2 mg/mL 呈良好的线性关系。其线性回归方程：$Y=14\,683\,154.941\,X-21\,671.933$（相关系数 0.999），式中，$Y$ 为峰面积值；X 为对照品浓度。

6.3.4　结果与讨论

6.3.4.1　组合工艺实验结果

负压空化混悬固液提取时间的影响　上述 4 种新鲜老龄茶叶提取条件，经预实验研究，料液比 1∶10（g∶mL）（以干重计，下同），确定最佳匀浆提取时间为 1 min。新鲜老龄茶叶经匀浆提取后，过滤，得滤渣，滤渣再以料液比 1∶10（g∶mL）加入提取溶剂进行负压空化混悬固液提取。在确定最佳的空化提取时间后，滤渣重复空化提取 3 次。EGCG 含量与空化时间，以及空化提取次数关系变化如图 6.2 和图 6.3 所示。

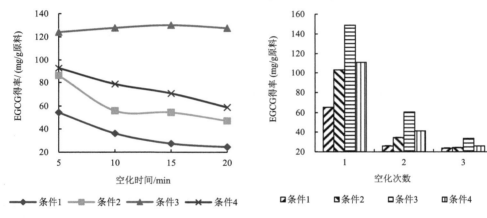

图 6.2　提取时间对 EGCG 得率的影响　　　图 6.3　提取次数对 EGCG 得率的影响图

由图 6.2 可知，条件 3 随着负压空化混悬固液提取时间的延长，EGCG 含量表现为先上升后下降的趋势，确定最佳负压空化混悬固液提取时间为 15 min。其他 3 种条件随着空化提取时间的延长，EGCG 含量均表现为下降趋势，确定最佳负压空化混悬固液提取时间为 5 min。由图 6.3 可知，条件 3 所得到的提取液中 EGCG 含量最高为 502.85 mg，其他 3 种条件得到的提取液中 EGCG 含量均比较低；随提取次数的增加，4 种条件提取液中 EGCG 含量均表现为下降趋势。条件 3 在提取第 3 次时，所得到的提取液中 EGCG 含量仍较高，其他 3 种条件在空化提取第 2 次及第 3 次时，得到的 EGCG 含量较少。

4 种提取条件 EGCG 总量比较：4 种提取条件均采用匀浆固液提取 1 次、负压空化混悬固液提取 2 次，提取后合并总的提取液，HPLC 检测，EGCG 总量对比结果见表 6.5。

表 6.5　4 种条件提取结果

提取条件	提取时间 / h	EGCG 含量 / mg
条件 1	<1	306.37
条件 2	<1	370.70
条件 3	<1	502.85
条件 4	<1	414.26

由表 6.5 可知，条件 3 EGCG 提取量最多，原因在于：经过杀青后的新鲜老龄茶叶体系内酶成分完全失活，提取过程中 EGCG 降解量较小，提取量最大，为 502.85 mg；条件 4 EGCG 提取量其次，为 414.26 mg，说明提取温度对提取量有显著影响，温度高体系的分子运动快，物质扩散速度快，EGCG 溶出速度增加，但由于该提取过程未经杀酶处理，高温使酶失活是有一定温度和一定条件的，是一个缓慢过程，因此，在此过程中仍有 EGCG 降解现象；条件 1 EGCG 提取量最少，为 306.37 mg，说明常温提取时，未对 EGCG 降解酶进行抑制，活性得以保持，EGCG 降解量最大；条件 4 比条件 1 EGCG 提取量多，说明在此过程中柠檬酸的加入会对 EGCG 降解酶起到一定的抑制作用，但不同时期和不同批次的新鲜老龄茶叶，EGCG 降解酶含量是不同的，体系中酶的降解作用也不同的。由于实验未对柠檬酸浓度进行细致挑选，柠檬酸的添加量不够，表现为对 EGCG 降解酶的抑制作用有限，其适宜浓度及其他条件的确定，还有待于进一步研究。

6.3.4.2　传统提取工艺研究结果

由表 6.6 可知，渗漉提取经相同时间提取后，40℃烘干叶的提取液 EGCG 含量较高，为 156.61 mg；自然风干叶的提取液 EGCG 含量较少，为 139.96 mg，后者为前者的 89.4%。50℃浸提法经相同时间、次数提取后，仍为 40℃烘干叶的提取液 EGCG 含量较高，为 179.35 mg；自然风干叶的提取液 EGCG 含量较最少，为 146.83 mg，后者为前者的 81.87%。回流提取法经相同时间、次数提取后，结果仍为 40℃烘干叶的提取液中 EGCG 含量较高，为 234.59 mg；自然风干叶的提取液 EGCG 含量较少，为 130.54 mg，后者为前者的 55.56%。

表 6.6　传统提取工艺研究结果

因素	渗漉提取		50℃浸提		回流提取	
	自然风干	40℃烘干	自然风干	40℃烘干	自然风干	40℃烘干
提取时间 / h	36	36	12	12	2	2
提取次数	1	1	3	3	3	3
EGCG / mg	139.96	156.61	146.83	179.35	130.54	234.95

9.3.4.3　工艺对比

在本研究所确定的条件下，将最佳组合的提取工艺与传统工艺中的最佳提取工艺进行对比（表 6.7）。由表 6.7 可知，组合工艺 EGCG 提取量比传统工艺提取量明显增多，提取量最多者为传统工艺的 2.14 倍，并且提取时间大大缩短。

表 6.7　实验结果对比

工艺	提取时间 / h	EGCG 总量 / mg
组合工艺	<1	502. 85
传统工艺	36	234. 95

6.4　茶叶体内活性物质纯化技术研究

6.4.1　树脂法纯化茶多酚工艺的研究

6.4.1.1　仪器与材料

1. 仪器

722 型分光光度计（上海第三分析仪器厂）；THZ-82A 台式恒温振荡器（上海跃进医疗器械厂）；循环水式多用真空泵（郑州长城科工贸有限公司产）；旋转薄膜蒸发器（上海申胜公司产）；D99 型台式高速微型离心机（宁波新芝科器研究所产）；高效液相色谱仪，1580 泵，1575 型紫外检测器（日本 Jasco 公司产）；SD-05 型喷雾干燥仪（英国 Labplant 公司产）。

2. 材料与试剂

乙醇、甲醇、乙酸等均为分析纯（天津天化试剂厂）：树脂 AB-8、NKA-2、NKA-9、H103、H1020、DM301、DS401、DA201、92-2、92-3、PA（天津南开大学化工厂等国内多家公司提供）：茶多酚粗晶（TP 纯度为 35%）（湖南金农生物资源股份有限公司提供）；

6.4.1.2　实验部分

1. 茶多酚的分离纯化

称取一定量的茶多酚粗品，加入适量蒸馏水溶解，经无机膜过滤除杂，得澄清液作为供试液。供试液以一定流速流经装有树脂的层析柱（800 mm×30 mm），吸附饱和后，经蒸馏水洗涤、除杂剂 10%乙醇洗涤除杂后，加入洗脱剂以一定流速洗脱，洗脱液过滤，低温减压浓缩回收溶剂后，进行喷雾干燥，得高纯度茶多酚。

2. 分析方法

茶多酚含量测定采用 GB 8313—1987(茶叶 茶多酚测定)方法，茶多酚鉴定采用三氯化铁显色法。茶多酚中咖啡因检测[12,13]条件如下：色谱柱 ODS-C_{18}(200 mm×4.6 mm，5μm)；检测波长：280 nm；流动相：乙腈：水：乙酸乙酯：硫酸=86：10：1：0.08($V/V/V/V$)；流速 1.0 mL/min，柱温为 35℃；进样量 10 μL。

6.4.1.3 结果与讨论

1. 无机膜的预处理及其过滤除杂

将新购买的无机膜加入 95%乙醇溶液中浸泡 12 h 或超声 1 h，加入去离子水清洗至无醇后即可使用；使用后的膜经清洗后，加入醇中保存，待用。将购买的茶多酚提取物加入适量水溶解后，经孔径 0.2 μm 微滤膜过滤后，除去色素、蛋白、果胶等杂质后，得清液进入树脂纯化过程。

2. 树脂的预处理

对选取的上述不同型号树脂分别按照如下方法进行预处理。

①10%盐酸浸泡 12 h 或超声 1 h，清水洗去酸液；②用丙酮或 95%乙醇 4~5 倍洗脱；③用清水冲洗至无混浊即可。

3. 不同树脂的吸附和洗脱性能比较

(1)饱和吸附量的确定

称取 20 g 不同型号湿树脂，将供试液不断加入预处理好的上述几种树脂中，采用静态吸附的方法，室温振荡(100 r/min)，定时取样，充分吸附后，检测吸附后的供试液浓度，按茶多酚的吸附量公式计算茶多酚吸附量。

茶多酚的吸附量计算公式

$$吸附量(mg/g)=(C_0-C_1)v/M(1-\alpha) \tag{6-1}$$

式中，C_0、C_1 分别为吸附前后供试液的茶多酚浓度(mg/mL)；V 为供试液的体积(mL)；M 为树脂湿重(g)；α 为树脂含水量(%)。

(2)解吸率的确定

将已吸附饱和的树脂，加入解吸液，室温振荡，定时取样，检测解吸液的茶多酚浓度，绘制静态解吸曲线，并计算解吸率。

$$解吸率=C_2(C_0-C_1)\times100\%; \tag{6-2}$$

式中，C_2 为解吸液的茶多酚浓度(mg/mL)。

吸附层析是利用吸附剂对不同物质的吸附力差异而使混合物中各组分得以分离的方法。不同树脂对物质的吸附具有选择性。11 种树脂对茶多酚吸附及解吸性能对比结果如见表6.8。

表 6.8　不同树脂吸附解吸性能比较

树脂型号	AB-8	NKA-2	NKA-9	92-2	92-3	H103	H1020	DM301	DS401	DA201	PA
TP 吸附率/%	39.04	51.72	45.45	70.81	69.93	46.88	80.33	81.02	53.71	62.10	63.21
TP 解附率/%	62.13	69.13	78.86	48.54	53.47	63.25	82.02	69.83	62.10	51.42	50.31

由表 6.8 可知，上述几种树脂中 DM301 的吸附率最高为 81.02%，H1020 树脂吸附率其次，但前者解吸率较低，综合吸附率与解吸率性能可知，H1020 是最佳树脂。

(3)茶多酚浓度对吸附率的影响

研究了供试液茶多酚浓度对 H1020 树脂吸附茶多酚性能的影响，结果如图6.4。从图 6.4 可知，H1020 树脂对不同浓度的茶多酚溶液 30 min 能达到吸附平衡，但其吸附率存在差别，吸附率随着茶多酚浓度的增加而表现为下降趋势，较低浓度有利于树脂的吸附。当供试液茶多酚浓度在 3~5 mg/mL 时，吸附 4 min 后吸附率相差不大，较低浓度虽有利于树脂吸附量的提高，但吸附时间过长，因此确定最佳供试液茶多酚浓度为 5 mg/mL。

(4)流速对吸附率的影响

研究了流速对 H1020 树脂吸附茶多酚性能的影响，结果如图 6.5。由图 6.5 可知，供试液流速过快，茶多酚吸附率急剧降低，慢速进样有利于茶多酚的吸附，考虑到流速较慢时，所需吸附时间较长，因此确定最佳吸附速度为 4 mL/min。

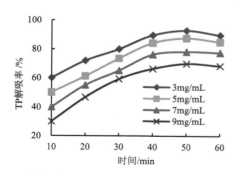 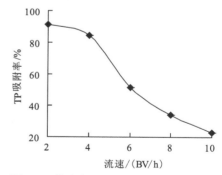

图 6.4　供试液浓度对 TP 吸附率的影响　　图 6.5　供试液流速对 TP 吸附率的影响

(5)洗脱剂的选择

研究发现，10%乙醇溶液对咖啡因有较好的选择吸附能力，故在洗脱茶多酚之前用 10%乙醇溶液对树脂进行充分洗脱处理，以除去咖啡因等杂质，来保证最终产品的咖啡因含量小于 1%。除咖啡因等杂质后，研究了乙醇、丙酮和甲醇三种溶剂不同浓度对茶多酚洗脱能力及产品纯度的影响，结果如图 6.6 和图 6.7。

由图 6.6 可知，茶多酚洗脱率随着乙醇、丙酮和甲醇浓度的提高而增大，当浓度高于 80%时，洗脱能力略有下降。从图中显示的趋势来看，三种溶剂洗脱能力最强的为丙酮，其次为甲醇，洗脱能力相对较弱的为乙醇。当三种洗脱浓度达到 60%以后，洗脱率增加缓慢，因此，从茶多酚解吸率曲线来看，选取的三种溶剂浓度范围最佳值在 60%~80%较合适。

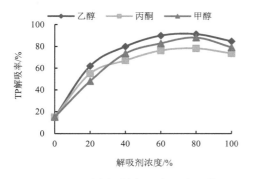

图 6.6　不同洗脱剂 TP 解吸率比较　　　图 6.7　不同洗脱剂 TP 纯度比较

由图 6.7 可知，相同浓度的三种解吸剂，所得的茶多酚产品的纯度由高至低依次为：乙醇>丙酮>甲醇，其中 80%乙醇作为解吸剂时所得的茶多酚纯度最高，说明解吸剂对吸附质的解吸具有选择性。因此综合考虑洗脱能力及其产品纯度，确定最佳的洗脱剂为 80%乙醇溶液。

6.4.2　中压硅胶柱层析连续纯化茶叶体内 EGCG 及 ECG 的研究

6.4.2.1　仪器与材料

1. 仪器

不锈钢中压层析柱，根据文献[14]自制，柱长 1200 mm，内径 80 mm，耐压 20 MPa，内装 160~280μm 薄层层析硅胶；2J-X16/15 柱塞式计量溶剂泵(杭州之江科学仪器厂)；循环水式多用真空泵(郑州长城科工贸有限公司)；旋转薄膜蒸发器(上海申胜公司)；负压成膜浓缩装置(东北林业大学植物药工程研究中心研制(专利申请号：200420063621.6))；D99 型台式高速微型离心机(宁波新芝科器研究所)；高效液相色谱仪，1580 泵，1575 型紫外检测器(日本 Jasco 公司)；PHS-3C 型酸度计(上海精密仪器仪表有限公司)；SD-05 型喷雾干燥仪(英国 Labplant 公司)。

2. 材料与试剂

98%茶多酚，自制，含 EGCG60. 5%，ECG15. 3%，对照品 EGCG、ECG 购

自 SIGMA 公司，含量均高于 98%；色谱检测试剂乙腈、乙酸乙酯、硫酸为色谱纯，购自美国 Dima Technology Inc 公司；硅胶购自青岛海洋化工有限公司，其他试剂为国产分析纯。

6.4.2.2　实验部分

1. EGCG 及 ECG 含量测定方法

色谱条件和标准曲线绘制的方法同上，见本章 6.3.2.3 部分。

2. 硅胶柱层析纯化

1) 层析柱装填

称取一定量硅胶，用石油醚分散驱除空气后匀浆湿法装柱，放置至填料充分沉降，洗脱液以一定流速淋洗直至柱平衡。

2) 柱层析纯化过程

称取一定量的茶多酚原料用少量乙酸乙酯溶解后，柱塞式溶剂泵进液，洗脱液洗脱，洗脱流分分段收集，TLC 和 HPLC 检测，合并，减压浓缩回收洗脱液，浓缩物加去离子水溶解后喷雾干燥得产品，低纯度组分收集后作为层析原料再次纯化。有效成分经 TLC 及 HPLC 检识全部流出后，层析柱用乙酸乙酯再生，石油醚平衡后可再次上样，反复使用。

6.4.2.3　结果与讨论

1. 洗脱液溶剂配比

根据茶多酚中各多酚的性质，选择乙酸乙酯、石油醚、甲酸按不同比例混合进行试验，经 G$_{f254}$ 荧光硅胶板展开，EGCG 的 R_{f1} 值和 ECG 的 R_{f2} 值分别如下：乙酸乙酯：石油醚：甲酸为 7：3：0.5（体积比下同）时，拖尾较严重；为 6：4：1 时，无拖尾现象，$R_{f1}=0.18$，$R_{f2}=0.21$；5：5：1 时，无拖尾现象，$R_{f1}=0.07$，$R_{f2}=0.09$；3：7：1 时，展开剂分层。

从上述结果分析可知，3 种溶剂体积比 7：3：0.5 和 3：7：1 时不适合作为柱层析的洗脱液，6：4：1 和 5：5：1 可作为柱层析的洗脱液，柱层析校正实验表明，体积比为 5：5：1 时作洗脱液，成分可得到较好分离，但洗脱液极性太小，分离时间很长，不仅所需溶剂较多，同时柱内物质扩散严重，得到的交叉组分较多；而 6：4：1 时极性适中，各组分得到较好的分离，同时分离时间较短，柱内物质扩散不明显，达到了分离的目的。经实验验证，选择最佳的洗脱液比例为：乙酸乙酯：石油醚：甲酸的体积比为 6：4：1。

2. 硅胶粒度

硅胶的化学成分是二氧化硅，是柱层析常用的固定相之一。硅胶颗粒的大小直接影响柱层析的分离效果，一般来讲，硅胶颗粒越小，对样品的分离效果越好，反之则越差，但是硅胶颗粒太小，不仅价格较贵，还会降低洗脱流速。经实验验证，60~120μm 和 120~160μm 的硅胶虽展开剂流速较快，使整个纯化周期减小，但是，EGCG 与 ECG 的分离不明显，280~450μm 的硅胶，虽分离效果较好，但是硅胶颗粒太细，洗脱液流速慢，柱压加大，增加泵负荷，因此，160~280μm 的硅胶相对较理想，能达到快速分离的目的。

3. 洗脱速度

取 160~280 μm 硅胶 3 kg，经石油醚分散上柱，以乙酸乙酯、石油醚、甲酸 6 : 4 : 1 为洗脱液，上样量 100 g，测试了洗脱液流速分别为 25 mL/min、30 mL/min、35 mL/min 和 40 mL/min 条件下的分离效果，分离周期及回收率，结果如图 6.8a 所示。由图可知，当流速为 25~40 mL/min 时，EGCG 及 ECG 分离纯度高于 98% 的流分的回收率都随洗脱液流速的提高表现为下降的趋势，当流速为 25 mL/min 时，由于流速低，造成分离时间长，同时柱层析内组分扩散效应严重，分离效果不理想，当流速大于 30 mL/min 时，回收率显著下降，所以确定分离流速为 30 mL/min。

4. 负载量

以乙酸乙酯、石油醚、甲酸体积比为 6 : 4 : 1 为洗脱液，流速控制在 30 mL/min，测试了样品在不同负载量下的分离效果，以 98%EGCG 和 98%ECG 的回收率为指标，结果如图 6.8b 所示。由图可知，分离效果随负载量的增加逐渐变差，当负载量大于 35 g/kg（以硅胶计，下同）时，分离度下降，高纯度 EGCG 和 ECG 的回收率显著降低。考虑到实际工业化生产时，希望能够一次处理尽量多的样品，减少生产成本。所以选择 35 g/kg 硅胶的负载量，能够保证产品分离纯度的条件下实现更大的产品产量，以达到理想的效益。

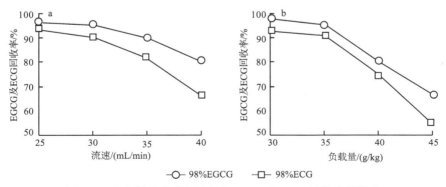

图 6.8　流速(a)和负载量(b)对 EGCG 及 ECG 回收率的影响

2. 柱层析纯化过程

层析柱采用湿法填充，称取 35 kg，160~280μm 硅胶装于 0.1 m³ 调配罐中，加入石油醚 45 L，搅拌，使硅胶均匀分散在石油醚中，除去气泡，然后装入 1200 mm×80 mm 不锈钢中压层析柱，使硅胶均匀填满整个柱体不留死体积，密封后用管道与柱塞泵连接。以乙酸乙酯、石油醚、甲酸按体积比 6∶4∶1 为洗脱液，调配好后装于洗脱液贮罐中，再生液乙酸乙酯装于再生液贮罐中，平衡液石油醚装于平衡液贮罐中。将含量为 60%EGCG 的茶多酚用 500 mL 乙酸乙酯溶解后泵入层析柱柱头，用洗脱液以流速 30 mL/min 进行洗脱，定量分批连续接收洗脱流分，每瓶 2 L，以 TLC 定性及 HPLC 定量检识。薄层展开剂为苯∶丙酮∶甲酸（6∶5.8∶0.9，$V/V/V$），于紫外灯下与 EGCG 及 ECG 标准品对照。流分经 TLC 定性分析后，再经 HPLC 定量检测 EGCG 及 ECG 相对峰面积，并将峰面积值代入标准曲线中计算浓度，洗脱曲线如图 6.9。

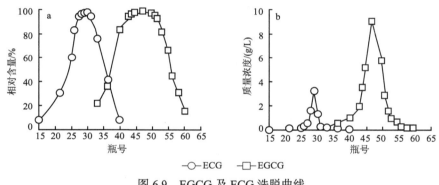

图 6.9　EGCG 及 ECG 洗脱曲线

a. 相对含量；b. 质量浓度

由图 6.9 可知，ECG 相对峰面积高于 95%并且浓度较高的区间为瓶号 27~31 流分，而 EGCG 相对峰面积高于 95%并且浓度较高的区间为瓶号 43~51 流分，分别收集后，采用负压成膜浓缩装置回收洗脱液后，加少量去离子水，真空喷雾干燥得产品，HPLC 测定 EGCG 含量为 98.3%，收率为 85.3%，ECG 含量为 98.1%，收率为 83.7%。将 EGCG 与 ECG 两者交叉区间中浓度较高的瓶号 40~42 流分及 EGCG 浓度较高的瓶号 52~55 流分收集，负压成膜浓缩回收洗脱液后，得浓缩物作为下次上柱原料。回收的洗脱液为乙酸乙酯、石油醚和甲酸的三元洗脱液，在溶剂回收过程中三者的损失不同，造成回收后的洗脱液三者的配比与使用前不同，因此需要首先进行 pH 的校正，方法是在回收洗脱剂中加入适量甲酸使其与使用前的 pH 一致，然后再加入适量乙酸乙酯或石油醚校正，用 TLC 法分别以使用前和校正后的洗脱液为展开剂展开 EGCG 对照品，使 EGCG 在两者

中的 R_f 值相同。经上述方法校正后的洗脱液可重复使用。

向洗脱后的层析硅胶柱泵入 150 L 乙酸乙酯洗脱除去强极性杂质，将其再生，然后泵入 250 L 石油醚平衡柱体，平衡后的层析硅胶柱重复使用。

3. 重现性实验

按上述工艺条件，重复上样于经乙酸乙酯再生、石油醚平衡后的层析柱，实验 3 次，结果见表 6.9。

表 6.9 重现性实验结果

实验号	原料/g	98%EGCG 回收率/%	98%ECG 回收率/%
1	100.5	85.3	83.7
2	100.8	86.1	83.1
3	100.0	85.1	83.4

由表 6.9 可知，3 次实验所得到 98%EGCG 产品平均回收率为 85.5%，98%ECG 产品平均回收率为 83.4%。表明实验所确定的工艺条件分离 EGCG 和 ECG 效果较好，层析柱用乙酸乙酯再生石油醚平衡后使用的重现性较好，免去了层析过程每次均重新装柱的繁琐操作，达到清洁生产的目的。原料和产品 HPLC 检测谱图如图 6.10。

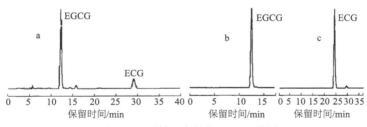

图 6.10 原料及产品的 HPLC 谱图

a. 原料；b. EGCG；c. ECG

6.5 结 论

6.5.1 高效液相色谱法测定茶叶体内的 5 种主要的儿茶素含量

文献报道高效液相检测儿茶素类成分的波长有 200 nm[6] 和 280 nm[8,10] 两种，将儿茶素标准品储备溶液，用紫外-可见光分光光度计从波长 200~400 nm 扫描，发现儿茶素类成分在 200 nm 和 280 nm 均有较强吸收。在 200 nm 和 280 nm 分别测定绿茶提取液样品，结果显示在 200 nm 的重现性差，主要是因为杂峰干扰较大，所以选用 280 nm 作为检测波长。

前期的研究工作证明，绿茶提取物的组成复杂[11]，干扰成分多，欲测定的各组分容量因子范围较宽，不适宜等度洗脱，因此选择了梯度洗脱。流动相分别选择乙腈-水(冰乙酸)、乙腈-水(磷酸)体系进行梯度洗脱试验，相对来说，前者比后者的分离度好，灵敏度高。为了考察冰乙酸体积分数浓度对欲测定各组分色谱行为的影响，在 T（梯度陡度）= 0.02 时，分别用 0%~2.0%的冰乙酸进行梯度洗脱，结果表明，当选择乙腈-水(1.5%冰乙酸)为流动相时，各色谱峰对称性变好，峰形尖锐，且所有峰分离度均大于 1.2，所以选择了上述流动相条件。在试验时发现，使用本节提供的梯度洗脱程序，柱温对各组分的分离有一定影响，适当的升温可以提高柱效，但温度过高可能会影响色谱柱的使用寿命，综合考虑并参考文献[3]，最后确定柱温为 35℃。

本节所建立的梯度洗脱反相高效液相色谱方法能够准确、灵敏地同时测定绿茶中表没食子儿茶素、儿茶素、表儿茶素、表没食子儿茶素没食子酸和表儿茶素没食子酸的含量，测定结果可靠，可作为绿茶质量控制手段。

6.5.2 匀浆和负压空化组合工艺提取茶叶体内 EGCG

由表 6.3 可知，组合工艺与传统工艺相比，具有较明显的优势，一方面在时间上较短，大大地提高了工作效率，同时在 EGCG 提取量上也具有明显优势。传统工艺不仅浪费能源，同时对最终 EGCG 产品的质量也有不利的影响。

传统工艺提取量较少，分析原因可能为：新鲜老龄茶叶于 25~26℃自然风干脱水过程时，体系内环境较适合酶的生存，因此酶的作用时间长，造成 EGCG 降解严重，因此提取量低。而组合工艺能够快速地进行细胞破壁，对有效成分进行快速地提取，同时不会改变有效成分的性质，因此提取量较高。

综上所述，在本研究所确定的实验条件内，组合提取最佳工艺为：新鲜老龄茶叶高温杀青后，常温水匀浆萃取，料液比为 1∶10(g∶mL)，匀浆萃取时间为 1 min，滤渣再经负压空化混悬固液提取，料液比为 1∶10(g∶mL)，空化时间为 15 min，空化提取 2 次，EGCG 提取量为 502.85 mg；传统提取最佳工艺为：40℃ 烘干茶叶回流提取，料液比为 1∶10(g∶mL)，回流时间为 2 h，回流提取 3 次，EGCG 提取量为 234.95 mg，后者为前者的 2.14 倍。同时，前者提取工艺时间少于 1 h，而后者提取时间长达 6 h。

6.5.3 树脂法纯化茶多酚工艺

本研究用采用无机膜过滤除去色素、蛋白、果胶等杂质，不仅能够提高茶多酚溶液的纯度，同时能够极大地增强溶液的澄清度，加快溶液的吸附及解吸流

速，并降低了生产成本。选择 H1020 作为纯化茶多酚溶液吸附树脂，吸附率达
80.3%，用 80%乙醇洗脱，洗脱率达 83.5%，茶多酚产品纯度为 98%以上。通过
10%乙醇溶液洗脱处理，茶多酚产品中的咖啡因的含量小于 1%，同时该含量结
果与咖啡碱紫外分光光度法分析的 GB8312—1987 进行分析对比，结果相同。本
研究提供的茶多酚制备工艺具有操作简单、产品质量高、生产成本低等优点。

6.5.4　中压硅胶柱层析连续纯化茶叶体内 EGCG 及 ECG

连续中压硅胶柱层析分离 EGCG 和 ECG 的工艺条件为：1200 mm×80 mm
不锈钢中压层析柱装填 160~280 mL 层析硅胶，乙酸乙酯：石油醚：甲酸的体积
比 6：4：1 为洗脱液，洗脱流速 30 mL/min，负载量为 35 g/kg（以硅胶计），可以
同时得到纯度大于 98%EGCG 及 ECG 产品，EGCG 回收率 85.5%以上，ECG 回
收率达 83.3%以上。同时，回收的洗脱液经 pH、薄层层析校正后可重复使用。
使用后的层析柱以乙酸乙酯为再生液再生，石油醚为平衡液平衡，平衡后的层析
柱可重复使用多次。

利用该工艺方法纯化 EGCG 及 ECG，与传统方法相比具有以下优点：溶剂
用量少、层析填料价格低廉，除杂快速、方便、生产周期短、分离效果好，易于
实现连续工业化清洁生产。

参 考 文 献

[1] 中国植物志编辑委员会. 中国植物志，第 49（3）卷，北京：科学出版社，1998：130~131.

[2] 高彦华，祖元刚，杨磊，等. 鲜茶叶体内表没食子儿茶素没食子酸酯的高效提取技术研究.
植物研究，2006，26（4）：486~489.

[3] Zhen Y S, Chen Z M, Cheng S J, et al. TEA: bioactivity and therapeutic potential. 1 st Ed. New
York: Taylor & Francis Inc, 2002.

[4] 王玉春. 绿茶中混合儿茶素含量的光度分析. 信阳农业高等专科学校学报，2001，11（2）：
22~23.

[5] 赵清岚，杨静，白冰，等. 薄层扫描法同时测定绿茶中的 EGCG、ECG 和咖啡因. 河南大学
学报：自然科学版，2009，39（3）：256~258.

[6] 夏文娟，张丽霞，王日为，等. 毛细管电泳法同时分析茶黄素类和儿茶素类化合物. 色谱，
2006，24（6）：592~596.

[7] 吴松兰，李珺，邹洪. 高效液相色谱法分析元宝枫叶中儿茶素类物质. 分析科学学报，2008，
24（2）：173~176.

[8] 严守雷，王清章，彭光华. 莲藕中儿茶素的高效液相色谱分析. 色谱，2005，23（1）：111.

[9] 卢嘉丽，王冬梅，苗爱清，等. 英红 1 号、英红 9 号和祁门茶树芽叶中嘌呤生物碱和茶多酚
的 HPLC-DAD-MS/MS 分析. 中山大学学报：自然科学版，2009，48（1）：72~75.

[10] 曲银锋，李松武，刘乃强，等. HPLC 法测定小儿泻速停颗粒中儿茶素和表儿茶素的含量.

食品与药品, 2009, 11(5): 39~41.

[11] 尤新. 绿茶提取物的功能和发展状况. 食品与生物技术学报, 2010, 29(3): 321~325.

[12] 朱勤艳, 陈振宇. 茶叶茶多酚的高效液相色谱法分. 分析试验室, 1999, 18(4): 70~72.

[13] Shama V, Gulati A, Ravindranath, S D, et al. A simple and convenient method for analysis of tea biochemicals by reverse phase HPLC. Journal of Food Composition and Analysis, 2005, 18(6): 583~594.

[14] 霍斯泰特曼 K, 马斯顿 A, 霍斯泰特曼 M. 制备色谱技术. 北京: 科学出版社, 2000: 106~119.

第 7 章　北五味子体内活性物质分离*

7.1　北五味子体内活性物质研究现状

7.1.1　北五味子分类地位及分布

北五味子[*Schisandra chinensis*(Turcz.) Baill.]为木兰科植物五味子的干燥成熟果实[1]，主产于我国东北的东部山区。五味是著名的长白山道地药材，具有益气生津、补肾养心、收敛固涩的作用[2,3]。

7.1.2　北五味子体内主要活性物质

联苯环辛二烯类木脂素是北五味子的主要活性物质，以五味子甲素、五味子乙素、五味子醇甲和五味子酯甲等为代表[4-8]。北五味子作为传统中药用采用乙醇回流或渗漉提取是其中药复方制剂中运用最为广泛的工艺步骤[9,10]。然而，提取液一般体积大，溶液中存在大量鞣质、蛋白质、黏液质、多糖、果胶等大分子物质及许多微粒、亚微粒和絮状物等，它们大部分不但没有药理作用，而且影响产品的质量。超临界 CO_2 萃取北五味子活性物质虽然选择性高、操作时间短、有效成分得率高[6]，但它的致命缺点是受处理量的限制，产量低，目前工业开发难度较大；虽然北五味子含有多种木脂素类活性物质，然而《中国药典》2005年版规定五味子提取物仅以五味子甲素为定性指标，难以保证五味子的全部功效成分得到充分的提取和利用。因此，寻找更加有效的提取五味子主要木脂素成分的方法具有现实意义。同时，如何对粗取液进行科学合理的纯化、精制，使有效成分含量增加，去除无效杂质，达到现代制剂的要求，是目前北五味子新制剂研究中的一个重要课题[11]。

此外，长期以来，人们更关注对五味子果实中联苯环辛烯木脂素和精油类脂溶性成分加以利用，而对水溶性的花色苷资源没有得到很好的利用。研究表明，花色苷具有很强的抗氧化和清除自由基的作用[12,13]，能抑制低密度脂蛋白氧化，防止血小板凝集，降低血脂，保护心血管健康[14,15]；有很强的免疫保护、抗敏作用，抑制癌细胞的侵入和转移[16-18]等多种药理作用。开展五味子中的花色苷提取纯化工工艺具有重要意义。

---

*肖长文、隋小宇、孙强、葛洪爽等同学参与了本章内容的实验工作。

7.2　北五味子体内活性物质的提取技术研究

7.2.1　仪器与材料

7.2.1.1　仪器

KQ-250DB 型台式数控超声波清洗器(昆山市超声仪器有限公司)；DK-98-1 型水浴锅(天津市泰斯特仪器有限公司)；3K30 型离心机(SIGMA 公司)；717 型自动进样高效液相色谱仪，包括 1525 二元泵和 2487 型紫外光检测器(美国 WATERS 公司)；BS124S 电子天平(北京赛多利斯仪器系统有限公司)。

7.2.1.2　材料与试剂

五味子药材购于黑龙江省哈尔滨市三棵树药材市场，经东北林业大学森林植物生态学教育部重点实验室聂绍荃教授鉴定为北五味子的干燥果实，粉碎至 250~850 μm。五味子醇甲、五味子酯甲、五味子甲素和五味子乙素对照品购自中国药品生物制品检定所(批号分别为：110857-200507、111529-200302、110764-200408、110765-200508)；乙腈为色谱纯，色谱分析用二次蒸馏水自制，其他试剂均为国产分析纯。

7.2.2　实验部分

7.2.2.1　分析方法

样品中五味子甲素、乙素、醇甲和酯甲的含量使用高效液相色谱依据文献[19,20]方法测定：提取液稀释至适宜的检测浓度后离心(离心条件：温度 25℃；速度 12 000 r/min；时间 5 min)，取上清液进行 HPLC 检测，每样重复进样 3次，将峰面积取平均值，代入回归方程，依公式(7-1)计算各目的成分的得率，依公式(7-2)计算浸膏得率。

$$Y_1 = cV/M \times 100\% \tag{7-1}$$

$$Y_2 = m/M \times 100\% \tag{7-2}$$

式中，Y 为得率(%)；P 为浸膏纯度(%)；c 为目的成分的浓度(mg/mL)；V 为提取液体积(mL)；M 为原料重量(mg)，m 为浸膏重量(mg)。

7.2.2.2　影响提取工艺效果的因素试验

1. 单因素试验

准确称取 2.0 g(绝干计)蒸馏除去挥发油的五味子干燥原料，置于 100 mL 锥形瓶中，在多种条件下提取，以确定提取因素变化范围及各因素的适宜值。将每次提取液过滤，滤液减压回收溶剂并于 60℃减压干燥，计量浸膏重量，测定各木脂素类有效成分的含量，并计算提取率。

2. 工艺优化实验[21]

以乙醇浓度、超声时间、超声功率和料液比等因素作为考察对象，采用 Design Expert 7.0 统计分析软件的响应面分析法安排试验，以获取最适工艺参数。试验水平因素安排见表 7.1。

表 7.1　实验因素水平编码表

水平	X_1：乙醇体积分数/%	X_2：超声时间/min	X_3：超声功率/W	X_4：料液比(m/V)
−1	70	20	200	1：7
0	80	30	225	1：8
1	90	40	250	1：9

7.2.3　结果与讨论

7.2.3.1　水蒸气蒸馏法除去挥发油

由于五味子提取物常含大量的挥发油类物质，这些油性物质对制剂的浸膏得率和成型性有很大的影响，使颗粒成型性差，不利于制成片剂等固体制剂。本实验采用直接水蒸气蒸馏法除去挥发油类物质。采用直接水蒸气蒸馏法得到淡黄色五味子挥发油 38 mL，得率 1.9%。

7.2.3.2　单因素对提取效果的影响

1. 乙醇浓度对提取效果的影响

五味子木脂素类化合物易溶于乙醇、甲醇、丙酮等有机溶剂中。乙醇无毒，对植物细胞有较强的穿透能力，对许多成分溶解性能好且能抑制酶的催化作用，所以本研究采用乙醇为提取溶剂。不同浓度的乙醇溶液极性不同，对极性不同的物质具有不同的得率。实验按料液比 1：10 在超声功率 250 W，超声提取 30 min，提取 1 次时，乙醇浓度对五味子木脂素的提取效果如图 7.1。

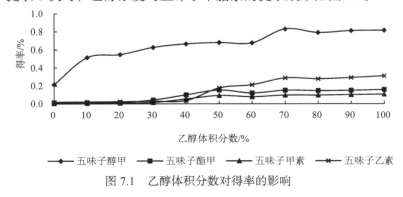

图 7.1　乙醇体积分数对得率的影响

由图 7.1 可以看出随着乙醇体积分数的增加，五味子醇甲、酯甲、甲素和乙素等木脂素成分的得率呈增加趋势，但乙醇体积分数大于 70%增加的趋势较平缓，因此选择乙醇体积分数 70%~90%为待优化范围。

2. 超声提取时间对提取效果的影响

提取时间决定着生产周期的长短，决定着生产成本和能源的消耗，是生产工艺研究中一个十分重要的影响因素。当溶剂为体积分数 90%乙醇，超声功率 250 W，料液比 1：10 的情况下，不同超声提取时间对五味子木脂素成分得率的影响如图 7.2。可以看出随着超声时间的增加，各目标成分的提取率变化不明显，30 min 时的提取效果稍好，因此超声时间在 20~40 min 为比较适宜的范围。

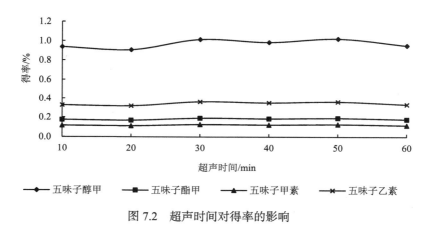

图 7.2　超声时间对得率的影响

3. 超声功率对提取效果的影响

图 7.3 为体积分数 90%乙醇，料液比 1：10，超声时间 30 min 的提取结果。由图 7.3 可知：随着超声功率的增加，五味子 4 种木脂素成分的得率先升后降，功率在 225 W 左右有最大得率。这是因为对于一定频率和一定发生面的超声波来说，功率增大，声强随着增大。单位时间内超声产生的空化事件增多，从而有利于得率的提高。但是不能无限制的增大超声功率，一则太高的声强产生的大量空泡通过反射声波可能减少能量的传递，二则功率过大，导致声强过高，超声的高能量可能造成五味子木脂素类成分的降解或异构化。为了进一步明确超声功率对五味子木脂素有效成分得率的影响，选取超声功率在 200~250 W 进行优化设计。

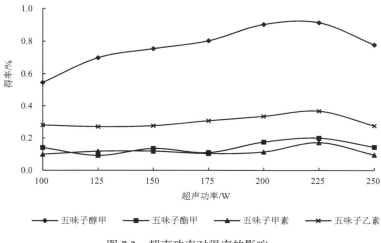

图 7.3　超声功率对得率的影响

4. 提取次数对得率的影响

按照前面单因素得出的条件，考察提取次数对五味子木脂素类成分提取效果的影响，结果如图 7.4。

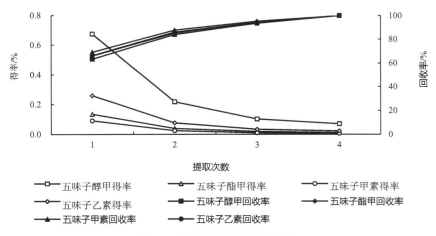

图 7.4　提取次数对得率的影响

由图 7.4 可知，随着提取次数的增加，五味子木脂素类成分的得率逐次降低，我们将 4 次提取的回收率设定为 100%，则第 1 次各木脂素成分的回收率均在 70% 以下；前 2 次的累积回收率在 85% 左右；前 3 次的累积回收率在 95% 左右。同时考虑到增加提取次数，会增加溶剂的使用量，溶剂回收成本高，提取次数选择 3 次较合理。规模生产时亦可考虑提取 3 次，最后 1 次的提取液作为下一批次的提取溶剂使用，以降低成本。

2. 料液比对提取效果的影响

在体积分数 90%乙醇，超声功率 250 W，提取一次 30 min，变化料液比，观察不同料液比对五味子木脂素类成分得率的影响。

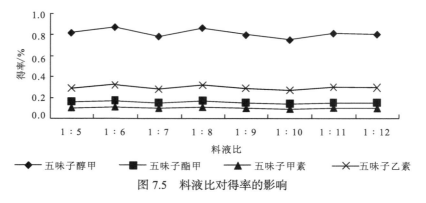

图 7.5　料液比对得率的影响

由图 7.5 可以看出料液比对得率的影响不是很显著，随料液比的增加提取率升高较缓慢，料液比在 1：8 时出现一个最大值，综合考虑原料的渗透作用要求料液比不能过小和规模生产中节约溶剂等问题，料液比选择 1：7 到 1：9 进一步优化。

7.2.3.3　五味子木脂素超声提取条件优化

1. 响应值结果及其拟合模型[22-25]

1~24 号是析因试验，25~29 号是中心试验。29 个试验点分为析因点和零点，其中析因点为自变量取值在 X_1、X_2、X_3 所构成的三维顶点；零点为区域的中心点，零点试验重复 5 次，用以估计试验误差。由 Box-Behnken 设计方案所得结果见表 7.2。

表 7.2　响应面实验方案及结果分析

试验编号	因素				响应值	
	X_1：乙醇体积分数/%	X_2：超声时间/min	X_3：超声功率/W	X_4：料液比 $(g：mL)$	Y_1：总得率/%	Y_2：浸膏得率/%
1	0	−1	−1	0	1.195	22.265
2	−1	0	−1	0	1.146	27.540
3	1	0	−1	0	1.199	16.575
4	0	1	−1	0	1.373	27.045
5	−1	−1	0	0	1.123	24.395
6	1	−1	0	0	1.193	15.360

续表

试验编号	因素				响应值	
	X_1：乙醇体积分数/%	X_2：超声时间/min	X_3：超声功率/W	X_4：料液比 $(g : mL)$	Y_1：总得率/%	Y_2：浸膏得率/%
7	−1	1	0	0	1.413	30.340
8	1	1	0	0	1.146	21.630
9	0	−1	1	0	1.188	15.070
10	−1	0	1	0	1.160	25.380
11	1	0	1	0	1.157	18.400
12	0	1	1	0	1.226	24.465
13	0	0	−1	1	1.199	25.825
14	0	−1	0	1	1.155	23.510
15	−1	0	0	1	1.449	32.010
16	1	0	0	1	1.134	23.085
17	0	1	0	1	1.427	28.785
18	0	0	1	1	1.159	19.290
19	0	0	−1	−1	1.402	25.900
20	0	−1	0	−1	1.183	21.575
21	−1	0	0	−1	1.112	25.695
22	1	0	0	−1	1.317	21.430
23	0	1	0	−1	1.164	22.510
24	0	0	1	−1	1.197	22.960
25	0	0	0	0	1.508	14.260
26	0	0	0	0	1.574	14.840
27	0	0	0	0	1.554	14.190
28	0	0	0	0	1.584	14.990
29	0	0	0	0	1.530	14.960

在工业生产中浸膏得率体现的是杂质的溶出情况，理论上在五味子功效成分提取率相同的条件下，浸膏得率越少，杂质的溶出量就越少，可为后续的纯化工作提供方便，所以在选择优化条件的时候，除了考察功效成分的提取率外，浸膏得率也是一个重要的考察因素，应尽可能选择浸膏得率小的提取条件，因此在优化实验中设置了木脂素总提取率和浸膏得率双响应值。

对实验数据进行多项拟合回归，以高效液相色谱检测到的峰面积计算出的总得率（Y_1）和浸膏得率（Y_2）为因变量，乙醇浓度（X_1），超声时间（X_2），超声功率（X_3），料液比（X_4）为自变量，建立回归方程如下。

总提取率：

$$Y_1=1.55-0.021\,X_1+0.059\,X_2-0.036\,X_3+0.012\,X_4-0.084\,X_1X_2-0.014\,X_1X_3-$$
$$0.13\,X_1X_4-0.035\,X_2X_3+0.073\,X_2X_4+0.041\,X_3X_4-0.18\,X_1{}^2-0.15\,X_2{}^2- \qquad (7\text{-}3)$$
$$0.18\,X_3{}^2-0.14\,X_4{}^2$$

浸膏得率：

$$Y_2=14.65-4.07\,X_1+2.72\,X_2-1.63\,X_3+1.04\,X_4+0.081\,X_1X_2+1.00\,X_1X_3-$$
$$1.16\,X_1X_4+1.15\,X_2X_3+1.08\,X_2X_4-0.90\,X_3X_4+4.53\,X_1{}^2+3.92\,X_2{}^2+ \qquad (7\text{-}4)$$
$$3.14\,X_3{}^2+5.87\,X_4{}^2$$

回归方程可信度分析见表 7.3，其中总得率和浸膏得率的相关系数分别为 91.34%和 92.89%。表明超过 90%的实验数据可用该模型进行解释，说明方程可靠性较高。变异系数值越低，显示实验稳定性越好，本实验中变异系数值分别为 5.13%和 8.96%，较低，说明实验操作可信度高。综上说明了该回归方程为优化超声提取五味子木脂素类成分的工艺条件提供了一个良好的模型。

表 7.3　回归方程可信度分析

项目	总提取率	浸膏得率
平均值	1.28%	21.87%
复相关系数的平方	0.913 4	0.928 9
校正后的相关系数	0.826 9	0.857 7
标准差	0.091	0.88
Y 的变异系数	5.13	8.96

表 7.4　回归分析结果

方差来源	自由度 df	Y_1 平方和 ss	Y_2 平方和 ss	Y_1 均方 MS	Y_2 均方 MS	Y_1 F 值	Y_2 F 值	Y_1 Pr>F	Y_2 Pr>F
X_1	1	0.005 5	199.104 5	0.005 5	199.104 5	1.271 8	51.819 5	0.278 4	<0.000 1
X_2	1	0.042 2	88.563 3	0.042 2	88.563 3	9.761 1	23.049 7	0.007 5	0.000 3
X_3	1	0.015 2	31.964 4	0.015 2	31.964 4	3.510 7	8.319 1	0.082 0	0.012 0
X_4	1	0.001 8	12.885 8	0.001 8	12.885 8	0.421 8	3.353 7	0.526 6	0.088 4
X_1X_1	1	0.215 1	133.069 4	0.215 1	133.069 4	49.689 9	34.633 0	<0.000 1	<0.000 1
X_1X_2	1	0.028 4	0.026 4	0.028 4	0.026 4	6.560 2	0.006 9	0.022 6	0.935 1
X_1X_3	1	0.000 8	3.970 1	0.000 8	3.970 1	0.181 1	1.033 3	0.676 9	0.326 6
X_1X_4	1	0.067 6	5.428 9	0.067 6	5.428 9	15.619 4	1.412 9	0.001 4	0.254 3
X_2X_2	1	0.150 8	99.576 5	0.150 8	99.576 5	34.836 1	25.916 0	<0.000 1	0.000 2
X_2X_3	1	0.004 9	5.324 6	0.004 9	5.324 6	1.132 2	1.385 8	0.305 3	0.258 7
X_2X_4	1	0.021 2	4.708 9	0.021 2	4.708 9	4.891 5	1.225 6	0.044 1	0.286 9
X_3X_3	1	0.200 0	63.901 6	0.200 0	63.901 6	46.205 6	16.631 2	<0.000 1	0.001 1

续表

方差来源	自由度 df	Y_1 平方和 ss	Y_2 平方和 ss	Y_1 均方 MS	Y_2 均方 MS	Y_1 F 值	Y_2 F 值	Y_1 Pr>F	Y_2 Pr>F
X_3X_4	1	0.006 8	3.231 0	0.006 8	3.231 0	1.572 6	0.840 9	0.230 4	0.374 7
X_4X_4	1	0.124 4	223.596 2	0.124 4	223.596 2	28.732 0	58.193 8	0.000 1	<0.000 1
模型	14	0.640 0	702.470 0	0.046 0	50.180 0	10.550 0	13.060 0	<0.000 1	<0.000 1
残差	14	0.060 6	53.790 0	0.004 3	3.840 0	—	—	—	—
失拟项	10	0.056 7	53.180 0	0.005 7	5.320 0	5.795 4	34.790 0	0.052 5	0.001 9
净误差	4	0.003 9	0.610 0	0.001 0	0.150 0	—	—	—	—
总离差	28	0.700 0	756.260 0	—	—	—	—	—	—
一次项	4	0.290 0	332.520 0	0.071 0	83.130 0	0.940 0	4.710 0	0.459 9	0.006 0
二次项	4	0.750 0	347.260 0	0.190 0	86.820 0	4.500 0	22.590 0	0.015 1	<0.000 1
交互项	8	0.560 0	49.980 0	0.070 0	6.250 0	19.160 0	9.820 0	0.001 0	0.006 1

采用 Design Expert 7.0 程序对实验结果进行方差分析,分析结果见表 7.9。表 7.4 中的 Pr>F 值项表示大于 F 值的概率,从中可以看出总提取率 X_2(超声时间),X_1X_2,X_2X_4 对 Y_1 值的影响显著(Pr>F 的值小于 0.05),X_1X_1,X_1X_4,X_2X_2,X_3X_3,X_3X_4 和 X_4X_4 对 Y_1 值的影响高度显著(Pr>F 的值小于 0.005);浸膏得率 X_3(超声功率),X_1X_3,X_1X_4,对 Y_2 值的影响显著(Pr>F 的值小于 0.05),X_1(乙醇浓度),X_2(超声时间),X_1X_1,X_3X_3 和 X_4X_4 对 Y_2 值的影响高度显著(Pr>F 的值小于 0.005),表明实验因子对响应值不是简单的线性关系,因子间一次项的影响相对较小,这和回归方程中二次项影响高度显著相一致。

2. 等高线图和响应面图分析

根据回归方程绘制的响应面和等高线分析图如图 7.6~图 7.9。响应面可以直接反映出各因子对响应值的影响大小,由等高线图可以直接看出最优条件下各因子的取值。从图可以看出响应面曲线越陡,说明因子对五味子木脂素类成分的总提取率或浸膏得率的影响越显著,这和方差分析的结果相一致。

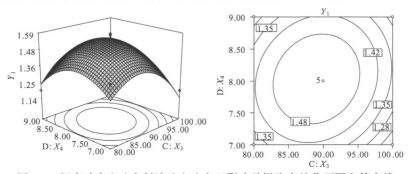

图 7.6　超声功率(X_3)和料液比(X_4)交互影响总提取率的曲面图和等高线

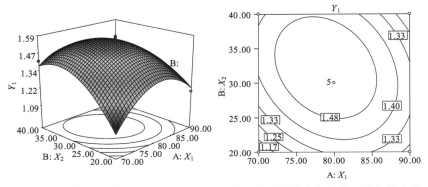

图 7.7　乙醇体积分数(X_1)和超声时间(X_2)交互影响总提取率的曲面图和等高线

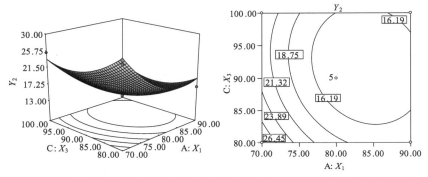

图 7.8　乙醇体积分数(X_1)和超声功率(X_3)交互影响浸膏得率的曲面图和等高线

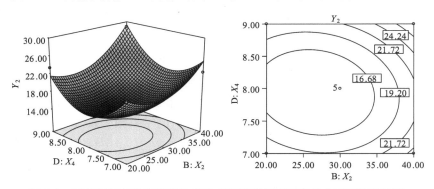

图 7.9　超声时间(X_2)和料液比(X_4)交互影响浸膏得率的曲面图和等高线

　　经过 Box-Behnken 设计优化提取条件，最佳的提取工艺参数为：乙醇体积分数为 81.21%、料液比为 1∶7.95、超声时间和功率分别为 29.87 min 和 222.5 W，此时五味子活性成分总提取率理论值可达到 1.54%；浸膏得率的理论值可达到 14.19%。

7.2.3.4 最佳条件的验证实验

取 2.0 g 五味子原料(绝干计)装入 100 mL 锥形瓶中,在最佳超声条件下提取,重复实验三次取平均值,验证实验结果。提取率为 1.536%,与理论值相差0.26%;浸膏得率为 14.28%,与理论值相差 0.63%。

7.3 北五味子体内活性物质的纯化技术研究

7.3.1 碱催化北五味子提取物主要木脂素增量及其优化

7.3.1.1 仪器与材料

1. 仪器

717 型自动进样高效液相色谱仪,包括 1525 二元泵和 2487 型紫外光检测器,美国 WATERS 公司产品;HiQ SiL C_{18} V 色谱柱(4.6 mm×250 mm,5 μm,KYA TECH 公司);DK-98-I 电子恒温水浴锅(南京泰特化工设备有限公司);RE-52AA 型旋转蒸发器(上海亚荣生化仪器厂),SHB-III 循环水式多用真空泵(郑州长城科工贸有限公司);HX-200A 型高速中药粉碎机(浙江省永康市溪岸五金模具厂)。

2. 材料与试剂

北五味子药材购于哈尔滨市三棵树药材市场,经本室聂绍荃教授鉴定为北五味子的干燥果实,将其粉碎,取粒径范围 250~850 μm。五味子醇甲、五味子酯甲、五味子甲素和五味子乙素对照品购自中国药品生物制品检定所(批号分别为:110857-200507、111529-200302、110764-200408、110765-200508);乙腈为色谱纯,色谱分析用二次蒸馏水自制,其他试剂均为国产分析纯。

7.3.1.2 实验部分

1. 水蒸气蒸馏法蒸除挥发油和木脂素类有效成分的提取[27-29]

将 2 kg 粉碎至 250~850 μm 的五味子果实在釜外喷洒 0.1 kg 去离子水水散24 h 后置于自制水蒸气蒸馏装置中,直接通入蒸汽,通气时间 3 h,蒸汽流量1.5 m³/h,于油水分配器中分出挥发油。蒸油结束后,冷却,取出五味子,于60℃减压干燥。称取蒸除挥发油的干燥的五味子果实粉末 100 g(绝干计),放入圆底烧瓶中,然后按料液比为 1:8(m/V)加入体积分数 80%乙醇,90℃水浴中回流提取 2 h,提取 3 次,合并 3 次提取液,旋转蒸发器 65℃减压浓缩至干,得到浸膏,作为水解萃取原料。

2. 分析方法

1)北五味子木脂素类有效成分的高效液相色谱检测条件[19-20,30-31]

流动相为乙腈：水：冰醋酸（60：40：0.1），等度洗脱，洗脱流速为 1.0 mL/min，检测波长为 220 nm，柱温 35℃，进样体积 10 μL。在上述色谱条件下，五味子醇甲、五味子酯甲、五味子甲素和五味子乙素的保留时间分别为 6.7 min、13.2 min、24.9 min 和 33.8 min，主色谱峰与相邻色谱峰的分离度均大于 1.5，理论塔板数不低于 4000。

2)标准曲线的绘制

精密称取对照品五味子醇甲 12.3 mg，五味子酯甲 25.5 mg，五味子甲素 33.9 mg，五味子乙素 52.6 mg，用甲醇定容至 100 mL 为五味子对照品储备液，取上述储备液 10 mL 再次用甲醇定容至 100 mL，得到浓度分别为 12.3 μg/mL、25.5 μg/mL、33.9 μg/mL、和 52.6 μg/mL 的五味子对照品混合溶液。

精密吸取对照品混合溶液 0.2 mL、1.0 mL、2.0 mL、6.0 mL 和 10.0 mL，分别用甲醇定容至 10 mL，依次取上述对照品溶液 10 μL 进样，每个浓度重复进样 3 次。按上述色谱条件测定，以浓度（mg/mL）为横坐标，以峰面积为纵坐标线性回归。得到标准曲线的方程见表 7.5。

表 7.5　标准曲线方程

化合物	标准曲线方程	回归系数	线性范围/(μg/mL)	返回时间/min
五味子醇甲	$Y=5.445\,6\times10^4\,X+2.337\,1\times10^3$	0.999 7	0.246~12.3	6.5
五味子酯甲	$Y=1.402\,28\times10^5\,X+8.084\,6\times10^3$	0.999 8	0.510~25.5	12.7
五味子甲素	$Y=2.607\,0\times10^5\,X+8.878\,7\times10^3$	0.999 8	0.678~33.9	23.9
五味子乙素	$Y=3.747\,53\times10^5\,X+5.124\,8\times10^3$	0.999 7	1.052~52.6	32.6

3)样品中五味子甲素、乙素、醇甲和酯甲的含量测定

样品液稀释至适宜的检测浓度后离心（离心条件：温度 25℃；速度 12 000 r/min；时间 5 min），取上清液进行 HPLC 检测，每样重复进样 3 次，将峰面积取平均值，代入回归方程计算。

3. 影响工艺效果的因素试验

1)单因素试验

将五味子浸膏用适当浓度的乙醇溶液复溶后，分别加入氢氧化钠和碳酸钠配制成不同浓度，回流水解一定时间，静止冷却，分别取样测定各木脂素含量。然后用有机溶剂萃取三次，合并有机相混匀取样测定各木脂素含量。

2)工艺优化实验

根据 Box-Benhnken 的中心组合试验设计原理，综合单因素影响试验结果，

以水解时间、催化用碱的浓度、水解料液比等因素作为考察对象，采用 Design Expert 7.0 统计分析软件的响应面分析法安排实验，以获取最佳的工艺参数。实验水平因素安排见表 7.6。

表 7.6　实验因素水平编码表

水平	X_1：水解时间/h	X_2：碱的浓度/(mol/L)	X_3：料液比(m/V)
−1	1.5	0.5	1：40
0	2.0	1.0	1：50
1	2.5	1.5	1：60

7.3.1.3　结果与讨论

1. 水蒸气蒸馏法除去挥发油

由于五味子提取物常含大量的挥发油类物质，这些油性物质对制剂的浸膏得率和成型性有不良影响，使颗粒成型性差，不利于制成片剂等固体制剂。本实验采用直接水蒸气蒸馏法除去挥发油类物质。采用直接水蒸气蒸馏法得到淡黄色五味子挥发油 38 mL，收率 1.9%。

2. 水解催化剂种类及用量的选择

实验考察了 2 种水解催化剂对五味子木脂素含量的影响。将氢氧化钠和碳酸钠分别配制成不同的摩尔浓度，每次加入量 15 mL，水解 4 h 结果如图 7.10。从中可以看出：氢氧化钠和碳酸钠都是 1 mol/L 时的水解效果最好。但总木脂素的回收率氢氧化钠作为催化剂明显比碳酸钠效果好，故选择氢氧化钠作为水解催化剂。

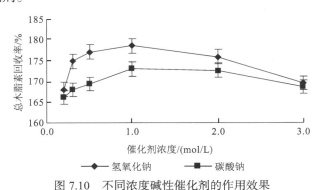

图 7.10　不同浓度碱性催化剂的作用效果

3. 水解时间的选择

将五味子浸膏溶液加入 7.3.2.3 所确定的催化剂及用量，100℃的条件下分别水解不同的时间，结果如图 7.11 所示，可以看出，随着水解时间的增加，木脂素含量呈递增趋势，但当水解 2 h 以后，木脂素增加趋势变缓，表明此时体系内的结合态木脂素基本水解完全，因此确定 1.5~2.5 h 为进一步优化的条件。

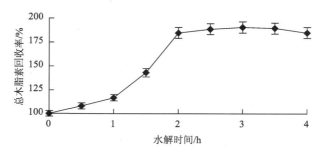

图 7.11　五味子木脂素类化合物不同时间的水解效果

4. 水解料液比的选择

将五味子浸膏按不同料液比加入体积分数 70%乙醇溶解，加入 7.3.2.3 所确定的催化剂及用量，100℃的条件下水解 2 h，结果如图 7.12 所示，可以看出，随着料液比的增加，总木脂素回收率先呈递增趋势，在料液比 1：50 以后基本维持不变。料液比过小，五味子浸膏溶解不好，水解也不完全，料液比过大，造成溶剂浪费，后处理负担重，因此确定料液比 1：40 到 1：60 为进一步优化的范围。

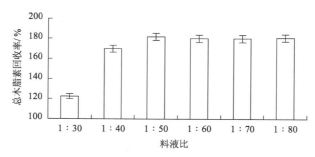

图 7.12　五味子木脂素类化合物不同料液比的水解效果

2. 碱水解工艺优化

如表 7.7 所示，1~12 号是析因试验，13~17 号是中心试验。17 个试验点分为析因点和零点，其中析因点为自变量取值在 X_1、X_2、X_3 所构成的三维顶点；零点为区域的中心点，零点试验重复 5 次，用以估计试验误差。由 Box-Behnken 设计方案所得结果见表 7.7。

表 7.7　响应面实验方案及结果分析

实验号	因素			因变量
	X_1：水解时间/h	X_2：碱的浓度/(mol/L)	X_3：料液比(m/V)	总木脂素收率/%
1	1	0	1	178.50
2	0	1	−1	176.22
3	0	−1	−1	176.46
4	−1	0	1	148.35
5	−1	−1	0	146.64
6	0	−1	1	178.11
7	0	1	1	177.93
8	−1	1	0	146.23
9	1	1	0	175.77
10	−1	0	−1	147.21
11	1	−1	0	176.33
12	1	0	−1	177.83
13	0	0	0	179.10
14	0	0	0	180.02
15	0	0	0	179.63
16	0	0	0	179.54
17	0	0	0	179.87

　　本实验以总木脂素的回收率作为响应值，理论上应尽可能选择五味子总木脂素的回收率较大的工艺，可为后续的纯化工作提供方便，所以在选择优化条件的时候，考察因素选择整数，总木脂素的回收率作为响应值。

　　对实验数据进行多项拟合回归，以高效液相色谱检测到的峰面积计算出的总木脂素的回收率(Y)为因变量，水解时间(X_1)，催化剂碱浓度(X_2)，水解料液比(X_3)为自变量，建立回归方程如下。

　　总木脂素的回收率：

$$Y = -163.916\,75 + 292.101\,X_1 + 16.530\,5\,X_2 + 0.469\,62\,X_3 - 0.15\,X_1\,X_2 - \\ 0.023\,5\,X_1\,X_3 + 0.003\,X_2\,X_3 - 65.194\,X_1^2 - 8.364\,X_2^2 - 0.003\,61\,X_3^2 \tag{7-5}$$

　　回归方程可信度分析见表 7.8，其中总木脂素回收率的相关系数为 0.999 6。表明超过 99%的实验数据可用该模型进行解释，说明方程可靠性较高。相对标准偏差值越低，显示实验稳定性越好，本实验中相对标准偏差为 0.24%，说明实验操作可信度高。综上说明了该回归方程为水解北五味子木脂素增量的工艺条件提供了一个良好的模型。

表 7.8　回归方程可信度分析

来源	数值
总木脂素收率平均值/%	170.81
相关系数	0.999 6
调整后相关系数	0.999 1
标准差	0.40
相对标准偏差/%	0.24

采用 Design Expert 7.0 程序对实验结果进行方差分析,分析结果见表 7.9。表 7.9 中的 $Pr>F$ 表示大于 F 值的概率,从中可以看出水解时间 X_1、水解料液比 X_3,X_1X_1,X_2X_2,对 Y 值的影响高度显著($Pr>F$ 的值小于 0.005),表明实验因子对响应值不是简单的线性关系,因子间一次项的影响相对较小,这和回归方程中二次项影响高度显著相一致。

表 7.9　回归分析结果

来源	自由度	平方和	均方	F 值	$Pr>F$
X_1	1	1800	1800	11 118.42	<0.000 1
X_2	1	0.24	0.24	1.49	0.261 5
X_3	1	3.34	3.34	20.64	0.002 7
X_1X_1	1	1 118.49	1 118.49	6 908.79	<0.000 1
X_1X_2	1	0.005 625	0.005 625	0.035	0.857 4
X_1X_3	1	0.055	0.055	0.34	0.577 5
X_2X_2	1	18.41	18.41	113.71	<0.000 1
X_2X_3	1	0.000 9	0.000 9	0.005 55	0.942 7
X_3X_3	1	0.55	0.55	3.39	0.108 2
模型	9	2 966.94	329.66	2 036.28	<0.000 1
残差	7	1.13	0.16	—	—
失拟项	3	0.63	0.21	1.7	0.304 4
净误差	4	0.5	0.12	—	—
总离差	16	2 968.08	—	—	—
一次项	3	1 803.58	601.19	6.71	0.005 6
二次项	3	1 163.3	387.77	2 395.19	<0.000 1
交互项	3	0.63	0.21	1.7	0.304 4

根据回归方程绘制的响应面和等高线分析图如图 7.13 和图 7.14。响应面可以直接反映出各因子对响应值的影响大小,由等高线图可以直接看出最优条件下

各因子的取值。从图可以看出响应面曲线越较陡，说明因子对北五味子总木脂素类成分的回收率的影响越显著，这和方差分析的结果相一致。

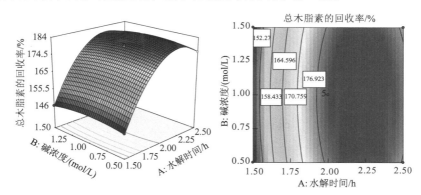

图 7.13　水解时间 (X_1) 和碱浓度 (X_2) 交互影响的曲面图和等高线

经过 Box-Behnken 设计优化试验条件，最佳的水解工艺参数为：水解时间 2.25 h、水解催化剂 NaOH 的浓度为 1.26 mol/L、水解料液比为 1∶54.88。此时北五味子总木脂素活性成分的回收率理论值可达到 182.59%。在最佳的实验条件下重复实验三次取平均值，验证实验结果为 182.11%，与理论值相差 0.26%。

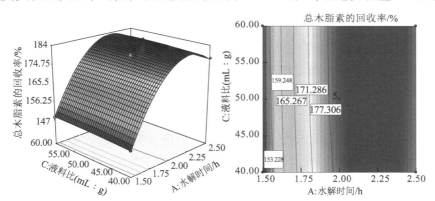

图 7.14　水解时间 (X_1) 和料液比 (X_3) 交互影响的曲面图和等高线

7.3.2　大孔吸附树脂纯化北五味子花色苷

7.3.2.1　仪器与材料

1. 仪器

UV-2550 紫外可见分光光度计 (日本岛津公司)；HZS-HA 恒温水浴振荡器 (中国哈尔滨市东联电子技术开发有限公司)；GZX-DH-X-S 真空干燥箱 (上海跃进医疗器械厂)；DK-98-1 型水浴锅 (天津市泰斯特仪器有限公司)；3K30 型离心

机(SIGMA 公司)；BS124S 电子分析天平(北京赛多利斯仪器系统有限公司)；RE-52AA 旋转蒸发器(上海亚荣生化仪器厂)；SHB-IV 双 A 循环水式多用真空泵(郑州长城科工贸有限公司)。

2. 材料与试剂

五味子药材购于黑龙江省哈尔滨市三棵树药材市场，经东北林业大学森林植物生态学教育部重点实验室聂绍荃教授鉴定为北五味子的干燥果实，粉碎至250~850 μm。大孔吸附树脂购于沧州宝恩吸附材料科技有限公司，型号如表10.10；其他试剂为国产分析纯。

7.3.2.2　实验部分

1. 北五味子花色苷的提取

采取常温浸渍法提取北五味子花色苷，以最大限度避免脂溶性成分被溶出。取粒径范围 250~850 μm 的五味子果实干燥粉碎料 300 g(以绝干计)，以料液比 1∶15 加入去离子水常温浸渍 8 h，双层脱脂纱布过滤，滤饼在按相同条件提取 1 次，将所得花色苷溶液 70℃减压浓缩至 800 mL，用乙酸乙酯萃取 2 次，每次用量 600 mL，萃余液 50℃减压回收残留的乙酸乙酯至无异味，为五味子花色苷提取液，冷却待用。

2. 北五味子花色苷的定量分析

采用直接法吸收光谱测定[32,33]：精密吸取花色苷溶液 1 mL，用 0.1%浓盐酸的 80%体积分数乙醇溶液定容至 10 mL，混匀静止 24 h 后过滤，参照董爱文等[34]的方法，依公式(7-6)计算花色苷含量：

$$MF=A_{max}VN/Km \tag{7-6}$$

式中，MF 为花色苷质量分数(mg/g)；A_{max} 为最大吸收波长 535 nm 下的吸光值；V 为定容体积(mL)；N 为稀释倍数；K 为花色苷在 λ_{max} 处的平均消光系数，取98.2；m 为五味子花色苷提取液中五味子的绝干质量(g)。

3. 树脂的预处理

大孔树脂经 4~5 倍树脂体积的 95%体积分数乙醇浸泡 24 h 使其充分润胀，然后用 2~3 倍树脂体积的 95%体积分数乙醇与去离子水交替洗涤 2~3 次，再以大量去离子水冲洗直至树脂醇洗脱液加水不显白色混浊。将树脂密封放置 24 h 平衡水分，分别取树脂3~5 g 3 份，于(105±3)℃烘干至恒重，计算树脂含水率。

4. 树脂的静态筛选

1)静态吸附量和吸附率

取经预处理过的不同种类的大孔树脂各 1 g(绝干计)分别装入锥形瓶中，分别加入五味子花色苷提取液 50 mL，瓶口用保鲜膜覆盖，25℃恒温水浴振荡吸附 24 h，滤出树脂。每种树脂重复操作 3 次，分别测定原溶液和滤液的吸光度，根据公式(7-7)计算吸附量：

$$Q_e = (C_0 - C_e) \times \frac{V_i}{(1 - M)W} \tag{7-7}$$

式中，Q_e 为花色苷在树脂上的吸附量(mg/g)；C_e 为吸附24h时花色苷在溶液中的浓度(mg/mL)；C_0 为花色苷在提取液初始浓度(mg/mL)；V_i 为五味子提取液体积(mL)；W 为树脂质量(g)；m 为树脂的含水率(%)。

2)静态解吸量和解吸率

1 中吸附饱和的树脂加去离子水 50 mL，25℃恒温水浴振荡 2 h 后过滤，然后置于锥形瓶中精密加入 50 mL 体积分数为 95%的乙醇溶液，瓶口保鲜膜覆盖，25℃恒温水浴振荡 24 h，过滤，测定滤液的吸光度，根据公式(7-8)计算解吸率：

$$D = \frac{C_d V_d}{(C_0 - C_e)V} \times 100\% \tag{7-8}$$

式中，D 为解吸率(%)；V_d 为解吸液体积(L)；C_d 为解吸液中花色苷含量(mg/L)；C_0 为提取液初始的花色苷含量(mg/L)；C_e 为吸附 24h 时溶液中花色苷含量(mg/L)；V 为被吸附的提取液体积(L)。

3)静态吸附时间曲线

取经预处理过的上述筛选出的树脂各 1 g(绝干计)各 8 份，分别装入锥形瓶中，分别加入 50 mL 五味子花色苷提取液，瓶口保鲜膜覆盖，25℃恒温水浴分别振荡 1~8 h，用带有 0.45 μm 滤膜的注射器取样 1 mL，用直接法吸收光谱测定吸光度，计算吸附量和吸附率。以时间为横坐标，吸附量为纵坐标，绘制静态吸附动力学曲线，确定吸附平衡时间。

4)静态解吸时间曲线

取吸附饱和的上述树脂滤干，分别加入去离子水 50 mL，25℃恒温水浴振荡 2 h 后过滤，加入 50 mL 体积分数为 95%的乙醇洗脱液，25℃恒温水浴分别振荡 1~8 h，用带有 0.45 μm 滤膜的注射器取样 1 mL，用直接法吸收光谱测定吸光度，计算解吸量和解吸率。以时间为横坐标，解吸量为纵坐标，绘制静态解吸动力学曲线。

5)温度对静态饱和吸附率的影响

称取 HPD-300 大孔树脂 1 g(绝干计)5 份于锥形瓶中，分别加入 50 mL 五味子花色苷提取液，在不同温度下(0℃、10℃、20℃、30℃和 40℃)振荡吸附

4 h。用直接法吸收光谱测定剩余液的吸光度，计算花色苷的吸附量和吸附率。

5. 吸附等温线

室温下，将五味子花色苷提取液分别浓缩或稀释，称取HPD-300大孔树脂1 g（绝干计）5份于锥形瓶中，分别加入4 C_0、2 C_0、C_0、0.5 C_0和0.25 C_0（花色苷提取液的初始浓度C_0）5种浓度的五味子花色苷提取液，25℃恒温水浴分别振荡4 h，用带有0.45 μm滤膜的注射器取样1 mL，用直接法吸收光谱测定吸光度，计算吸附量。以浓度为横坐标，吸附量为纵坐标，绘制吸附等温线。

6. 动态吸附与解吸

1）泄漏曲线

取HPD-300大孔树脂5 g（绝干计）3份，湿法装入0.5 cm×30 cm的色谱柱中，树脂厚度约12.5 cm（柱床体积13 mL）。取五味子花色苷提取液分别以26 mL/h、39 mL/h、52 mL/h的流速上柱，分段收集流出液，测定流出液中花色苷含量，以流出液体积为横坐标，流出液中五味子花色苷浓度为纵坐标，绘制泄露曲线。流出液中五味子花色苷的浓度达到上柱浓度的10%时，设为吸附终点。达到吸附终点时上样液体积值即为泄露点。

2）吸附流速的影响

室温下，将五味子花色苷提取液分别以39 mL/h、52 mL/h、65 mL/h的流速上柱，分段收集流出液，用直接法吸收光谱测定流出液吸光度，计算流出液的五味子花色苷含量。以流出液柱体积为横坐标，流出液五味子花色苷浓度为纵坐标，绘制吸附曲线。

3）乙醇体积分数对解吸性能的影响

室温下，将相同条件下吸附饱和的树脂柱水洗，再分别用体积分数为30%、60%、90%的乙醇洗脱，洗脱速度为39 mL/h。分段收集流出液，用直接法吸收光谱测定流出液吸光度，计算流出液的花色苷含量。以流出液柱体积为横坐标，花色苷浓度为纵坐标，绘制洗脱曲线。

4）解吸流速对解吸性能的影响

室温下，将相同条件下吸附饱和的树脂柱水洗，再用体积分数95%乙醇分别以26 mL/h、39 mL/h、52 mL/h的流速洗脱。分段收集流出液，用直接法吸收光谱测定流出液吸光度，计算流出液的花色苷含量。以流出液柱体积为横坐标，花色苷浓度为纵坐标，绘制洗脱曲线。

7.3.2.3　结果与讨论

1. 树脂的选择

本实验选择15种树脂进行静态吸附及解吸实验，实验结果见表7.10。

表 7.10　15 种大孔树脂对五味子花色苷的吸附解吸性能

树脂名称	树脂类型	比表面积/(m²/g)	平均孔径	吸附率±标准偏差/%	解吸率±标准偏差/%
HPD-100	非极性	650~700	8.5~9.0	81.4±0.25	70.8±0.55
HPD-100A	非极性	650~700	9.5~10.0	36.8±0.06	67.4±0.06
HPD-300	非极性	800~870	5.0~5.5	94.0±0.06	79.9±0.12
HPD-700	非极性	650~700	8.5~9.0	59.4±0.12	65.5±0.06
HPD-5000	非极性	550~600	10.0~11.0	84.9±0.06	84.6±0.06
D101	弱极性	400~600	10.0~12.0	66.2±0.13	81.9±0.08
AB-8	弱极性	480~520	13.0~14.0	77.4±0.09	72.5±0.08
HPD-400	中极性	500~550	7.5~8.0	70.8±0.08	80.6±0.11
HPD-200L	中极性	500~550	8.0~9.0	77.8±0.11	87.2±0.07
HPD-400A	中极性	500~550	8.5~9.0	62.7±0.12	72.8±0.05
HPD-450	中极性	500~550	9.0~11.0	53.6±0.20	67.9±0.10
HPD-750	中极性	650~700	8.5~9.0	50.7±0.11	63.4±0.09
HPD-500	极性	500~550	5.5~7.5	32.5±0.04	62.5±0.17
HPD-600	极性	550~600	8.0	32.3±0.04	62.9±0.04
HPD-850	极性	1100~1300	8.5~9.5	33.8±0.08	87.4±0.06

　　大孔树脂的吸附作用取决于吸附剂与吸附物质之间的范德华力和氢键，本节所选用的 15 种大孔树脂包括极性、中极性、弱极性和非极性 4 种类型。由表 7.10 可以看出，不同类型的树脂对花色苷的吸附程度不同，吸附量最大的是非极性的 HPD-300，其次是非极性的 HPD-5000 和中级性的 HPD-200L，3 种树脂的静态吸附和解吸曲线如图 7.15。所选的 3 种树脂 HPD-200L、HPD5000 和

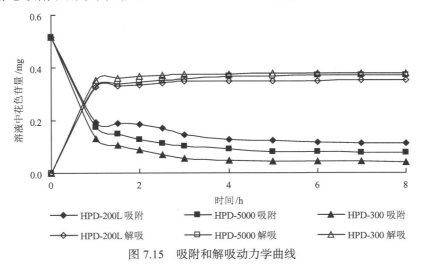

图 7.15　吸附和解吸动力学曲线

HPD300 树脂的饱和吸附量分别为 0.402 mg/g、0.439 mg/g 和 0.475 mg/g；静态条件下解吸率分别为 87.2%、84.6% 和 79.9%，HPD-200L 最好；完成饱和吸附量的 80%HPD-200L 需要 1 h、HPD5000 需要 1.5 h 和 HPD300 需要 1 h，完成饱和吸附量的 90% HPD-200L 需要 3 h、HPD5000 需要 2.5 h 和 HPD300 需要 2 h，HPD300 吸附速度快，吸附效率高；我们设定树脂吸附 8 h 的吸附量为 100，3 种树脂在 1 h 内即可解吸 90%，HPD-200L 和 HPD300 在 3 h 内解吸率可达 98% 以上，而 HPD5000 则需要 4 h。综合分析以 HPD300 分离五味子花色苷效果最好，故以下实验重点考察 HPD300 型大孔树脂对五味子果实花色苷的纯化效果。

2. 静态吸附温度曲线

HPD300 的静态吸附温度曲线如图 7.16 所示。由图 7.16 可以看出：随着温度的升高，树脂的吸附量减少，吸附过程是放热过程，低温有利于吸附。由于 0℃ 和 10℃ 温度条件较为苛刻，需要增加制冷设备，且 20℃ 的吸附量与其的差距不大，因此工艺选用室温(20℃)吸附。

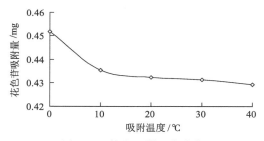

图 7.16　静态吸附温度曲线

3. 吸附等温线

确定适宜的吸附温度后，接着考察 HPD-300 树脂在此温度下的吸附曲线。在固液吸附中最常采用的是 Langmuir 等温方程和 Freundlich 等温方程，Langmuir 方程假设吸附表面均一，吸附分子间无作用力，限于单分子层的吸附；Freundlich 方程是 Langmuir 模型结合吸附表面不均匀的假设而导出的。对本试验结果分别用 Freundlich 和 Langmuir 式进行线性拟合，结果如图 7.17，利用相关系数对两种模型进行分析，相关系数越高，说明此模型能更好地描述吸附平衡，由图 7.17 看出：Freundlich 公式的相关系数更接近 1，因此用 Freundlich 模型拟合吸附等温方程，其结果比较理想。由直线方程 $\lg Q = \lg a + 1/n \times \lg C$ 得出 $a = 0.27$，$1/n = 0.733\,3$，所以 $Q = 0.27\,C^{0.733\,3}$。

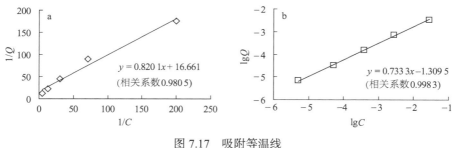

图 7.17　吸附等温线

a. Langmuir；b. Freundlich

4. 泄露曲线

五味子花色苷上样液的浓度为 0.474 mg/mL，由图 7.18 可以看出上样流速快，泄漏点则提前，在实验设定的 3 个流速条件下，65 mL/h 流速上样先达到泄漏点。流速越大，达到泄漏点的时间越短，也就是说吸附不充分。所以在时间允许的条件，应选择较小的流速有利于吸附完全。

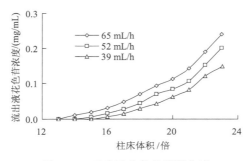

图 7.18　五味子花色苷泄漏曲线

5. 解吸剂的确定

大孔吸附树脂在吸附花色苷具有可逆性。考虑到甲醇、丙酮等常用洗脱液的毒性较大，提取后如果回收不完全会对人体造成损害。因此从安全及成本的角度考虑，本节分别以体积分数为 30%、60% 和 90% 的乙醇溶液作为解吸剂进行解吸实验，其解吸曲线如图 7.19 a。由图可见，体积分数为 60% 和 90% 的乙醇溶液能在最短时间内达到解吸平衡(约 2 h)，90% 体积分数乙醇的解吸率稍好于 60% 体积分数乙醇，因此，将其作为五味子花色苷洗脱的解吸剂。图 7.19 b 为不同解吸流速的解吸曲线，可以看出，解吸流速 13 mL/h 时，解吸更充分，花色苷成分相对集中，解吸剂的用量为 2.5 倍柱体积(约 32 mL)时解吸率超过 96.5%。

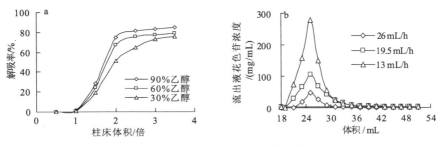

图 7.19　五味子花色苷解吸曲线

a. 浓度影响；b. 流速影响

综合上述实验的结果，确定 HPD-300 树脂纯化五味子果实花色苷的工艺条件为：室温下上样流速为 39 mL/h（3 倍柱体积/h），吸附饱和后用水淋洗，再用 90%体积分数乙醇解吸，控制解吸剂流速为 13 mL/h（1 倍柱体积/h），解吸剂的用量为 32 mL/次（2.5 倍柱体积/次）。五味子花色苷纯度由 47.6 mg/g 提高到 128.4 mg/g，提高了 2.7 倍。

6. HPD300 树脂对花色苷的纯化效果

将纯化前、后冻干的五味子花色苷均用 pH 3.0 的 40%乙醇盐酸溶液配成相同质量浓度的溶液，结果见表 7.11。可以看出五味子花色苷经 HPD-300 大孔树脂纯化后花色苷含量明显提高，从 5.0%提高到 30%。总抗氧化能力和 ABTS 自由基清除能力分别是纯化前的 1.2 倍和 1.7 倍。

表 7.11　五味子花色苷经 HPD-300 树脂纯化前后花色苷含量比较

样品分组	花色苷纯度/%	总抗化能力/(μmol TE/L)	ABS 自由基清除能力/(μmol TE/L)
纯化前	4.76	13.2	19.6
纯化后	12.84	16.1	33.8

7.4　结　　论

7.4.1　木脂素超声提取工艺

超声辅助提取是近年来发展起来的新型提取技术，超声波所独具的物理特性能促使植物细胞组织破壁或变形，使有效成分提取更充分，提取速度快，能耗较低。超声提取技术原本用于植物成分含量测定时样品的提取过程，一段时期国内外均碍于无产业化的大型设备难以在实际生产中应用。近年来，机械搅拌和超声循环强化提取、连续式逆流超声提取等多种专用的产业化提取设备相继出现使超声提取植物功效成分成为现实。

本章采用超声法以五味子甲素、乙素、醇甲和酯甲为指标成分,同时以各指标成分的总提取率和浸膏得率为响应因子对北五味子体内主要木脂素类成分进行了提取,在单因素实验的基础上对超声提取过程中的各因素采用响应面进行了优化,得到北五味子木脂素成分的最佳超声提取工艺条件为:乙醇体积分数 80%、料液比为 1:8、超声时间和功率分别为 30 min 和 225 W,最佳条件下的验证实验表明:五味子木脂素成分总提取率可达到 1.54%,浸膏得率可达到 14.19%。取得了满意结果,为规模生产提供了有价值的工艺参数。

7.4.2　碱催化北五味子提取物主要木脂素增量及其优化

北五味子体内联苯环辛二烯类木脂素成分在果实中除以游离态存在外,还存在C-6、C-9 或芳环上有酯基取代的化合物,在一定条件下可离解成游离态的联苯环辛二烯类木脂素[26]。本节采用在高温状态下碱性水解北五味子浸膏,然后用低极性的有机溶剂萃取的方法提高联苯环辛二烯类木脂素的纯度,效果明显,为五味子现代制剂的开发和规模生产提供了有价值的工艺参数。

采用单因素实验考察了水解催化剂对各有效成分增量的影响,选择氢氧化钠作为结合态的木脂素类向游离态转化的催化剂。采用 **Box-Behnken** 设计优化试验条件,最佳的水解工艺参数为:将回流提取所获得的浸膏(绝干)以料液比1:54.8 用 70%体积分数乙醇溶解后,取浸膏溶液 30 mL 加入 15 mL 1.26 mol/L氢氧化钠溶液,回流水解 2.25 h 为最佳工艺。在此条件下,北五味子木脂素的有效成分的回收率为 182.11%,效果显著。

7.4.3　大孔吸附树脂纯化北五味子花色苷

本章比较了 15 种大孔树脂对五味子花色苷的吸附分离效果,从中筛选出较为适合五味子花色苷分离纯化的树脂,考察了树脂对五味子花色苷的静态、动态吸附与解吸性能及部分影响因素,比较研究结果表明,树脂 HPD-300 对五味子花色苷的吸附量为 0.475 mg/g,静态解吸率 79.9%,动态解吸率 96.5%,达到吸附平衡时间较快,2 h 内即可完成饱和吸附量的 90%以上,比其他树脂高,解吸剂用量小。室温下上样流速为 39 mL/h(3 倍柱体积/h),吸附饱和后用水淋洗,再用 90%体积分数乙醇解吸,控制解吸剂流速为 13 mL/h(1 倍柱体积/h),解吸剂的用量为 32 mL/次(2.5 倍柱体积/次)。五味子花色苷纯度由 47.6 mg/g 提高到128.4 mg/g,提高了 2.7 倍。五味子花色苷经 HPD-300 树脂纯化后抗氧化能力明显提高,总抗氧化能力和 ABTS 自由基清除能力分别是纯化前的 1.2 倍和 1.7倍,纯化效果显著。

参 考 文 献

[1] 官艳丽, 曹沛, 郁开北, 等. 北五味子化学成分的研究. 中草药, 2006, 37(2): 185~187.

[2] 李国成, 邱凯锋, 刘恩桂, 等. 北五味子藤茎的化学成分研究. 中药材, 2006, 29(10): 1045~1047.

[3] 仰榴青, 吴向阳, 徐佐旗, 等. 五味子及其制剂中木脂素类成分含量测定的研究进展. 中国中药杂志, 2005, 30(9): 650~653.

[4] Hancke J L, Burgos R A, Ahumada F. Review *Schisandra chinensis* Turcz. Baill. Fitoterapia, 1999, 70(5): 451~471.

[5] 王俊, 陈钧, 杨克迪, 等. 水解原位萃取薯蓣皂苷元的工艺条件研究. 中国中药杂志, 2003, 28(10): 934~937.

[6] 陈业高, 秦国伟, 谢毓元. 五味子科植物木脂素成分的化学. 化学世界, 2001, (7): 7380~7383.

[7] 高春花, 钟海雁, 孙昌波. 五味子木脂素提取分离纯化和含量测定的研究进展. 食品与机械, 2007, 23(1): 151~155.

[8] 李霞, 贾晓斌, 陈彦, 等. 五味子提取工艺的优化研究. 中国药房, 2007, 18(6): 424~426.

[9] 袁丽红, 邵辉, 顾永明, 等. 盾叶薯蓣中水解原位提取薯蓣皂甙元. 高校化学工程学报, 2007, 21(3): 538~542.

[10] 宋九华, 杨孝容, 张成志. HPLC 测定安神补心丸中的五味子醇甲、五味子酯甲、五味子甲素、五味子乙素和丹参酮ⅡA. 华西药学杂志, 2008, 23(1): 110~112.

[11] He X G, Lian L Z, Lin L Z. Analysis of lignan constituents from *Schisandra chinensis* by liquid chromatography-electrospray mass spectrometry. Journal of Chromatography A, 1997, 757(1-2): 81~87.

[12] Wang B L, Hu J P, Tan W, et al. Simultaneous quantification of four active schisandra lignans from a traditional Chinese medicine *Schisandra chinensis* (wuweizi) in rat plasma using liquid chromatography/mass spectrometry. Journal of Chromatography B, 2008, 865(1~2): 114~120.

[13] Halstead C W, Lee S, Khoo C S, et al. Validation of a method for the simultaneous determination of four schisandra lignans in the raw herb and commercial dried aqueous extracts of *Schisandra chinensis* (wu wei zi) by RP-LC with DAD. Journal of Pharmaceutical and Biomedical Analysis, 2007, 45(1): 30~37.

[14] 吴艳玲, 朴惠善. 北五味子活性成分提取工艺的研究. 时珍国医国药, 2007, 18(5): 1176~1177.

[15] 杨放, 袁军, 付平. 五味子的研究概况. 华西药学杂志, 2003, 18(6): 438~440.

[16] 宋小妹, 曹林林, 董彬. 南五味子有效成分提取工艺研究. 现代中医药, 2003, 1(5): 74~75.

[17] H. Sovová, L. Opletal, M. Bártlová, et al. Supercritical fluid extraction of lignans and cinnamic acid from *Schisandra chinensis*. The Journal of Supercritical Fluids, 2007, 42(1): 88~95.

[18] Alexander P, Georg W. Pharmacology of *Schisandra chinensis* Bail. : an overview of Russian research and uses in medicine. Journal of Ethnopharmacology, 2008, 118(2): 183~212.

[19] 张守勤, 刘长姣, 王长征, 等. 五味子有效成分提取分离方法的研究进展. 时珍国医国药, 2007, 18 (10): 2581~2582.

[20] 毕金峰, 魏益民, 王杕, 等. 哈密瓜变温压差膨化干燥工艺优化研究. 农业工程学报, 2008, 24 (1): 1~8.

[21] 慕运动. 响应面方法及其在食品工业中的应用. 郑州工程学院学报, 2001, 22 (3): 91~94.

[22] 陈志强, 李贞景, 王昌禄. 响应面法优化超声提取苦瓜皂苷工艺条件的研究. 氨基酸和生物资源, 2007, 29 (4): 21~25.

[23] 逯家辉, 王迪, 郭伟良, 等. 响应面法优化八角茴香中莽草酸的超声波提取工艺研究. 林产化学与工业, 2008, 2 (1): 87~91.

[24] 周一鸣, 周小理, 田呈瑞. 利用响应面法确定微波提取苦荞麸皮黄酮的最佳条件. 食品科学, 2007, 28 (11): 253~256.

[25] 徐金瑞, 张名位, 刘兴华, 等. 黑大豆种皮花色苷的提取及其抗氧化作用研究. 农业工程学报, 2005, 21 (8): 161~164.

[26] 徐金瑞, 张名位, 刘兴华, 等. 黑大豆种皮花色苷体外抗氧化活性研究. 营养学报, 2007, 29 (1): 54~57.

[27] 张泽生, 李博轩, 王冀. 葡萄皮中花色苷的体外抗氧化研究. 食品研究与开发, 2007, 28 (2): 148~150.

[28] 聂芊, 廖顺雯, 刘涛. 四种粮豆作物的花色苷抗氧化性能比较. 食品科学, 2007, 28 (9): 46~48.

[29] 徐渊金, 杜琪珍. 花色苷分离鉴定方法及其生物活性. 食品与发酵工业, 2006, 32 (3): 67~72.

[30] Liang Z C, Wu B H, Fan P G, et al. Anthocyanin composition and content in grape berry skin in *Vitis germplasm*. Food Chemistry, 2008, 111 (4): 837~844.

[31] Wang L S, Stoner G D. Anthocyanins and their role in cancer prevention. Cancer Letters, 2008, 269 (2): 281~290.

[32] 夏敦岭, 任小林, 李演利, 等. 冬枣果皮红色素的紫外可见光谱分析. 西北农业学报, 2006, 15 (6): 144~147.

[33] 赵慧芳, 王小敏, 闾连飞, 等. 黑莓果实中花色苷的提取和测定方法研究. 食品工业科技, 2008, 29 (5): 176~179.

[34] 董爱文, 向中, 李立君, 等. 爬山虎红色素的定性定量分析. 无锡轻工大学学报 (食品与生物技术), 2003, 22 (6): 99~102.

第8章 刺五加体内活性物质分离[*]

8.1 刺五加体内活性物质研究现状

8.1.1 刺五加分类地位及分布

刺五加[*Acanthopanax senticosus*(Rupr. et Maxim.) Harms. Syn. *Eleutherococcccus Senticosus*(Rupr. et Maxim.) Maxim]是五加科(Araliaceae)落叶灌木,主要分布在俄罗斯、朝鲜、日本和我国的东北及河北等地。刺五加在俄罗斯称为"西伯利亚人参(siberian ginseng)"[1-2],日本称为"ezo-ukogi"[3,4],美国称为"adatogen"[5]。刺五加是一种散生或丛生于山地阔叶混交林下及林缘或采伐迹地上的常见灌木,根及根茎为主要的药用部位。

8.1.2 刺五加体内主要活性物质

《本草纲目》中记载"刺五加能补力益精,明目下气","能补五劳七伤,久服轻身耐老",具有益气健脾、补肾安神之功。现代临床用于治疗神经官能症、肾上腺皮质功能低下症、糖尿病、肿瘤患者因放疗、化疗引起的白细胞减少、风湿性及类风湿性关节炎、慢性支气管炎、肺心病、心绞痛、高血压、高脂血症、局部贫血、脑血栓形成、低血压和糖尿病等多种疾病[1-3,6-10]。

刺五加的主要活性物质为酚苷及某些苷元类成分,主要包括紫丁香苷、刺五加苷 E 和异秦皮啶等。紫丁香苷又称刺五加苷 B,具有抗疲劳[11]、增强免疫力[12]、护肝[13]和释放乙酰胆碱,增加胰岛素分泌[14]等作用;刺五加苷 E 具有缓解压力、抗焦虑[15]、抗应激、抗溃疡和抗疲劳[16]等作用。

异秦皮啶是刺五加含有的重要的活性物质之一,1991 年我国学者赵余庆等首次分离鉴定[17]。异秦皮啶具有明显的镇静安神作用,异秦皮啶不仅使入睡时间明显缩短,而且睡眠持续时间也显著延长,有效改善睡眠质量[18,19]。异秦皮啶具有明显的抗炎[20]和抗菌[21]作用,具有弱的抗肿瘤作用,对实体瘤(S_{180})的抑制率为 37%~38%,对淋巴细胞白血病(P_{388} 细胞株)有效,其 ED_{50} 为 1.7 $\mu g/mL$[18],韩国学者用异秦皮啶治疗肝炎[8-10]。在我国通常把异秦皮啶作为刺五加制剂的检验标准。

---

*刘洋、高岩峰、郝婧玮等同学参与了本章内容的实验工作。

近年来，国内外对刺五加的化学成分及其药理作用进行了广泛的研究，证明刺五加的主要物质还有 chiisanoside、senticoside、三萜皂苷、黄酮类、β-谷甾醇、sesamine（芝麻素）和 savinine（新疆圆柏素）等[4, 17, 22]。

刺五加活性成分的提取研究主要是采用水提[23]、甲醇[24]、乙醇回流提取[25-27]和超临界 CO_2 萃取法[18]等。水提、乙醇回流提取、活性成分得率低；超临界 CO_2 萃取虽然具有选择性高、操作时间短、有效成分得率高[18]，但它的致命缺点是受处理量的限制，产量低，目前工业开发难度较大；且多数仅以单一成分作为衡量提取工艺参数优劣的指标。《中国药典》2005 年版仅规定以紫丁香苷为定量指标，以异秦皮啶为定性指标，而刺五加苷 E 则为某些厂家刺五加提取物产品出口的指标之一。仅以单一成分为衡量指标难以保证刺五加的全部功效成分得到充分的提取分离和利用。因此，寻找更加有效的提取刺五加活性物质的方法具有现实意义。

8.2　刺五加有效成分含量测定方法的建立

8.2.1　实验材料和仪器

8.2.1.1　实验仪器

BS-124S 电子天平（北京赛多利斯仪器系统有限公司）；3K30 型离心机（美国 SIGMA 公司）；SZ-93 自动双重纯水蒸馏器（上海亚荣生化仪器厂）；紫外分光光度计（UV-2550）（日本 SHIMADZU 公司）；717 型自动进样高效液相色谱仪（美国 WATERS 公司）；1525 型二元泵（美国 WATERS 公司）；2487 型紫外光检测器（美国 WATERS 公司）；色谱柱（Kromasil C_{18}）（J&K 化学技术有限公司）。

8.2.1.2　实验材料和试剂

刺五加（*Acanthopanax senticosus*）根茎（哈尔滨市三棵树药材市场）；紫丁香苷（111574-200201）对照品（中国药品生物制品检定所）；刺五加苷 E（11173-200501）对照品（中国药品生物制品检定所）；异秦皮啶（110837-200304）对照品（中国药品生物制品检定所）；乙腈（色谱纯）（J&K CHEMICAL LTD.公司）；甲醇（色谱纯）（J&K CHEMICAL LTD.公司）；重蒸水（自制）。

8.2.2　实验方法

8.2.2.1　刺五加有效成分检测波长的选择

分别精密称取紫丁香苷对照品 9.84 mg，刺五加苷 E 对照品 10.12 mg，异秦皮啶对照品 10.16 mg 置于 10 mL 容量瓶中，加甲醇溶解并定容至刻度，作为刺五加对照品储备液。将储备液稀释 10 倍后，分别取紫丁香苷，刺五加苷 E 和异秦皮啶对照品溶液在紫外分光光度计上，于 200~700 nm 波长扫描。结果紫丁香苷，刺五加苷 E 和异秦皮啶在 205 nm 处均有最大吸收峰，故选定检测波长为 205 nm。

8.2.2.2　高效液相色谱法测定刺五加有效成分含量

1. 流动相的选择

以乙腈和水为流动相摸索最佳配比。比较三种比例，即乙腈：水（10：90）；乙腈：水（15：85）；乙腈：水（20：80）的分离效果。由于异秦皮啶最后出峰，因此以异秦皮啶出峰时间为标准进行考察。结果乙腈：水（10：90）的 60 min 后出峰，较晚，效果不太理想；乙腈：水（20：80）的出峰时间在 18 min 左右，分离度较低，影响测定结果。而乙腈：水（15：85）的出峰时间在 24 min 左右，较为合理，且与其他成分的分离效果优于前两个配比。故选乙腈：水（15：85）为流动相。但是，当乙腈：水（15：85）作为流动相时异秦皮啶的峰形略有拖尾现象，因此在水相中加入 0.1%甲酸，效果更好。所以，本研究中所用流动相为乙腈：0.1%甲酸（15：85，V/V）。高效液相色谱定量测定条件色谱柱：Kromasil C$_{18}$（5 μm，4.6 mm×250 mm）；流动相：乙腈：0.1%甲酸（15：85，V/V）；流速：1 mL/min；进样量：10 μL；柱温：25℃；检测波长：205 nm。

紫丁香苷、刺五加苷 E 和异秦皮啶对照品的高效液相（HPLC）色谱图，见图 8.1。

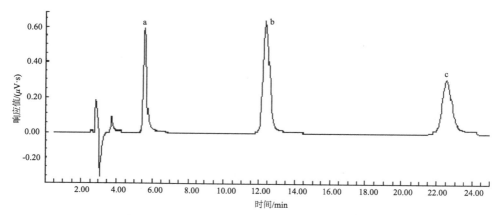

图 8.1　紫丁香苷、刺五加苷 E 和异秦皮啶对照品的 HPLC 色谱图

峰a为紫丁香苷；峰b为刺五加苷E；峰c为异秦皮啶

2. 标准曲线的建立

分别精密称取紫丁香苷对照品 9.84 mg，刺五加苷 E 对照品 10.12 mg，异秦皮啶对照品 10.16 mg 置于 10 mL 容量瓶中，加甲醇溶解并定容至刻度，作为刺五加对照品储备液。分别精密量取 2.0 mL、1.0 mL、0.5 mL、0.1 mL、0.05 mL、

0.025 mL 和 0.01 mL 对照品储备液，用甲醇分别定容至 2 mL，分别标为 1~7 号对照品溶液。均进样 $10\mu L$，以峰面积为纵坐标，质量浓度为横坐标，绘制标准曲线，得到标准曲线的方程见表 8.1。

表 8.1 标准曲线方程

名称	标准曲线方程	回归系数	线性检测范围/($\mu g/mL$)	保留时间/min
紫丁香苷	$y = 9\times10^7 x + 158\,523$	0.998 8	2.46~492	5
刺五加苷 E	$y = 6\times10^7 x + 416\,914$	0.997 9	2.53~506	12.8
异秦皮啶	$y = 2\times10^7 x + 139\,160$	0.991 6	2.54~508	24

8.2.3 样品测定

8.2.3.1 供试样品溶液制备

称取 15.0 g 粉碎后的刺五加根茎原料，液料比为 10：1(mL：g)，加入体积分数为 60%的乙醇溶液，匀浆时间为 5 min，用匀浆机以 10 000 r/min 转数进行匀浆，滤液即为供试样品溶液。除含量测定外，其余减压回收溶剂并于 60℃减压干燥，计量浸膏重量。

8.2.3.2 样品中紫丁香苷、刺五加苷 E 和异秦皮啶的含量测定

提取液稀释至适宜的检测浓度后离心(离心条件：温度 25℃；速度 12 000 r/min；时间 5 min)，取上清液进行 HPLC 检测，每样重复进样 3 次，将峰面积取平均值，代入回归方程，依公式(8-5)计算各目的成分的得率，依公式(8-6)计算各目的成分的纯度。

$$Y = cV / M \times 100\% \tag{8-5}$$

$$P = cV / m \times 100\% \tag{8-6}$$

式中，Y 为得率(%)；P 为纯度(%)；c 为目的成分的浓度($\mu g/mL$)；V 为提取液体积(mL)；M 为原料重量(g)；m 为浸膏重量(g)。

8.3 刺五加体内活性物质提取技术研究

8.3.1 超声提取刺五加主要酚苷及苷元的工艺优化

8.3.1.1 仪器与材料

1. 仪器

KQ-250DB 型台式数控超声波清洗器，购自昆山市超声仪器有限公司；

3K30 型离心机；717 型自动进样高效液相色谱仪，包括 1525 二元泵和 2487 型紫外光检测器（美国 WATERS 公司产品）；HF-20B 超声动态循环提取装置。

2．材料与试剂

刺五加药材购于黑龙江省哈尔滨市三棵树药材市场，经东北林业大学森林植物生态学教育部重点实验室聂绍荃教授鉴定为刺五加的干燥根茎，用前粉碎至 250~850 μm。紫丁香苷、刺五加苷 E 和异秦皮啶对照品购自中国药品生物制品检定所；含量测定用乙腈、甲醇为色谱纯，分别购自 J & K Chemical Ltd.公司；色谱分析用二次蒸馏水自制，其他试剂均为国产分析纯。

8.3.1.2　实验部分

1．分析方法

1）高效液相色谱定量测定条件

色谱柱：Kromasil C_{18}（4.6 mm×250 mm，5 μm）；流动相：乙腈：0.1%甲酸（15：85，V/V）；流速 1 mL/min；进样量 10 μL；柱温 25℃；检测波长 205 nm。

2）标准曲线的绘制

分别精密称取紫丁香苷对照品 4.92 mg，刺五加苷 E 对照品 5.06 mg，异秦皮啶对照品 5.08 mg 置于 10 mL 容量瓶中，加甲醇溶解并定容至刻度，作为刺五加对照品储备液。分别精密量取 1.0 mL、0.5 mL、0.25 mL、0.05 mL、0.025 mL、0.012 5 mL 和 0.005 mL 对照品储备液，用甲醇分别定容至 1 mL，分别标为 1~7 号对照品溶液。均进样 10 μL，以峰面积为纵坐标，质量浓度为横坐标，绘制标准曲线，得到标准曲线的方程如下：紫丁香苷 $Y= 9×10^7 X +158\ 523$（相关系数 0.998 8）线性检测范围 2.46~492 μg/mL，保留时间 5 min；刺五加苷 E $Y=6×10^7 X+416\ 914$（相关系数 0.997 9）线性检测范围 2.53~506 μg/mL，保留时间 12.8 min；异秦皮啶 $Y=2×10^7 X+139\ 160$（相关系数 0.991 6）线性检测范围 2.54~508 μg/mL，保留时间 24 min。

3）样品中紫丁香苷、刺五加苷 E 和异秦皮啶的含量测定

提取液稀释至适宜的检测浓度后离心（离心条件：温度 25℃；速度 12 000 r/min；时间 5 min），取上清液进行 HPLC 检测，每样重复进样 3 次，将峰面积取平均值，代入回归方程，按公式（8-1）计算浸膏得率，按公式（8-2）计算浸膏各成分纯度。

$$Y = m'/m×100\% \tag{8-1}$$

$$P = cV/m'×100\% \tag{8-2}$$

式中，Y 为得率（%）；P 为纯度（%）；c 为目的成分的浓度（mg/mL）；V 为提取液体积（mL）；m 为原料质量（mg）；m'为浸膏质量（mg）。

2. 影响提取工艺效果的因素试验

1) 单因素试验

准确称取 10.0 g 粉碎后的刺五加根茎原料，置于 250 mL 锥形瓶中，在多种条件下提取，以确定提取因素变化范围及各因素的适宜值。将每次提取液过滤，滤液减压回收溶剂并于 60℃减压干燥，计量浸膏质量，测定紫丁香苷、刺五加苷 E 和异秦皮啶的含量，并计算浸膏得率和纯度。

2) 工艺优化

单因素试验结果显示液料比对目标产物的得率与纯度影响很小，因此不作为响应面法设计的主要因素；同时提取次数对目标产物的影响已很明确，即提取次数越多，得率越大，因此提取次数也不作为响应面法设计的主要因素。刺五加超声波提取过程的主要影响因素包括乙醇体积分数、提取时间和超声波功率。以上述主要影响因素作为考察对象，采用 Design Expert 7.0 统计分析软件的响应面分析法分别以 3 种目标产物得率与纯度为响应值，进行响应面分析实验，以获取最适工艺参数。试验因素和水平安排见表 8.2。

表 8.2　响应面法分析的因子和水平

水平	A：乙醇体积分数/%	B：提取时间/min	C：超声波功率/W
−1	50	30	125
0	60	40	150
1	70	50	175

对刺五加体内紫丁香苷、刺五加苷 E 和异秦皮啶的浸膏得率和纯度的超声波提取条件进行综合优化，得出结论。

3) 中试放大验证

放大验证实验在超声动态循环提取装置中进行。该装置有效容积 20 L，超声波功率 0~1800 W，配有 0~1500 r/min 的循环电机。取 1 kg 刺五加根茎原料（绝干计）装入超声动态循环提取装置中，按优化条件提取，重复实验 3 次取平均值，由于中试设备为动态循环式设备，根据预实验恒定循环电机转数 800 r/min。

8.3.1.3　结果与讨论

1. 单因素对提取效果的影响

1) 提取时间

提取时间对浸膏得率、紫丁香苷、刺五加苷 E 和异秦皮啶 3 种目标产物纯度的影响见表 8.3。由表中可以看出，随着提取时间的增加，浸膏得率呈递增趋势，但在 40 min 后变化趋势不明显。Хим-Фармац журн[28]指出超声波吸收系数对弥散相的物质浓度具有依赖关系；同时罗登林等[29]在探讨超声波破裂细胞壁时指出超声波在溶剂内产生的空化气泡在溃灭时伴随发生的冲击波或射流作用可使细胞壁破裂。提取时间到 40 min 后，3 种目标产物得率与纯度的影响甚小。因此选择提取时间 30~50 min 为进一步优化范围。

2) 乙醇体积分数

乙醇体积分数对目标产物的影响亦列入表 8.3。由表中可以看出，随着乙醇体积分数的增加，浸膏得率呈递减趋势，紫丁香苷、刺五加苷 E 和异秦皮啶纯度呈先增后降趋势，在乙醇体积分数 60%~70%时纯度最高。魏芸等[30]在叙述刺五加体内苷类物质时指出苷类是极性物质，易溶于水等极性溶剂中。紫丁香苷和刺五加苷 E 的极性较高，更易溶解于水中。因此在乙醇体积分数较高的情况下，其得率较低；而异秦皮啶的极性略低于紫丁香苷和刺五加苷 E，因此会表现为在乙醇体积分数 60%~70%时出现得率最高值。因此选择乙醇体积分数 50%~70%为进一步考察优化范围。

3) 超声波功率

超声波功率对目标产物得率和纯度的影响亦见表 8.3。由表可以看出，随着超声波功率的增加，浸膏得率基本呈递增趋势，而纯度则紫丁香苷在 150~175 W 较好，对异秦皮啶和刺五加苷 E 则影响不大。为了进一步明确超声波功率对刺五加有效成分提取的影响，选取超声波功率在 125~175 W 进行优化设计。

4) 液料比

料液比对目标产物得率的影响见表 8.3。由表可以看出，随着液料比的增加，浸膏得率呈略微变化，但变化趋势不明显；而随着料液比的增加，目标产物的纯度却略有降低的趋势。本着节约溶剂使用量的原则，选择料液比 1：6(g：mL)作为提取刺五加目的成分的条件。

5) 提取次数

考察提取次数对刺五加成分提取效果的影响，结果见表 8.3。由表可以看出，随着提取次数的增加，浸膏得率呈略微递增趋势。刺五加目标成分的纯度则有降低趋势，将第 4 次提取的回收率设定为 100%，则第 1 次各指标成分的回收率在 80%左右；前 2 次的累积回收率在 85%左右；前 3 次的累积回收率可达95%左右。同时考虑到增加提取次数，会增加溶剂的使用量，溶剂回收成本高，提取次数选择 3 次较合理。规模生产时亦可考虑提取 3 次，最后 1 次的提取液作为下一批次的提取溶剂使用，以降低成本。

表 8.3　不同反应条件对目标产物得率和纯度的影响

条件		浸膏得率/%	纯度/%		
			紫丁香苷	刺五加苷 E	异秦皮啶
提取时间/min	10	3.88	1.00	1.08	0.095
	20	4.19	0.99	1.07	0.093
	30	4.10	0.93	1.06	0.095
	40	4.67	0.96	1.16	0.100
	50	4.72	1.01	1.12	0.096
	60	4.89	0.99	1.11	0.101
乙醇体积分数/%	0	5.43	0.79	0.84	0.097
	20	5.17	0.86	1.01	0.103
	40	4.01	0.96	1.11	0.098
	50	4.41	0.94	1.05	0.100
	60	3.81	1.18	1.12	0.096
	70	3.79	1.14	1.14	0.088
	80	2.93	1.08	0.96	0.079
	100	0.99	0.74	0.13	0.041
超声波功率/W	100	4.82	1.09	1.05	0.100
	125	4.52	1.25	1.10	0.103
	150	4.72	1.46	1.08	0.112
	175	4.71	1.49	1.15	0.111
	200	4.88	1.17	1.11	0.108
	250	4.90	1.15	1.09	0.105
料液比（g∶mL）	1∶5	3.86	0.81	1.18	0.090
	1∶6	4.54	0.75	1.17	0.084
	1∶7	4.50	0.69	1.14	0.102
	1∶8	4.44	0.68	1.17	0.077
	1∶9	4.41	0.67	1.18	0.081
	1∶10	4.59	0.68	1.15	0.078
	1∶11	4.42	0.71	1.15	0.058
	1∶12	5.06	0.63	1.03	0.072
提取次数/次	1	4.68	0.85	1.13	0.070
	2	5.47	0.93	1.01	0.074
	3	6.77	0.91	0.94	0.071
	4	6.97	0.89	0.95	0.067

2. 刺五加功效成分超声波提取条件优化

响应面(RSA)试验设计组合和刺五加有效成分提取响应面试验中，17 个试验点可以分为两类：一类是析因点，自变量取值在 A、B、C 所构成的三维顶点，共有 12 个析因点；另一类是零点，为区域的中心点，零点试验重复 5 次，用以估计试验误差。RSA 试验设计与试验结果见表 8.4。

表 8.4　Box-Behnken 试验设计方案及试验结果

实验号	A：乙醇体积分数/%	B：超声波功率/W	C：提取时间/min	Y_1：浸膏得率/%	Y_2：紫丁香苷纯度/%	Y_3：刺五加苷 E 纯度/%	Y_4：异秦皮啶纯度/%
1	50	150	30	6.71	1.03	1.34	0.072
2	60	150	40	6.13	1.33	1.48	0.092
3	60	150	40	6.83	1.34	1.51	0.094
4	70	175	40	6.55	1.15	1.41	0.084
5	60	125	30	6.84	1.13	1.36	0.077
6	70	150	30	6.74	1.13	1.34	0.074
7	60	150	40	6.71	1.35	1.59	0.094
8	60	150	40	6.77	1.37	1.53	0.093
9	50	150	50	6.70	1.25	1.47	0.088
10	70	125	40	6.33	1.17	1.41	0.082
11	60	175	30	6.48	1.14	1.35	0.074
12	70	150	50	6.47	1.23	1.43	0.085
13	60	150	40	6.40	1.51	1.51	0.100
14	50	125	40	6.87	1.20	1.42	0.077
15	60	175	50	7.06	1.28	1.46	0.088
16	50	175	40	6.32	1.17	1.37	0.077
17	60	125	50	6.73	1.30	1.44	0.089

以 3 种目标产物的纯度和浸膏得率为响应值，经回归拟合后，根据各试验因子对响应值的影响的回归分析结果和 ANOVA 分析，各实验模型均显著、可靠。

RSA 的模型是响应值 Y 对试验各因子 A、B、C 所构成的一个三维空间的曲面图。紫丁香苷纯度 RSA 的模型如图 8.2；异秦皮啶纯度 RSA 的模型如图 8.3；刺五加苷 E 纯度 RSA 的模型如图 8.4。

根据不同曲线斜度的不同可理解为不同因素对响应值的影响程度，即斜度(陡峭程度)越大就表示当不同因素变化相同值时对响应值的影响更大。因此，可通过曲线的陡峭程度对各因素进行分析。

从图 8.2 的响应面图可以看出，提取时间对紫丁香苷纯度的影响较为显著。各试验因子对响应值影响次序是：提取时间 > 乙醇体积分数=超声波功率。

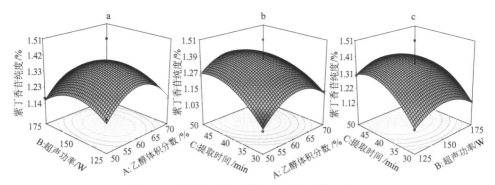

图 8.2　各因素对紫丁香苷纯度影响的响应面

a. $Y = f(A, B)$；b. $Y = f(A, C)$；c. $Y = f(B, C)$

从图 8.3 中的响应面图可以看出，提取时间对异秦皮啶纯度的影响较为显著。各试验因子对响应值影响次序是：提取时间 > 超声波功率 > 乙醇体积分数。

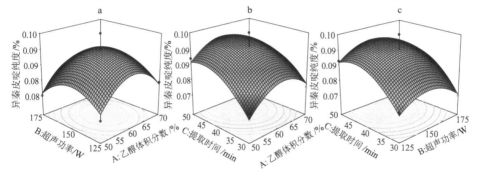

图 8.3　各因素对异秦皮啶纯度影响的响应面

a. $Y = f(A, B)$；b. $Y = f(A, C)$；c. $Y = f(B, C)$

从图 8.4 中可以看出，提取时间对刺五加苷 E 纯度的影响较为显著。各试验因子对响应值影响次序是：提取时间 > 超声波功率 > 乙醇体积分数。

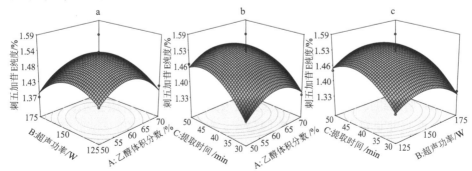

图 8.4　各因素对刺五加苷 E 纯度影响的响应面

a. $Y = f(A, B)$；b. $Y = f(A, C)$；c. $Y = f(B, C)$

应用 Design Expert 7.0 Box-Behnken 设计中 Optimization Choises 的 Numerical Optimization 对 3 种目标产物的纯度和浸膏得率进行最优化设计，得到在同一提取条件下，最佳的提取工艺条件为：乙醇体积分数 59.66%，提取时间 44.9 min，超声波功率 150 W，料液比 1∶6(g∶mL)，提取次数 3 次。3 种目标产物的纯度分别为：紫丁香苷纯度 1.40%；异秦皮啶纯度 0.096%；刺五加苷 E 纯度 1.53%；浸膏得率 6.79%。其合意性为 86.7%，如图 8.5 所示。

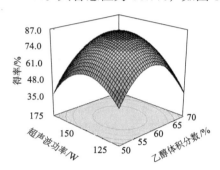

图 8.5　各因素对浸膏得率和目标产物的纯度影响的响应面

3. 最佳条件的验证实验

由于小试使用的超声提取设备为超声波清洗器，而中试使用北京弘祥隆生物技术开发有限公司循环式超声强化提取装置，两者虽然有所差异，但原理是相同的。中试设备的物料采用电机强制循环而小试设备的物料仅靠超声波空化效应而上下浮动。根据预实验结果，给定循环电机转数 800 r/min，在最佳超声波条件下提取，重复实验 3 次取平均值，验证实验结果。紫丁香苷纯度 1.3%，与理论值相差 0.7%；刺五加苷 E 纯度 1.53%，与理论值相等；异秦皮啶得率为 0.051%，纯度 0.093%，与理论值相差 0.003%，浸膏中刺五加主要酚苷及苷元的含量为 2.923%，浸膏得率为 6.77%。

8.3.2　匀浆法提取刺五加主要酚苷及苷元的工艺

8.3.2.1　仪器与材料

1. 仪器

JJ-2B 型组织捣碎匀浆机，购自金坛市荣华仪器制造有限公司；BS-124S 电子天平，购自北京赛多利斯仪器有限公司；3K30 型离心机，美国 SIGMA 公司产品；SZ-93 自动双重纯水蒸馏器，购自上海亚荣生化仪器厂；717 型自动进样高效液相色谱仪，包括 1525 二元泵和 2487 型紫外光检测器，美国 WATERS 公司产品。

2. 材料与试

刺五加药材购于黑龙江省哈尔滨市三棵树药材市场，经东北林业大学森林植物生态学教育部重点实验室聂绍荃教授鉴定为刺五加的干燥根茎，用前粉碎成小块状。紫丁香苷(111574-200201)、刺五加苷 E(11173-200501)和异秦皮啶(110837-200304)对照品购自中国药品生物制品检定所；含量测定用乙腈、甲醇为色谱纯，购自 J&K CHEMICAL LTD.公司；色谱分析用二次蒸馏水自制，其他试剂均为国产分析纯。

8.3.2.2　实验部分

1. 影响提取工艺效果的因素试验

1)匀浆提取时间

称取 15.0 g/份粉碎后的刺五加根茎原料，15 份，分为 5 组，每组 3 份，料液比为 1：10，在 15 份中分别加入体积分数为 60%的乙醇溶液，选择不同的匀浆时间(1 min、2 min、3 min、4 min 和 5 min)，用匀浆机以 10 000 r/min 转数进行匀浆，滤液量取 1 mL 用于含量测定，其余减压回收溶剂并于 60℃减压干燥，计量浸膏重量，计算得率和纯度。

2)乙醇体积分数

称取 15.0 g/份粉碎后的刺五加根茎原料，27 份，分为 9 组，每组 3 份，料液比为 1：10，在 27 份中分别加入体积分数分别为 0%、10%、20%、30%、40%、50%、60%、70%和 80%的乙醇溶液，10 000 r/min 匀浆提取 4 min，其余按(1)操作。

3)匀浆转数

称取 15.0 g/份粉碎后的刺五加根茎原料，15 份，分为 5 组，每组 3 份，料液比为 1：10，加入体积分数 60%的乙醇溶液，分别以 8000 r/min、9000 r/min、10 000 r/min、11 000 r/min 和 12 000 r/min 转数提取 4 min，其余按(1)操作。

4)料液比

称取 15.0 g/份粉碎后的刺五加根茎原料 24 份，分为 8 组，每组 3 份，分别按不同的料液比(1：5、1：6、1：7、1：8、1：9、1：10、1：11 和 1：12，g：mL)加入体积分数 60%乙醇以 10 000 r/min 匀浆提取 4 min，其余按(1)操作。

5)提取次数

分别称取 15.0 g/份粉碎后的刺五加根茎原料，按料液比 1：10 加入体积分数 60%的乙醇溶液，以 10 000 r/min 转数提取 4 min，将每次提取液过滤，滤饼再加入相同溶剂重复上述提取过程 1~3 次，每次滤液取 1 mL 用于含量测定，其余滤液合并后减压回收溶剂并于 60℃减压干燥，其余按(1)操作。

2. 工艺优化实验

根据单因素实验结果，由于提取次数对目标产物的影响已很明确，即提取次数越多，得率越大，因此提取次数不作为响应面法设计的主要因素。刺五加匀浆提取过程的主要影响因素包括：乙醇体积分数、提取时间、匀浆转数和液料比。以上述主要影响因素作为考察对象，采用 Design Expert 7.0 统计分析软件的响应面分析法分别以 3 种目标产物得率与纯度为响应值，进行响应面分析实验，以获取最适工艺参数。试验因素和水平安排见表 8.6。

表 8.6　响应面法分析的因子和水平

因子	水平		
	−1	0	1
A：乙醇体积分数/%	50	60	70
B：提取时间/min	3	4	5
C：匀浆转数/(r/min)	9 000	10 000	11 000
D：液料比(mL : g)	7 : 1	8 : 1	9 : 1

对紫丁香苷、刺五加苷 E 和异秦皮啶的得率和纯度的匀浆提取条件进行综合优化，得出结论。

8.3.2.3　结果与讨论

1. 单因素对提取效果的影响

1）匀浆时间

由图 8.6 可以看出，随着匀浆时间的增加，得率呈递增趋势，但在 4 min 后变化趋势并不明显；而纯度呈递减趋势。史权在研究提到匀浆萃取工艺过程中指出匀浆作用是在最短的时间内将药材与溶剂充分融合，使溶剂进入药材，将有效成分从固相转移到液相，使物料中的有效成分与溶剂中的浓度趋于平衡[31-33]。因而，在此可认为在匀浆时间 4 min 时溶液中各有效成分已经趋于平衡状态，提取 4 min 后得率无明显变化。进一步延长匀浆时间，某些本不易溶出的杂质成分也被溶剂溶出，故随提取时间增加其纯度存在递减趋势。因此选择匀浆时间 3~5 min 为待进一步优化范围。

2）乙醇体积分数

由图 8.6 可以看出，随着乙醇体积分数($\varphi_{乙醇}$)的增加，异秦皮啶在 $\varphi_{乙醇} > 60\%$ 后得率明显下降，而紫丁香苷与刺五加苷 E 的得率在 $\varphi_{乙醇} > 20\%$ 后就呈现下降趋势。目标产物纯度均在 $\varphi_{乙醇} > 60\%$ 后呈现下降趋势。说明较高的乙醇体积分数使更多的杂质也同时被提取出来，是导致相应纯度的下降的原因。相对而言，异秦皮啶的药理作用最强[34]，3 种成分在同时提取过程中的行为相异时，我们以异秦皮啶为主，以保证提取物具更全面的药效。因此选择 $\varphi_{乙醇}$ 50%~70%为进一步考察优化范围。

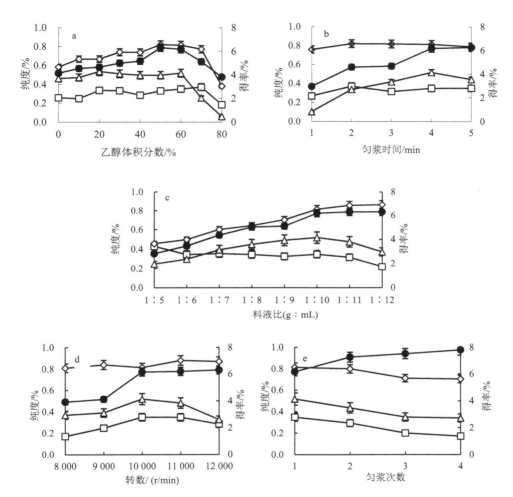

图 8.6　各因素对刺五加主要酚苷及苷元收率和纯度的影响

3）匀浆速度

由图 8.6 可以看出，随着匀浆速度的增加，紫丁香苷与刺五加苷 E 得率、纯度呈递增趋势；但其中异秦皮啶在大于 10 000 r/min 后得率、纯度明显下降。由于芳香基有较强的吸电子能力，而氧离子是带负电的，由于苯环上的吸电子作用，使异秦皮啶中氧原子的电子向芳香基移动，芳基氧上的电子云密度减小，吸引力减弱，导致异秦皮啶的结构不稳定。因此当匀浆转数超过 10 000 r/min 时，由于匀浆机铰刀的快速剪切作用产生热效应使异秦皮啶的结构遭到破坏，从而表现出随匀浆转数增加，异秦皮啶的得率与纯度下降的状况。因此选取匀浆转数在 9 000~11 000 r/min 进行优化设计。

4）匀浆次数

由图 8.6 可以看出，随着次数的增加，得率呈略微递增趋势。作者将 4 次提取的回收率设定为 100%，各成分前 3 次的回收率均可达到 90% 以上。而纯度无明显变化。本着节约成本的原则，选择匀浆提取 3 次作为提取刺五加目的物质的条件。

5）液料比

由图 8.6 可以看出，料液比为 1：8 时，3 种目标产物得率与纯度达到最大值。祖元刚等人[35]采用匀浆法研究烟叶中茄尼醇提取时发现当液料比过小时，其所能溶解的有效成分有限，但溶剂过多时物料与匀浆刀接触的概率减少，不能充分的破碎物料，从而细胞内的有效成分不能充分溶出。因此，为了进一步明确液料比对刺五加有效成分提取的影响，选取液料比在 7：1~9：1(V/m) 进行优化设计。

2. 刺五加功效成分匀浆提取条件优化

RSA 试验设计组合和 3 种目标产物的得率与纯度见表 8.7，RSA 试验设计组合和茄尼醇皂化的响应面试验中，29 个试验点可以分为两类：其一是析因点，自变量取值在 A、B、C、D 所构成的三维顶点，共有 24 个析因点；其二是零点，为区域的中心点，零点试验重复 5 次，用以估计试验误差。RSA 试验设计与试验结果见表 8.7。

表 8.7　Box-Behnken 试验设计方案及实验结果

实验号	因子 1：A 乙醇体积分数%	因子 2：B 提取时间 /min	因子 3：C 匀浆转数/ (r/min)	因子 4：D 液料比 (mL：g)	响应值 1：Y_1 异秦皮啶得率/%	响应值 2：Y_2 异秦皮啶纯度/%	响应值 3：Y_3 紫丁香苷得率/%	响应值 4：Y_4 紫丁香苷纯度/%	响应值 5：Y_5 刺五加苷 E 得率/%	响应值 6：Y_6 刺五加苷 E 纯度/%
1	70	5	11 000	8	0.006 9	0.33	0.000 34	0.029	0.015	0.86
2	60	3	11 000	9	0.008 1	0.28	0.000 26	0.012	0.015	0.84
3	70	4	12 000	8	0.012	0.46	0.001 4	0.043	0.027	1.01
4	60	4	11 000	8	0.018	0.62	0.001 6	0.049	0.035	1.07
5	60	5	11 000	7	0.009 2	0.36	0.000 75	0.035	0.023	0.95
6	50	4	11 000	7	0.008 8	0.22	0.000 17	0.012	0.013	0.74
7	50	3	11 000	8	0.005 1	0.35	0.000 72	0.034	0.019	0.94
8	50	5	11 000	8	0.007	0.33	0.000 55	0.03	0.018	0.93
9	60	4	12 000	7	0.014	0.54	0.001 2	0.047	0.028	1.05

续表

实验号	因子1: A 乙醇体积分数%	因子2: B 提取时间/min	因子3: C 匀浆转数/(r/min)	因子4: D 液料比(mL∶g)	响应值1: Y_1异秦皮啶得率/%	响应值2: Y_2异秦皮啶纯度/%	响应值3: Y_3紫丁香苷得率/%	响应值4: Y_4紫丁香苷纯度/%	响应值5: Y_5刺五加苷E得率/%	响应值6: Y_6刺五加苷E纯度/%
10	60	5	10 000	8	0.011	0.43	0.001 1	0.043	0.027	0.97
11	50	4	10 000	8	0.009 7	0.38	0.000 94	0.037	0.024	0.96
12	70	3	11 000	8	0.005 1	0.33	0.000 44	0.026	0.016	0.89
13	60	4	11 000	8	0.018	0.61	0.001 8	0.053	0.037	1.12
14	60	3	10 000	8	0.011	0.38	0.001 1	0.037	0.023	0.95
15	60	4	12 000	9	0.012	0.54	0.001 4	0.048	0.028	1.06
16	50	4	11 000	9	0.006 4	0.33	0.000 43	0.025	0.016	0.87
17	60	4	11 000	8	0.022	0.69	0.001 8	0.053	0.039	1.07
18	70	4	11 000	7	0.007 7	0.34	0.000 69	0.034	0.018	0.93
19	60	3	12 000	8	0.012	0.48	0.001 3	0.043	0.027	1.02
20	60	4	10 000	9	0.009 7	0.41	0.000 82	0.041	0.027	0.99
21	60	5	12 000	8	0.014	0.52	0.001 3	0.044	0.027	1.03
22	60	3	11 000	7	0.005 1	0.35	0.000 73	0.035	0.019	0.93
23	60	5	11 000	9	0.006 1	0.33	0.000 35	0.022	0.016	0.92
24	70	4	10 000	8	0.01	0.4	0.001	0.039	0.025	1.01
25	50	4	12 000	8	0.012	0.53	0.001 3	0.044	0.028	1.05
26	60	4	11 000	8	0.016	0.54	0.001 4	0.049	0.028	1.06
27	70	4	11 000	9	0.006 8	0.3	0.000 52	0.019	0.018	0.86
28	60	4	10 000	7	0.011	0.4	0.001 1	0.04	0.026	0.97
29	60	4	11 000	8	0.016	0.93	0.001 4	0.055	0.034	1.19

以 3 种目标产物的得率与纯度为响应值，经回归拟合后，根据 Box-Behnken 设计中 ANOVA 分析，各实验模型均显著、可靠(significant)。异秦皮啶得率 RSA 的模型如图 8.7；异秦皮啶纯度 RSA 的模型如图 8.8；紫丁香苷得率 RSA 的模型如图 8.9；紫丁香苷纯度 RSA 的模型如图 8.10；刺五加苷 E 得率 RSA 的模型如图 8.11；刺五加苷 E 纯度 RSA 的模型如图 8.12。根据不同曲线斜度的不同可理解为不同因素对响应值的影响程度，即斜度(陡峭程度)越大就表示当不同因素变化相同值时对响应值的影响更大。因此，可通过曲线的陡峭程度对各因素进行分析。

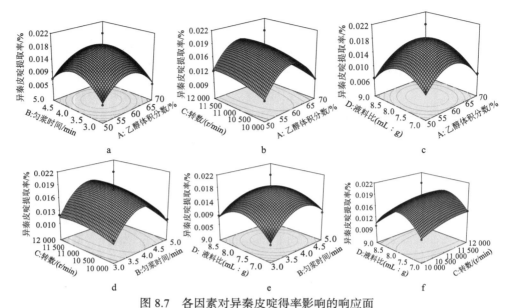

图 8.7　各因素对异秦皮啶得率影响的响应面

a. $Y = f(A, B)$；b. $Y = f(A, C)$；c. $Y = f(A, D)$；d. $Y = f(B, C)$；e. $Y = f(B, D)$；f. $Y = f(C, D)$

　　从图 8.8 中可看出，液料比对异秦皮啶纯度的影响较为显著。各试验因子对响应值影响次序是：液料比 > 乙醇体积分数，匀浆时间 > 匀浆转数。

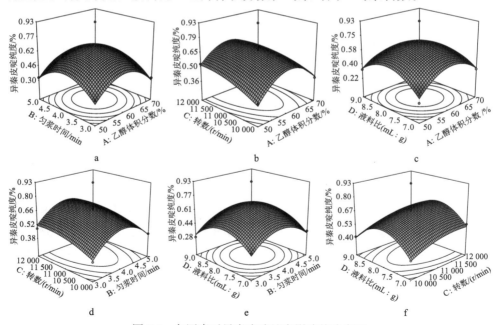

图 8.8　各因素对异秦皮啶纯度影响的响应面

a：$Y = f(A, B)$；b：$Y = f(A, C)$；c：$Y = f(A, D)$；d：$Y = f(B, C)$；e：$Y = f(B, D)$；f：$Y = f(C, D)$

从图 8.9 和图 8.10 中可看出，液料比对紫丁香苷得率与纯度的影响较为显著。各试验因子对响应值影响次序是：液料比>乙醇体积分数>匀浆时间>匀浆转数。

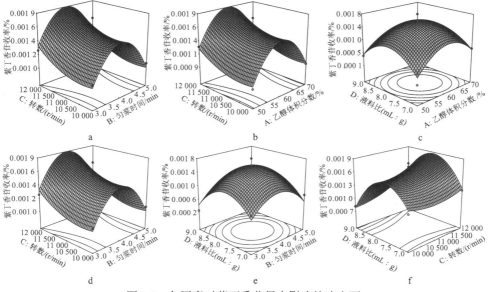

图 8.9　各因素对紫丁香苷得率影响的响应面

a. $Y = f(A, B)$；b. $Y = f(A, C)$；c. $Y = f(A, D)$；d. $Y = f(B, C)$；e. $Y = f(B, D)$；f. $Y = f(C, D)$

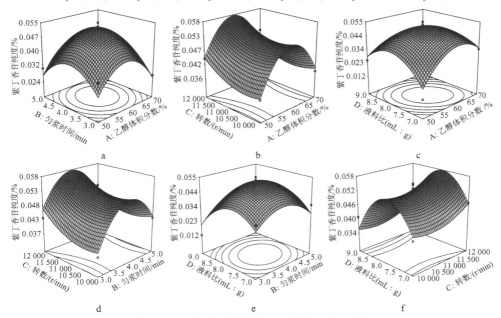

图 8.10　各因素对紫丁香苷纯度影响的响应面

a. $Y = f(A, B)$；b. $Y = f(A, C)$；c. $Y = f(A, D)$；d. $Y = f(B, C)$；e. $Y = f(B, D)$；f. $Y = f(C, D)$

　　从图 8.11 和图 8.12 中可以出，液料比对刺五加苷 E 得率与纯度的影响较为显著。各试验因子对响应值影响次序是：液料比>乙醇体积分数>匀浆时间>匀浆转数。

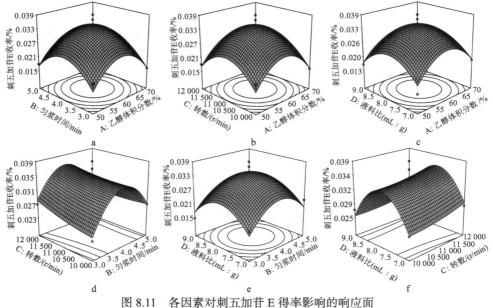

图 8.11　各因素对刺五加苷 E 得率影响的响应面

a. $Y = f(A, B)$；b. $Y = f(A, C)$；c. $Y = f(A, D)$；d. $Y = f(B, C)$；e. $Y = f(B, D)$；f. $Y = f(C, D)$

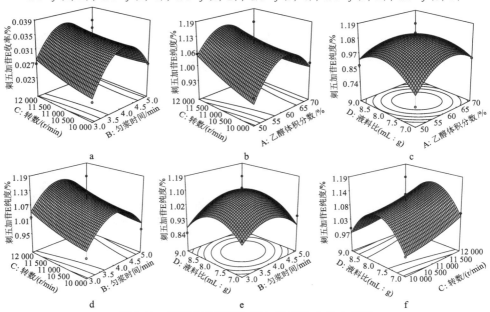

图 8.12　各因素对刺五加苷 E 纯度影响的响应面

a. $Y = f(A, B)$；b. $Y = f(A, C)$；c. $Y = f(A, D)$；d. $Y = f(B, C)$；
e. $Y = f(B, D)$；f. $Y = f(C, D)$

应用 Design Expert 7.0 中 Box-Behnken 中 Optimization Choises 的 Numerical Optimization 对 3 种目标产物的得率与纯度进行最优化(maximize)设计。得到在同一提取条件下，3 种目标产物的得率及纯度最佳的提取工艺条件：液料比 7.96∶1（mL∶g），乙醇体积分数 59.66%，匀浆时间 4.04 min，匀浆转数 11 999.6 r/min，提取次数 3 次。3 种目标产物的得率及纯度分别为：异秦皮啶得率 0.018%、异秦皮啶纯度 0.69%、紫丁香苷得率 0.001 86%、紫丁香苷纯度 0.057 8%、刺五加苷 E 得率 0.036%和刺五加苷 E 纯度 1.14%，其合意性(desirability)为 86.4%。而 3 种目标产物的得率及纯度的综合影响的合意性(desirability)，可见图 8.13。

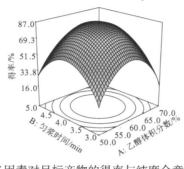

图 8.13　各因素对目标产物的得率与纯度合意性的响应面

3. 最佳条件的验证实验

取 15.0 g 粉碎的刺五加根茎原料(绝干计)装入匀浆机中，在最佳匀浆条件下提取，重复实验 3 次取平均值，验证实验结果。紫丁香苷得率为 0.001 6%，纯度 0.052%，与理论值分别相差 0.000 3%和 0.004%；刺五加苷 E 得率为 0.035%，纯度 1.10%，与理论值分别相差 0.001%和 0.04%；异秦皮啶得率为 0.018%，纯度 0.68%，与理论值分别相差 0.000%和 0.01%。

8.3.3　水解原位萃取法提取刺五加异秦皮啶

8.3.3.1　仪器与材料

1. 仪器

1525 高效液相色谱仪(WATERS 公司)，2487 紫外检测器(WATERS 公司)，HiQ SiL C$_{18}$ V 色谱柱(4.6 mm×250 mm，5 μm，KYA TECH 公司)，DK-98-I 电子恒温水浴锅(南京泰特化工设备有限公司)，RE-52A 型旋转蒸发水浴槽(上海青浦沪西仪器厂)，SHB-III 循环水式多用真空泵(郑州长城科工贸有限公司)，HX-200A 型高速中药粉碎机(浙江省永康市溪岸五金模具厂)。

2. 材料与试剂

新鲜刺五加根和茎 2004 年 9 月采集于黑龙江省尚志市苇河镇，经本室聂绍

荃教授鉴定为 *A. senticosus*。于 60℃烘干后将茎手工分成茎皮部和茎木质部，分别将根、茎皮和茎木质部粉碎并筛分，取 40~60 目粉末作为异秦皮啶的提取原料。异秦皮啶对照品和刺五加对照药材购自中国药品生物制品检定所，色谱纯乙腈，购于 J&K CHEMICA 公司，其余试剂均为国产分析纯。色谱分析用二次重蒸馏水自制。

8.3.3.2　实验部分

1. 异秦皮啶的测定

采用高效液相色谱法：WATERS1525 高效液相色谱仪，WATERS2487 紫外检测器，HiQ SiL C$_{18}$ V（4.6 mm×250 mm，5 μm）色谱柱，流动相：乙腈：水（2：8，*V/V*），等度洗脱，洗脱流速为 1.0 mL/min，柱温 30℃，检测波长 245 nm，进样体积 10 μL。在上述色谱条件下，异秦皮啶保留时间 10.7 min，主色谱峰与相邻色谱峰的分离度均大于 1.5，理论塔板数不低于 4000。

2. 游离和结合态异秦皮啶的提取

分别取干燥的刺五加根粉末 30 g，加入圆底烧瓶中，然后按料液比 1：7（g：mL）加入 80%乙醇，水浴中 70℃回流提取 2 h，提取 3 次，合并 3 次提取液，旋转蒸发器 60℃减压浓缩至干。

3. 水解原位萃取分离异秦皮啶

取上述浸膏按料液比 1：7(g：mL)加入 15%硫酸混悬，然后加入相同体积的 1,2-二氯乙烷，水浴中 90℃回流水解萃取 2.5 h，冷却，分出 1,2-二氯乙烷相，旋转蒸发器 60℃减压浓缩至干。

4. 传统先水解后萃取法分离异秦皮啶

取上述浸膏按料液比 1：7(g：mL)加入 15%硫酸混悬，水浴中 100℃回流水解萃取 2.5 h，冷却，然后分 4 次加入 1,2-二氯乙烷萃取，1,2-二氯乙烷用量为 15%硫酸液体积的 4 倍，合并萃取液，旋转蒸发器 60℃减压浓缩至干。

8.3.3.3　结果与讨论

1. 异秦皮啶的提取工艺

考察了不同提取溶剂甲醇、80%乙醇、95%乙醇和水，结果表明水提取液异秦皮啶含量较低，仅为 5.7 mg/kg，80%乙醇含量尚可，为 15 mg/kg，甲醇及 95%乙醇提取液异秦皮啶含量较高，分别达 16 mg/kg 和 17.5 mg/kg，如图 8.14 所示。考虑到 95%乙醇溶剂回收后工业重复恒定浓度使用难度大和甲醇的毒性，选用 80%乙醇作为提取溶剂。

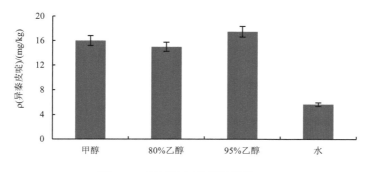

图 8.14　不同溶剂的提取效果

2. 异秦皮啶萃取溶剂的选择

考察了萃取溶剂氯仿、1,2-二氯乙烷、乙酸乙酯、石油醚（沸程 60~90℃）和正丁醇，图 8.15 结果表明氯仿和 1,2-二氯乙烷等量萃取 4 次可将异秦皮啶萃取完全，异秦皮啶在石油醚中溶解度小，萃取不完全，4 而乙酸乙酯和正丁醇由于与水部分互溶，导致异秦皮啶在水相中残留较多，萃取不完全，而 1,2-二氯乙烷沸点较高，在水解原位萃取时可适当提高水解温度，加速结合态异秦皮啶的转化，因此选择 1,2-二氯乙烷作为水解原位萃取的溶剂。

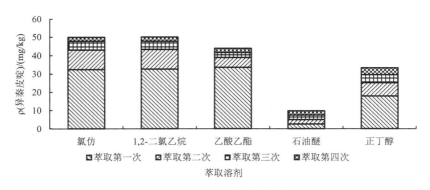

■ 萃取第一次　▨ 萃取第二次　▥ 萃取第三次　▨ 萃取第四次

萃取溶剂

图 8.15　不同溶剂的萃取效果

3. 水解催化剂种类的选择

采用单因素试验对水解催化剂对异秦皮啶含量的影响进行了考察，其中发现：相同氢离子摩尔浓度的盐酸与硫酸的最佳水解效果基本相当，从水解反应的时间进程来看，盐酸催化的水解反应温和，反应曲线圆滑，反应较平稳，而硫酸催化的反应较激烈，硫酸催化只需要 2.5 h 就能够获得最大的异秦皮啶得率，且比盐酸反应 6 h 的得率略高，如图 8.16 所示。硫酸水解只要控制好硫酸浓度及反应时间，就可获得较好的水解效果，故选择硫酸为催化剂。

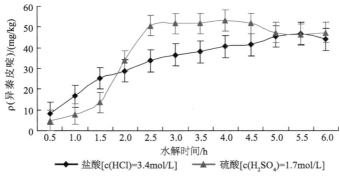

图 8.16　不同水解催化剂对结合态异秦皮啶的转化的影响

4. 水解原位萃取分离异秦皮啶

采用正交试验设计对刺五加 80%乙醇提取物水解原位萃取工艺进行优化，考察了硫酸浓度、硫酸用量、萃取溶剂用量、水解原位萃取时间、水解温度的影响，经过直观分析和方差分析，结果表明提取物加入 7 倍质量 15%硫酸、与硫酸同体积 1,2-二氯乙烷 90℃回流水解萃取 2.5 h 为最佳水解工艺。在此条件下，刺五加根、茎木质部和茎皮部异秦皮啶含量分别由原来的 53.45 mg/kg、13.26 mg/kg 和 136.38 mg/kg 增加到 140.85　mg/kg、35.35　mg/kg 和 361.69 mg/kg，效果显著，见表 8.8。

表 8.8　刺五加不同药材部位水解原位萃取异秦皮啶的增加量(n=3)

	根	茎木质部	茎皮部
水解前/(mg/kg)	53.45	13.26	136.38
水解后/(mg/kg)	140.85	35.35	361.69
异秦皮啶增加率/ %	263.50	266.60	265.20

5. 水解原位萃取法与传统酸水解-有机溶剂萃取法分离异秦皮啶的工艺比较

用正交试验后选取的最佳水解原位萃取法分离工艺和目前常用的传统酸水解-有机溶剂萃取工艺，对同一批根部样品进行处理，对处理条件及异秦皮啶含量进行比较，见表 8.9。结果表明，与酸水解-有机溶剂萃取法相比，水解原位萃取法的条件温和，生产成本明显降低，生产周期大大缩短，异秦皮啶含量与其相当，操作简便，实用性强。

表 8.9　水解原位萃取法与酸水解-有机溶剂萃取法的比较

工艺参数	水解原位萃取法	酸水解-有机溶剂提取法
温度/℃	90	100
压力	常压	常压
时间/h	2.5	2.5(水解)/12(萃取)

续表

工艺参数	水解原位萃取法	酸水解-有机溶剂提取法
萃取溶剂相对用量	1	4
是否乳化	不乳化	易乳化
异秦皮啶含量/(mg/kg)	140.85	108.83

8.4　刺五加体内活性物质纯化技术研究

8.4.1　实验材料和仪器

8.4.1.1　实验仪器

玻璃柱(12 mm×500 mm)(天津天波玻璃设备有限公司)；数字鼓风烘箱(上海博讯实业有限公司)；恒温振荡器(哈尔滨东联电子科技开发有限公司)；BS-124S 电子天平(北京赛多利斯仪器系统有限公司)；3K30 型离心机(美国 SIGMA 公司)；SZ-93 自动双重纯水蒸馏器(上海亚荣生化仪器厂)；717 型自动进样高效液相色谱仪(美国 WATERS 公司)；1525 型二元泵(美国 WATERS 公司)；2487 型紫外光检测器(美国 WATERS 公司)；色谱柱(Kromasil C_{18})(J&K 化学技术有限公司)。

8.4.1.2　实验材料和试剂

刺五加(*Acanthopanax senticosus*)根茎(哈尔滨市三棵树药材市场)；树脂(沧州宝恩吸附材料科技有限公司)；紫丁香苷(111574-200201)对照品(中国药品生物制品检定所)；刺五加苷 E(11173-200501)对照品(中国药品生物制品检定所)；异秦皮啶(110837-200304)对照品(中国药品生物制品检定所)；乙腈(色谱纯)(J&K CHEMICAL LTD.公司)；甲醇(色谱纯)(J&K CHEMICAL LTD.公司)；其他试剂(分析纯)(北京化学试剂公司)；重蒸水(自制)。

8.4.2　实验方法

8.4.2.1　树脂的处理

大孔吸附树脂合成时会将单体和致孔溶剂包裹在树脂空隙中，为了清除残留物质，采用下面的方法对大孔吸附树脂进行处理：乙醇浸泡树脂 24 h，然后用回流的方法水煮树脂，直到树脂内无乙醇残留。将处理后的树脂加双重纯水储存在干燥器内，以保证树脂含水率稳定。使用前，用乙醇将树脂再浸泡一次，然后再用双重纯水清洗，直至树脂内无乙醇残留[51,52]。

树脂的含水率的测定方法为：准确称取一定量湿树脂，然后将其置于数字鼓风烘箱内 105℃烘干，直至树脂恒重。树脂含水率的计算方法见公式(8-7)，而且树脂的含水率均列入表 8.10。

$$\alpha = \frac{W_{\text{wet}} - W_{\text{dry}}}{W_{\text{wet}}} \times 100\% \tag{8-7}$$

式中，α 为含水率(%)；W_{wet} 为树脂湿重(g)；W_{dry} 为树脂干重(g)。

表 8.10　大孔吸附树脂的物理性质

树脂型号	表面积/(m²/g)	平均孔径/Å	颗粒直径/mm	极性	含水率/%
HPD80	350~400	80~85	0.300~1.250	非极性	67.84
HPD100	650~700	85~90	0.300~1.200	非极性	65.00
HPD100A	650~700	95~100	0.300~1.200	非极性	66.67
HPD100B	500~580	120~160	0.300~1.250	非极性	61.49
HPD100C	720~760	80~90	0.300~1.250	非极性	61.68
HPD200A	700~750	85~90	0.300~1.250	非极性	54.90
HPD300	800~870	50~55	0.300~1.200	非极性	75.52
HPD700	650~700	85~90	0.300~1.200	非极性	66.10
HPDD	650~750	90~110	0.300~1.250	非极性	73.06
D101	≥400	100~110	0.300~1.250	非极性	66.47
HPD910	450~550	85~90	0.300~1.250	非极性	50.00
HPD722	485~530	130~140	0.300~1.250	弱极性	58.95
AB-8	480~520	130~140	0.300~1.250	弱极性	65.00
HPD450	500~550	90~110	0.300~1.200	弱极性	72.00
HPD450A	500~550	90~100	0.300~1.250	中极性	72.37
HPD400A	500~550	85~90	0.300~1.250	中极性	64.06
HPD750	650~700	85~90	0.300~1.200	中极性	57.58
HPD850	1100~1300	85~95	0.300~1.200	中极性	46.81
DM130	500~550	90~100	0.300~1.250	中极性	66.48
HPD400	500~550	75~80	0.300~1.200	极性	68.93
HPD500	500~550	55~75	0.300~1.200	极性	70.45
HPD600	550~600	80	0.300~1.200	极性	69.32
ADS-7	≥100	250~300	0.300~1.250	极性	63.23
ADS-17	90~150	250~300	0.300~1.250	氢键	51.06
HPD417	90~150	250~300	0.300~1.250	氢键	54.55
HPD826	500~600	90~100	0.300~1.250	氢键	67.52

8.4.2.2　静态试验

1. 静态吸附试验

0.5 g 树脂(绝干计)置于带盖得锥形瓶中，加入 100 mL 已知浓度的水提液。利用恒温摇床进行吸附试验，其条件为：恒定温度 25℃，100 r/min 和 8 h。样品溶液的初始浓度和吸附后的溶液均经 HPLC 测定。

2. 静态解吸附试验

吸附平衡后, 将残留溶液移出。加入 100 mL 双重纯水后, 利用恒温摇床清洗吸附饱和的树脂, 其条件为: 恒定温度 25℃, 100 r/min 和 2 h。将双重纯水移出, 加入 25 mL 95%乙醇溶液, 利用恒温摇床进行解吸附试验, 其条件为: 恒定温度 25℃, 100 r/min 和 2 h。解吸附溶液经 HPLC 测定。以吸附量、解吸量和解吸率为标准来选择适合的树脂。

3. 静态吸附动力学考察

经过静态吸附和解吸附试验的筛选, 确定 HPD100C 和 HPD300 两种树脂效果较好。然后, 对三种目标产物在 HPD100C 和 HPD300 上的静态吸附动力学进行考察, 具体方法见 11.6.3.2 项下 "1. 静态吸附试验"。按预定的间隔时间取样, HPLC 测定, 分别作出三种目标产物在 HPD100C 和 HPD300 上的静态动力学曲线。

4. 吸附等温线的考察

根据静态试验的结果, 选取最佳树脂 HPD100C, 对紫丁香苷、刺五加苷 E 和异秦皮啶进行吸附等温线的考察。具体方法为: 0.5 g 树脂(绝干计)置于带盖得锥形瓶中, 加入 100 mL 不同浓度的水提液, 利用恒温摇床进行吸附试验, 其条件为: 100 r/min、8 h 和恒定温度 25℃、30℃和 35℃。样品溶液的初始浓度和吸附平衡后的溶液均经 HPLC 测定。绘制三种目标产物在 HPD100C 上的吸附等温线, 并评定它们在 Langmuir 等式和 Freundlich 等式上的适宜度。

最后, 考察 pH 对样品溶液在 HPD100C 上的吸附量影响。

8.4.2.3　动态试验

1. 动态解吸溶剂的确定

动态试验在玻璃柱(12 mm×500 mm)上进行。取 5 g HPD100C 树脂(干重), 湿法上柱。柱体积(BV)和树脂在玻璃柱内的高度分别为 25 mL 和 10 cm。样品溶液的流动方向始终向下。样品溶液按设定流速通过玻璃柱。流出液每 50 mL 为一个检测单位, 通过 HPLC 进行测定三种目标产物浓度。通过该过程确定泄漏点。

当吸附达到平衡时, 停止样品溶液的添加。首先, 用双重纯水清洗吸附饱和的树脂柱, 然后, 分别使用不同的乙醇溶液(30%、40%、50%、60%、70%、80%和90%), 以相同流速进行解吸附试验。流出液每 5 mL 为一个检测单位, 通过 HPLC 进行测定三种目标产物的浓度。流出液在真空条件下浓缩至干, 待用。通过计算得到 HPD100C 动态的吸附量、解吸量和所得产品中三种目标产物的回收率和含量。

2. 动态解吸附曲线考察

选择 60%乙醇溶液作为洗脱溶剂。在确定洗脱溶剂流速实验中, 分别选择

2 BV/h，3 BV/h 和 4 BV/h 作为考察对象。以解吸附溶液的体积为横坐标，解吸溶液的浓度为纵坐标，绘制 HPD100C 的动态解吸附曲线。

8.4.3 结果与讨论

8.4.3.1 树脂的吸附和解吸附能力

紫丁香苷、刺五加苷 E 和异秦皮啶在不同树脂上表现出的吸附量和解吸附量差异明显，HPD100C 和 HPD300 两种树脂对三种目标产物的吸附能力明显高于其他树脂见表 8.11。

表 8.11 不同树脂对紫丁香苷、刺五加苷 E 和异秦皮啶的吸附量、解吸附量和解吸附率

	类型	吸附量/(mg/g)	解吸附量/(mg/g)	解吸附率/%
紫丁香苷	HPD80	0.052 6±0.002 8	—	—
	HPD100	0.236 2±0.012 1	0.130 4±0.007 2	55.24±2.71
	HPD100A	0.070 4±0.004 4	—	—
	HPD100B	0.196 4±0.013 2	0.063 8±0.003 2	32.45±1.42
	HPD100C	0.420 8±0.021 1	0.229 4±0.010 9	54.51±2.72
	HPD200A	0.230 6±0.012 4	0.070 2±0.004 1	30.48±1.58
	HPD300	0.419 2±0.020 8	0.216 0±0.011 5	51.54±2.64
	HPD700	0.105 6±0.004 9	0.064 0±0.003 2	60.72±3.12
	HPDD	0.086 4±0.003 7	0.043 4±0.001 8	50.24±2.58
	D101	0.129 6±0.006 1	0.062 6±0.003 1	48.31±2.54
	HPD910	0.213 6±0.010 6	0.052 2±0.003 2	24.39±1.21
	HPD722	0.150 4±0.008 2	—	—
	AB-8	0.048 6±0.001 9	0.048 0±0.002 3	98.91±4.63
	HPD450	0.091 2±0.004 8	0.046 4±0.002 2	50.90±2.50
	HPD450A	0.123 2±0.005 8	—	—
	HPD400A	0.015 6±0.001 2	—	—
	HPD750	0.090 0±0.005 0	0.053 6±0.003 2	59.50±2.93
	HPD850	0.369 2±0.017 7	0.138 4±0.006 8	37.48±1.81
	DM130	0.073 2±0.004 3	—	—
	HPD400	0.210 4±0.011 8	0.061 2±0.003 3	29.10±1.58
	HPD500	0.064 2±0.002 7	0.064 0±0.003 1	99.66±5.02
	HPD600	0.111 2±0.005 7	0.047 8±0.002 5	42.94±2.23
	ADS-7	0.141 4±0.007 3	—	—
	ADS-17	0.097 0±0.005 2	—	—
	HPD417	0.117 6±0.006 2	—	—
	HPD826	0.091 2±0.005 3	0.053 2±0.002 5	58.33±3.02

	类型	吸附量/(mg/g)	解吸附量/(mg/g)	解吸附率/%
刺五加苷 E	HPD80	0.252 4±0.013 1	0.249 0±0.012 3	98.68±4.93
	HPD100	6.317 2±0.320 3	3.353 4±0.167 5	53.08±2.72
	HPD100A	2.051 2±0.103 0	0.827 4±0.042 0	40.34±1.97
	HPD100B	5.763 6±0.287 8	2.957 4±0.148 2	51.31±2.60
	HPD100C	5.822 4±0.291 7	3.963 2±0.198 3	68.07±3.42
	HPD200A	5.795 8±0.291 2	3.079 6±0.154 3	53.13±2.59
	HPD300	5.982 8±0.299 0	3.875 2±0.193 7	64.77±3.23
	HPD700	3.942 8±0.197 3	1.945 6±0.096 6	49.35±2.45
	HPDD	3.624 6±0.182 1	1.682 0±0.084 2	46.40±2.32
	D101	4.422 0±0.220 8	2.329 2±0.116 6	52.67±2.57
	HPD910	3.399 8±0.171 2	1.820 6±0.091 3	53.55±2.71
	HPD722	0.245 4±0.012 3	—	—
	AB-8	5.326 2±0.265 7	2.690 6±0.135 0	50.52±2.63
	HPD450	3.498 2±0.175 4	1.700 4±0.085 2	48.61±2.40
	HPD450A	0.713 2±0.036 1	0.219 0±0.010 6	30.71±1.49
	HPD400A	3.526 8±0.175 9	2.180 0±0.109 3	61.81±3.03
	HPD750	3.146 2±0.157 1	1.404 8±0.070 1	44.65±2.22
	HPD850	1.996 6±0.098 3	1.150 0±0.058 1	57.60±2.85
	DM130	2.321 0±0.115 8	1.260 2±0.063 2	54.29±2.71
	HPD400	4.684 2±0.238 4	2.007 0±0.106 1	42.85±2.06
	HPD500	0.786 8±0.039 3	0.344 0±0.017 3	43.71±2.32
	HPD600	1.198 2±0.060 1	0.344 6±0.016 6	28.76±1.43
	ADS-7	0.365 0±0.018 2	0.201 4±0.010 3	55.19±2.75
	ADS-17	0.439 8±0.022 6	0.213 2±0.010 9	48.48±2.42
	HPD417	0.065 2±0.003 0	—	—
	HPD826	1.611 4±0.081 1	0.624 8±0.031 3	38.77±1.87
异秦皮啶	HPD80	0.861 4±0.043 3	0.474 4±0.024 2	55.08±2.26
	HPD100	4.585 6±0.229 2	2.002 0±0.100 6	44.03±2.19
	HPD100A	3.061 0±0.152 9	1.168 6±0.057 9	38.17±1.86
	HPD100B	3.959 6±0.197 6	1.803 8±0.090 1	45.55±2.25
	HPD100C	3.763 6±0.187 5	2.334 0±0.116 9	62.01±3.11
	HPD200A	4.017 4±0.201 2	1.951 6±0.098 2	48.58±2.29
	HPD300	4.050 8±0.202 3	2.315 0±0.116 1	57.15±2.90
	HPD700	4.253 8±0.212 7	1.798 2±0.090 6	42.27±2.19
	HPDD	3.212 4±0.164 7	1.669 8±0.082 6	51.98±2.57
	D101	3.234 6±0.157 6	1.703 6±0.085 4	52.67±2.49

	类型	吸附量/(mg/g)	解吸附量/(mg/g)	解吸附率/%
	HPD910	2.515 2±0.125 7	1.674 4±0.084 2	66.57±3.25
	HPD722	0.203 8±0.010 4	—	—
	AB-8	3.228 0±0.161 2	1.079 2±0.054 9	33.43±1.46
	HPD450	3.412 6±0.170 9	1.519 8±0.076 1	44.53±2.53
	HPD450A	2.786 6±0.139 3	2.186 4±0.109 0	78.46±3.90
	HPD400A	3.207 6±0.167 4	1.375 2±0.069 1	42.88±2.06
	HPD750	3.437 0±0.172 6	1.438 6±0.072 3	41.86±2.23
异秦皮啶	HPD850	3.216 2±0.161 1	1.824 8±0.090 8	56.74±2.76
	DM130	2.594 4±0.129 5	1.368 2±0.068 0	52.74±2.63
	HPD400	4.331 4±0.216 5	1.879 6±0.093 7	43.39±2.23
	HPD500	3.437 2±0.172 3	2.106 0±0.104 8	61.27±3.12
	HPD600	3.954 2±0.197 7	2.060 4±0.102 5	52.11±2.57
	ADS-7	2.800 8±0.140 4	1.291 4±0.064 7	46.11±2.19
	ADS-17	1.248 2±0.062 3	0.569 2±0.028 0	45.59±2.33
	HPD417	2.022 0±0.100 6	0.631 4±0.031 6	31.23±1.24
	HPD826	3.997 4±0.198 7	2.108 6±0.105 3	52.75±2.46

注：平均值±标准偏差，$n=3$；"—"表示在 HPLC 测定中未出现检测信号。

一般来说，树脂的吸附量与树脂本身表面面积具有相关性。HPD100C 和 HPD300 两种树脂具有更大的表面面积（表 8.10），这可以解释三种目标产物在这两种树脂上表现出更高吸附量的原因。HPD100C 和 HPD300 均为非极性树脂，而三种目标产物也均非强极性物质，这是三种目标产物在 HPD100C 和 HPD300 上表现出高吸附量的另一原因。因此可知，由于 HPD100C 和 HPD300 的更大的表面面积和与三种目标产物的相似极性，这两种树脂对三种目标产物具有更高的吸附量。

另一方面，HPD100C 和 HPD300 对三种目标产物具有更高的解吸附量和解吸率。这可能是由于树脂与化合物间的作用力主要是物理力（如范德华力等）导致的。因为范德华力这样的物理力能量较低，所以导致目标产物容易被洗脱。此外，因为较大的平均孔径导致较高的解吸率，这同样会导致较低的吸附量和解吸量。因此，由于树脂与目标产物间的吸附力和树脂本身适当的平均孔径，导致 HPD100C 和 HPD300 对三种目标产物具有更高的解吸量和解吸率。

总之，表 8.11 列出了不同树脂的不同的物理化学能力。由此可知，HPD100C 和 HPD300 对三种目标产物应具有更高的吸附量、解吸量和解吸率。因此，选取 HPD100C 和 HPD300 进行进一步研究，以完成三种目标产物的吸附动力学实验。

8.4.3.2　HPD100C 和 HPD300 的静态吸附动力学考察

由于静态吸附和解吸附实验不足以评定树脂的性质，因为吸附速率也是考察树脂性质的另一重要因素。因此，下一步考察紫丁香苷、刺五加苷 E 和异秦皮啶在 HPD100C 和 HPD300 上的吸附动力学曲线是十分必要的。由图 8.17 可知，三种目标产物的吸附量均随吸附时间增加而增长，但是 HPD100C 在 2 h 左右达到吸附平衡，而 HPD300 在 6 h 左右达到吸附平衡。由此可知，HPD100C 的吸附速率要优于 HPD300。因此，选择 HPD100C 作为进一步研究的树脂。

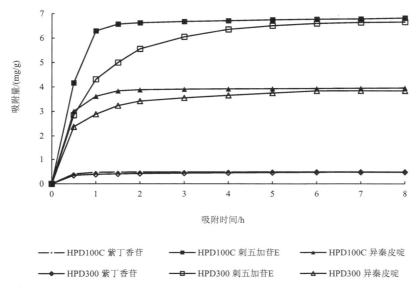

图 8.17　紫丁香苷、刺五加苷 E 和异秦皮啶在 HPD100 和 HPD300 上的吸附动力学曲线

8.4.3.3　吸附等温线

考察不同浓度的紫丁香苷、刺五加苷 E 和异秦皮啶在 HPD100C 的吸附等温线，考察温度为 25℃、30℃ 和 35℃。紫丁香苷的浓度分别为 0.003 2 mg/mL、0.003 9 mg/mL、0.004 7 mg/mL、0.005 5 mg/mL、0.007 7 mg/mL 和 0.008 9 mg/mL；刺五加苷 E 的浓度分别为 0.039 0 mg/mL、0.051 8 mg/mL、0.059 0 mg/mL、0.082 4 mg/mL、0.109 0 mg/mL 和 0.136 2 mg/mL；异秦皮啶的浓度分别为 0.007 7 mg/mL、0.014 4 mg/mL、0.019 0 mg/mL、0.029 7 mg/mL、0.043 6 mg/mL 和 0.053 7 mg/mL。由图 8.18 可知，随着目标产物浓度的增大，目标产物在 HPD100C 上的吸附量增大，但是当紫丁香苷、刺五加苷 E 和异秦皮啶浓度分别达到 0.007 7 mg/mL、0.109 0 mg/mL 和 0.043 6 mg/mL 时，三种目标产物的吸附量基本饱和。因此，选择紫丁香苷、刺五加苷 E 和异秦皮啶浓度分别为 0.007 7 mg/mL、0.109 0 mg/mL 和 0.043 6 mg/mL 的溶液为进一步研究的溶液浓度。

三种目标产物吸附量达到饱和时的数据反映了吸附剂和溶质间的情况。Langmuir 和 Freundlich 等温线模型是两个最常用于表述吸附剂和溶质间吸附情况的等温线模型。将三种目标产物的吸附等温线实验数据引入 Langmuir 和 Freundlich 等温线模型，其结果如图 8.19 和图 8.20，相关参数均被概括在表 8.12 中。

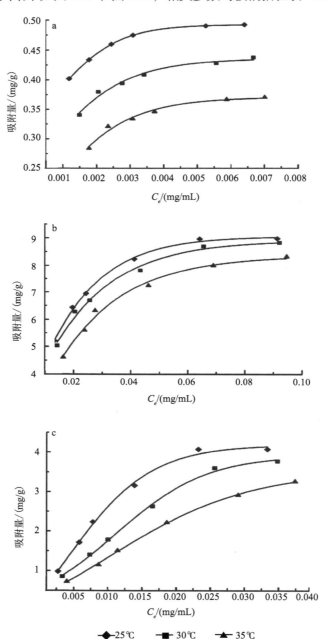

图 8.18　25℃、30℃和 35℃紫丁香苷、刺五加苷 E 和异秦皮啶在 HPC100C 上的吸附等温线
a. 紫丁香苷；b. 刺五加苷E；c. 异秦皮啶

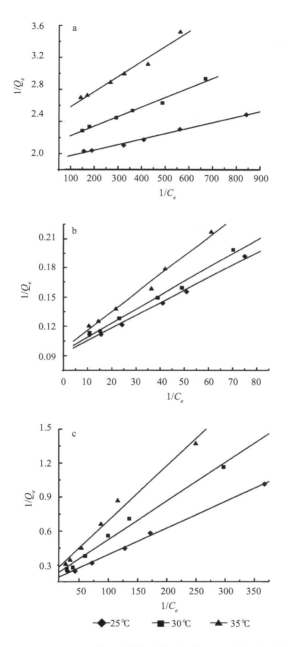

图 8.19　25℃、30℃和 35℃紫丁香苷、刺五加苷 E 和异秦皮啶在 HPC100C 上的
Langmuir 模型线性关系

a. 紫丁香苷；b. 刺五加苷E；c. 异秦皮啶

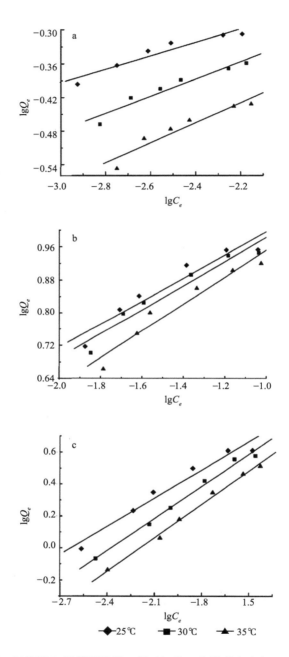

图 8.20　25℃、30℃和35℃紫丁香苷、刺五加苷 E 和异秦皮啶在 HPC100C 上的

Freundlich 模型线性关系

a. 紫丁香苷；b. 刺五加苷E；c. 异秦皮啶

由表 8.12 可知，当比较紫丁香苷和刺五加苷 E 的 Langmuir 等式和 Freundlich 等式时，Langmuir 等式的相关系数可靠性更高。紫丁香苷和刺五加苷 E 的 Langmuir 等式中的相关系数值均大于 0.971 8，而 Freundlich 等式的相关系数值均低于 0.939 3。因此，Langmuir 等式将会更好的描述紫丁香苷和刺五加苷 E 在 HPD100C 上的吸附和解吸附过程。

表 8.12　25℃、30℃和 35℃紫丁香苷、刺五加苷 E 和异秦皮啶在 HPC100C 上的 Langmuir 和 Freundlich 的参数

被吸附物	温度/℃	Langmuir 等式			Freundlich 等式		
		Q_{max}	K_L	相关系数	K_F	n	相关系数
紫丁香苷	25	0.52	1428.57	0.992 2	0.913 9	8.474 6	0.918 1
	30	0.48	833.33	0.984 1	0.954 3	6.548 8	0.930 9
	35	0.42	526.32	0.971 8	0.921 1	5.592 8	0.913 6
刺五加苷 E	25	10.79	769.23	0.990 3	18.893 0	3.567 6	0.920 1
	30	10.57	714.29	0.989 1	18.827 8	3.421 1	0.938 0
	35	10.33	526.32	0.986 8	18.975 8	3.063 7	0.939 3
异秦皮啶	25	6.33	434.78	0.997 2	35.196 5	1.701 5	0.962 2
	30	5.42	289.02	0.985 7	38.940 4	1.494 3	0.990 3
	35	4.79	208.33	0.982 1	33.705 4	1.434 7	0.994 2

同时，对 Freundlich 等式而言，当其 $1/n$ 值在 0.1 和 0.5 之间时，表明吸附剂和溶质间吸附容易发生；当其 $1/n$ 值在 0.5 和 1 之间时，表明吸附剂和溶质间吸附基本不发生；当其 $1/n$ 值大于 1 时，表明吸附剂和溶质间吸附无法发生[47]。在异秦皮啶的 Freundlich 等式中，所有的 $1/n$ 值在 0.5 和 1 之间。这表明，即使异秦皮啶的 Freundlich 等式中相关系数值很高，但是吸附剂和溶质间吸附基本不发生。另一方面，异秦皮啶的 Langmuir 等式中相关系数值均高于 0.982 1。因此，Langmuir 等式将会更好的描述异秦皮啶在 HPD100C 上的吸附和解吸附行为。

在 Langmuir 等温线模型中，假定吸着物的吸附形式只是单层吸附[48]，因此表 8.12 中的数据表明 HPD100C 与三种目标产物间的吸附形式是以单层吸附形式存在的。

由图 8.20 可知，在相同浓度条件下，吸附量的变化在考察温度范围中表现为：随着温度的逐渐增加，吸附量逐渐减小。这表明考察的吸附过程为放热过程。同时，三种目标产物的 Q_{max} 值也随着温度的增加而减小（表 8.12）。因此，选择 25℃作为进一步研究的适宜温度。

8.4.3.4　pH 对样品溶液的吸附量的影响

通过研究表明，pH 对吸附过程有重要影响。主要原因是 pH 影响样品溶液

分子的离子范围和样品溶液和吸附剂间的吸附力的作用。

由图 8.21 可知，当 pH 为 5 时，紫丁香苷和刺五加苷 E 的吸附量最大；而当 pH 为 4 时，异秦皮啶的吸附量最大。一方面，当 pH 较高时，吸附量随 pH 增大而减小。形成这种情形的主要原因是在 HPD100C 上的吸附过程中氢键起到重要的作用。随着 pH 的增大，三种目标产物的酚羟基将解离成为 H⁺ 及相应的离子，从而使氢键的相互作用降低，导致它们吸附量的减少。另一方面，当 pH 较低时，异秦皮啶的吸附量基本稳定。而紫丁香苷和刺五加苷 E 的吸附量随 pH 的减小而降低，这主要是由于在酸性条件下，紫丁香苷和刺五加苷 E 会出现部分水解的现象，从而导致这两种物质在样品溶液中的量减少，最终表现为这两种物质的吸附量降低[49,50]。因此，选择样品溶液 pH 为 5 进行进一步的实验。

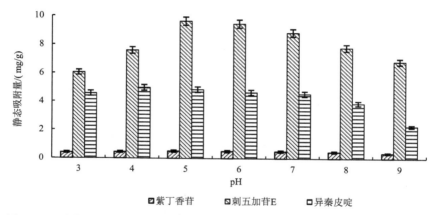

图 8.21　不同 pH 样品溶液对紫丁香苷、刺五加苷 E 和异秦皮啶在 HPD100C 上的吸附能力的影响（平均值±标准偏差，$n=3$）

8.4.3.5　动态吸附与解吸附实验——HPD100C 的动态泄露曲线

在动态泄露曲线的实验中，紫丁香苷、刺五加苷 E 和异秦皮啶的浓度分别为 0.007 7 mg/mL、0.109 0 mg/mL 和 0.043 6 mg/mL。该过程考察的上样流速分别为 2 BV/h、3 BV/h 和 4 BV/h。

以流出液体积为横坐标，以样品溶液中溶质的浓度为纵坐标建立三种目标产物的泄露曲线（图 8.22）。

由图 8.22 可知，当上样流速为 2 BV/h 时，三种目标产物表现出最佳的吸附能力，这可能是由于在 2 BV/h 的条件下样品溶液中的溶质颗粒的扩散性更好。因此，选择 2 BV/h 作为进一步实验的上样流速。

对于泄漏点而言，当流出液的浓度达到上样溶液的浓度的 10% 时，吸附被假定为达到饱和。因为在此条件下溶质与树脂间的吸附力明显下降，甚至消失，从而导致溶质不再被树脂吸附。因此，泄漏点通常被定义为流出液的浓度等于上样溶液浓度的10%时的时间点。但是，由于三种目标产物的上样溶液的浓度和保留时间不同，导致它们的泄漏点不同。因此为了探讨三种目标产物的动态泄露情况，就需要建立相关泄露曲线。在此研究中，样品溶液中紫丁香苷、刺五加苷 E 和异秦皮啶的泄露时的体积分别为 10 BV、14 BV 和 24 BV。这样的结果表明异秦皮啶最晚达到泄漏点。同时，为了探讨三种目标产物的泄漏情况，必须选择最晚达到泄漏点的上样体积。因此，选择 24 BV 作为进一步实验的上样体积。

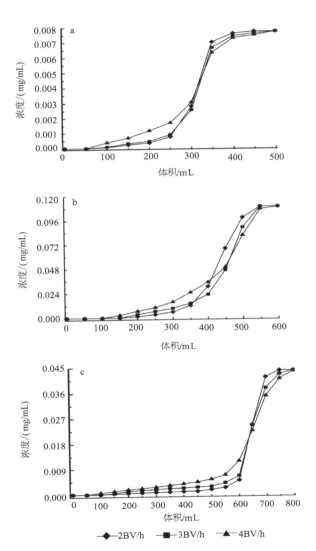

图 8.22　紫丁香苷、刺五加苷 E 和异秦皮啶在 HPC100C 上的动态泄露曲线

a. 紫丁香苷；b. 刺五加苷E；c. 异秦皮啶

另一方面，当三种目标产物达到泄露点时，紫丁香苷、刺五加苷 E 和异秦皮啶的吸附量分别为 2.60 mg、49.05 mg 和 29.45 mg。这些值与静态吸附饱和量大致相等。

8.4.3.6　动态吸附与解吸附实验——乙醇浓度对解吸附影响的考察

为了选择适当的解吸附溶液，选择不同浓度的乙醇溶液(30%、40%、50%、60%、70%、80%和90%)进行考察。

由表 8.13 可知，一方面，随着乙醇浓度的增大，紫丁香苷、刺五加苷 E 和异秦皮啶的解吸量明显增加，直到乙醇浓度达到60%这种趋势趋于平缓。另一方面，三种目标产物解吸的含量先是逐渐增加而后降低，当乙醇浓度达到60%出现峰值。这表明当乙醇浓度高于60%后，洗脱过程将更多的杂质洗脱下来。因此，选择 60%的乙醇溶液作为进一步实验的洗脱溶液。当乙醇溶液为 60%时，紫丁香苷、刺五加苷 E 和异秦皮啶的解吸附量分别为 2.10 mg、46.09 mg 和 27.62 mg，它的相对含量此时最大。

表 8.13　不同浓度乙醇溶液作为洗脱剂时紫丁香苷、刺五加苷 E 和异秦皮啶在 HPD100C 上的解吸附性能

	乙醇浓度/%						
	30	40	50	60	70	80	90
干浸膏质量/g	2.00±0.09	2.06±0.11	2.09±0.11	2.17±0.10	2.38±0.12	2.83±0.10	3.50±0.12
紫丁香苷质量/mg	1.14±0.05	1.28±0.07	1.76±0.06	2.10±0.10	2.19±0.10	2.26±0.12	2.32±0.12
紫丁香苷含量/%	0.056±0.002 4	0.062±0.002 8	0.084±0.003 6	0.097±0.004 2	0.092±0.005 0	0.079±0.003 6	0.066±0.003 0
刺五加苷E质量/mg	22.40±1.06	25.67±1.28	38.79±1.89	46.09±2.22	46.24±2.28	46.38±2.28	46.60±2.25
刺五加苷E含量/%	1.117±0.055 8	1.247±0.062 4	1.853±0.091 7	2.127±0.110 2	1.943±0.094 7	1.637±0.083 1	1.333±0.066 6
异秦皮啶质量/mg	12.54±0.58	14.21±0.73	21.18±1.12	27.62±1.39	27.71±1.38	27.82±1.42	27.98±1.42
异秦皮啶质量/%	0.625±0.031 3	0.690±0.034 7	1.012±0.051 3	1.275±0.055 3	1.164±0.055 1	0.982±0.047 8	0.800±0.042 2

注：平均值±标准偏差，$n=3$。

8.4.3.7　动态吸附与解吸附实验——HPD100C 的动态解吸附曲线

由图 8.23 可知，当解吸流速为 3 BV/h 时，紫丁香苷、刺五加苷 E 和异秦皮啶的解吸效果最佳。在此解吸速率条件下，紫丁香苷被完全解吸的解吸体积为

3 BV；刺五加苷 E 为 4 BV；异秦皮啶为 3 BV。该结果表明：流速为 3 BV/h 的解吸过程减少了乙醇溶液使用量，缩短了解吸时间。因此，在考虑低消耗，高效率的前提下，选择 3 BV/h 作为进一步实验的解吸流速。

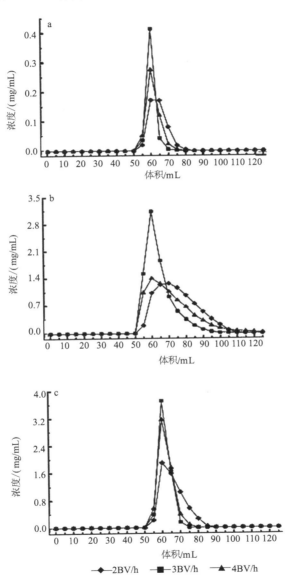

图 8.23 紫丁香苷、刺五加苷 E 和异秦皮啶在 HPC100C 上动态解吸附曲线

a. 紫丁香苷；b. 刺五加苷E；c. 异秦皮啶

综上所述，三种目标产物在 HPD100C 上的分离纯化的最佳优化参数为：吸

附过程，紫丁香苷、刺五加苷 E 和异秦皮啶的上样浓度分别为 0.007 7 mg/mL、0.109 0 mg/mL 和 0.043 6 mg/mL，上样体积为 24 BV，上样流速为 2 BV/h，pH 为 5，温度为 25℃；解吸附过程，乙醇浓度为 60%，解吸体积为 4 BV，解吸流速为 3 BV/h。

上柱前样品溶液和上柱后产品溶液的 HPLC 效果如图 8.24。通过比较可知三种目标产物的峰形在上柱处理后均有明显增大，上柱过程起到了纯化作用。

在最佳优化条件下得到的流出液经冷冻干燥过程除去乙醇溶液。最后，计算出三种目标产物的回收率及它们在产品中的含量（表 8.14）。

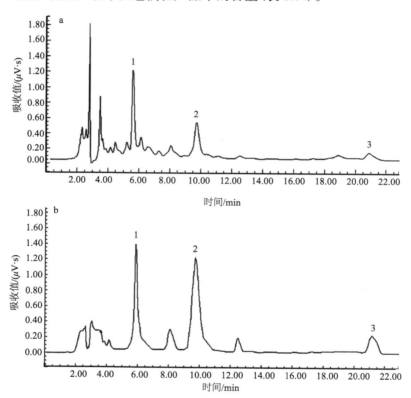

图 8.24　通过 HPD100C 树脂柱前（a）和后（b）的 HPLC 色谱图

1. 紫丁香苷；2. 刺五加苷E；3. 异秦皮啶

表 8.14　产品中紫丁香苷、刺五加苷 E 和异秦皮啶的含量与回收率

被吸附物	未处理提取物中的含量±标准偏差 /%	产品中的含量± 标准偏差/%	回收率± 标准偏差/%
紫丁香苷	0.003 8±0.000 1	0.097 1±0.000 6	80.93±0.40
刺五加苷 E	0.059 2±0.000 5	2.217 7±0.011 1	93.97±0.47
异秦皮啶	0.053 3±0.000 4	1.275 2±0.007 7	93.79±0.44

8.5　结　　论

8.5.1　高效液相色谱法测定刺五加有效成分含量

要提高中成药的安全性、有效性就需要从原料药开始就控制产品的质量，这种要求的基础是建立有效实用的检测方法。本章采用高效液相法在 205 nm 波长处，选择乙腈：0.1%甲酸(15：85，*V/V*) 为流动相，同时测定紫丁香苷、刺五加苷 E 和异秦皮啶的含量。通过对样品提取液中有效物质的考察，使用 HPLC 法检验它们的含量，从而确定所选择方法实用性强，可用于本研究的样品检测。本方法为刺五加的安全性、有效性提供了相关的理论依据和实际操作方法，从而保证应用药典中的标准严格掌控原材料的质量，保证成品在成分含量上保持一致，减少批件差异。

8.5.2　超声提取刺五加主要酚苷及苷元的工艺

超声波辅助提取是近年来发展起来的新型提取技术，作者利用超声波法以紫丁香苷、刺五加苷 E 和异秦皮啶为指标成分，同时以各指标成分的得率和浸膏纯度为响应因子对刺五加体内主要成分进行了提取，在单因素试验的基础上对超声波提取过程中的各因素采用响应面法进行了优化，以期为规模生产提供了有价值的工艺参数。

采用超声波法以异秦皮啶、紫丁香苷和刺五加苷 E 为指标成分，同时以各指标成分的总得率和纯度为响应因子对刺五加体内的主要功效成分进行了提取，在单因素试验的基础上对超声波提取过程中的各因素采用响应面进行了优化，得到刺五加的最佳超声波提取工艺条件为：乙醇体积分数 59.66%，提取时间 44.9 min，超声波功率 150 W，料液比 1：5(g：mL)，提取次数 3 次。最佳条件下的验证实验表明：刺五加浸膏中紫丁香苷纯度 1.3%；异秦皮啶纯度 0.093%；刺五加苷 E 纯度 1.53%，浸膏中刺五加主要酚苷及苷元的含量可达 2.923%，浸膏得率 6.77%。

8.5.3　匀浆提取刺五加主要酚苷及苷元的工艺

本研究利用匀浆法以异秦皮啶、紫丁香苷和刺五加苷 E 为指标成分，同时以各指标成分的总得率和纯度为响应因子对刺五加体内的主要功效成分进行了提取，在单因素实验的基础上对匀浆提取过程中的各因素采用响应面法进行了优化，得到刺五加的最佳匀浆提取工艺条件为：乙醇体积分数 59.66%、液料比 7.96：1(mL：g)、提取时间 4.04 min、匀浆转数 11 999.6 r/min、提取次数 3 次。

最佳条件下的验证实验表明：刺五加紫丁香苷得率可达 0.001 9%，纯度 0.058%；异秦皮啶得率可达 0.018%，纯度 0.69%；刺五加苷 E 得率可达 0.036%，纯度 1.14%。

8.5.4　水解原位萃取法提取刺五加异秦皮啶

如图 8.25 所示，刺五加药材中异秦皮啶以游离型和结合型的形式存在，而结合型主要为刺五加苷 B_1。

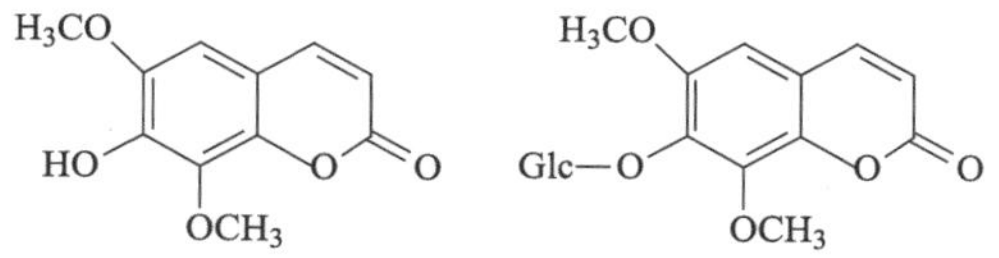

图 8.25　异秦皮啶、刺五加苷 B_1 的结构

将刺五加苷 B_1 转化成异秦皮啶，对提高药效具有重要意义。目前国内外一般是采用酸水解-有机溶剂萃取法转化和分离异秦皮啶，即直接将刺五加提取物加酸水解其中所含的结合态异秦皮啶，然后用有机溶剂提取。该工艺操作烦琐，多次萃取且易乳化，收率低。本研究采用水解原位萃取法分离异秦皮啶，单次萃取即可获得高得率的产品，且工艺简单，实用性强。

采用回流提取法提取刺五加异秦皮啶，考察了不同提取溶剂甲醇、80%乙醇、95%乙醇和水的影响，选择 80%乙醇作为适合工业化规模的提取溶剂。提取物中游离异秦皮啶含量可达 15 mg/kg。考察了氯仿、1,2-二氯乙烷、乙酸乙酯、石油醚(60~90℃)和正丁醇等多种溶剂与水的萃取体系，结果表明氯仿和 1,2-二氯乙烷均可将异秦皮啶萃取完全，确定以 1,2-二氯乙烷作为水解原位萃取的溶剂。采用单因素试验对水解催化剂对异秦皮啶含量的影响进行了考察。结果表明，采用 15%硫酸水解 2.5 h 可将结合态异秦皮啶水解完全。而盐酸作催化剂水解时间长。

对刺五加 80%乙醇提取物水解原位萃取工艺进行了优化，提取物加入 7 倍质量 15%硫酸、与 15%硫酸同体积 1,2-二氯乙烷 90℃回流水解萃取 2.5 h 为最佳水解工艺。在此条件下，刺五加根、茎木质部和茎皮部异秦皮啶含量分别由原来的 53.45 mg/kg、13.26 mg/kg 和 136.38 mg/kg 增加到 140.85 mg/kg、35.35 mg/kg 和 361.69 mg/kg，效果显著。

将水解原位萃取法分离异秦皮啶工艺与目前常用的传统酸水解-有机溶剂萃取工艺进行了对比，水解温度由原来的 100℃降低到 90℃，处理时间由原来的 14.5 h 降低到 2.5 h，溶剂使用量仅为原来的四分之一，而异秦皮啶由传统方法的

108.83 mg/kg 增加到 140.85 mg/kg，因此水解原位萃取分离刺五加体内异秦皮啶，反应条件温和、成本低、周期短、操作简便、实用性强，异秦皮啶含量高于传统方法。

8.6　大孔吸附树脂纯化刺五加有效成分

　　刺五加活性成分的纯化方法主要是采用液液分离法[35]、硅胶色谱柱[36]、聚酰胺色谱柱[37]和离心分配色谱技术[38]等。但是，由于这些方法的单循环相对处理量低，导致它们的效率较低。同时，这些方法还存在着回收率低、溶剂消耗大、劳动力密度大和运转成本高等缺点。这些缺点使得这些方法无法应用于工业化大生产中[39,40]。

　　大孔吸附树脂作为一种吸附剂可以通过氢键和范德华力等作用力[41,42]来选择性地吸附水溶液中的成分。而树脂的孔径结构、表面功能团[40]与水溶液中的成分的分子重量、极性和形状等[43]决定了它们之间的作用力的不同，从而导致不同树脂对水溶液中的不同成分吸附效果不同。同时，大孔吸附树脂作为有效的纯化方法通常表现为高吸附量、容易解吸、运转成本低和容易再生等特点[44,45]。此外，利用大孔吸附树脂对中草药中药效成分进行分离纯化已经成为了热点[40,46-50]。

　　在本段实验中，成功地使用大孔树脂对刺五加体内的紫丁香苷、刺五加苷 E 和异秦皮啶等主要三种成分进行分离纯化，并证明此种方法具有广阔的应用前景。在选用的 26 种树脂中，HPD100C 表现最佳。这是由于 HPD100C 特有的较大的表面面积、极佳的平均孔径、适当的表面功能极性和吸附力（如，氢键力和范德华力等）。对 HPD100C 进行等温线考察的结果为 Langmuir 等温模型适合解释样品溶液和 HPD100C 间的吸附情况，最适合的温度为 25℃。此外，本段实验还对动态吸附和解吸附过程进行了考察，并得到最优参数。

　　通过 HPD100C 的处理后，紫丁香苷、刺五加苷 E 和异秦皮啶的含量分别提高了 26 倍、37 倍和 24 倍。它们的回收率分别为 80.93%、93.97% 和 93.79%。此段研究也为同时分离纯化其他中草药中酚类及酚苷提供相关依据。

参 考 文 献

[1] Brekhman I I, Dardomv I V. New substances of plant origin which increase nonspecific resistance. Annual Review of Pharmacology, 1969, 9: 419~430.

[2] Perry L M. Medicinal plants of East and Southeast Asia. Cambridge, Massachusetts and London: MIT press, 1980: 41.

[3] Yook C S. Coloured medicinal plants of Korea. Seoul: Academy Book Co, 1990: 377.

[4] Davydov M, Krikorian A D. *Eleutherococcus senticosus*（Rupr. & Maxim.）Maxim.（Araliaceae） as an adaptogen: a closer look. Journal of Ethnopharmacology, 2000, 72（3）: 345~393.

[5] Frasnsworth N R, Kinghorn D, Soejarto D D, et al. Siberian ginseng（*Eleutherococcus senticosus*）: current status as an adaptogen. London: Wagner H, Hikino H, Fransworth N R. Academic Press, 1985.155~215.

[6] Bunout D. Nutritional and metabolic effects of alcoholism: their relationship with alcoholic liver disease. Nutrition, 1999, 15（7~8）: 583~589.

[7] Cardin R, D'errico A, Fiorentino M, et al. Hepatocyte proliferation and apoptosis in relation to oxidative damage in alcohol-related liver diseas. Alcohol and Alcoholism, 2002, 37（1）: 43~48.

[8] Kang H S, Kim Y H, Lee C S, et al. Suppression of interleukin-1 and tumor necrosis factor-a production by acanthoic acid, (-)-pimara-9（11）, 15-dien-19-oic acid, and its antifibrotic effects in vivo. Cellular Immunology, 1996, 170（2）: 212~221.

[9] Lee Y S, Lee E B, Kim Y H. Some pharmacological activities of acanthoic acid isolated from *Acanthopanax koreanum* root bark. Journal of Applied Pharmacology, 2001, 9: 176~182.

[10] Shin K H, Lee S. The chemistry of secondary products from *Acanthopanx* species and their pharmacological activities. Natural Product Sciences, 2002, 8: 111~126.

[11] 南京中医药大学. 中药大辞典. 第 2 版. 上海: 上海科学技术出版社, 2006: 380~382.

[12] Lin C C, Hsieh S J, Hsu S L, et al. Hot pressurized water extraction of syringin from *Acanthopanax senticosus* and *in vitro* activation on rat-blood macrophages. Biochemical Engineering Journal, 2007, 37（2）: 117~124.

[13] 聂淑琴.紫丁香苷对半乳糖胺致肝毒性的防护作用国外医学.中医中药分册, 2000, 22（6）: 346~347.

[14] Liu K Y, Wu Y C, Liu I M, et al. Release of acetylcholine by syringin, an active principle of *Eleutherococcus senticosus*, to raise insulin secretion in wistar rats. Neuroscience Letters, 2008, 434（2）: 195~199.

[15] Finn S. Two glycoside-containing genera of the araliaceae family *panax* and *eleutherococcus*. Planta Medica, 1973, 24（4）: 392~396.

[16] Deyama T, Nishibe S, Nakazawa Y. Constituents and pharmacological effects of *Eucommia* and *Siberian ginseng*. Acta Pharmacologica Sinica, 2001, 22（12）: 1057~1070.

[17] 赵余庆, 杨松松, 孙延达, 等. 刺五加体内异秦皮啶和芪类化合物的分离鉴定.中草药, 1991, 22（11）: 516~518.

[18] 李庆勇. 刺五加有效成分的提取、纯化及利用. 东北林业大学, 2001.

[19] 刘起华, 朱礼, 李文兰. 刺五加主要活性成分化学与药理研究.时珍国医国药, 1999, 10（4）: 305~306.

[20] Yamazaki T, Shimosaka S, Sakurai M, et al. Anti-inflammatory effects of a major component of *Acanthopanax senticosus* Harms, isofraxidin. Journal of Electrophoresis, 2004, 48（2）: 55~58.

[21] Liu J Q, Tian J N, Tian X, et al. Interaction of isofraxidin with human serum albumin.Bioorganic and Medicinal Chemistry, 2004, 12（2）: 469~474.

[22] Galli A, Pinaire J, Fischer M. et al. The transcriptional and DNA binding activity of peroxisome proliferator-activated receptor α is inhibited by ethanol metabolism. A novel mechanism for the

development of ethanol-induced fatty liver. Journal of Biological Chemistry, 2001, 276(1): 68~75.

[23] 李庆勇, 付玉杰, 吕欣, 等. 超声波法提取刺五加(*Acanthopanax senticosus*)中丁香甙的研究. 植物研究, 2003, 23(2): 182~184.

[24] 马新飞, 陆兔林, 殷放宙, 等. 刺五加药材中异秦皮啶提取方法的研究. 南京中医药大学学报, 2006, 22(4): 246~247.

[25] 陆兔林, 马新飞, 毛春芹, 等. 刺五加药材提取工艺的研究. 上海中医药杂志, 2006, 40(4): 59~61.

[26] 王玉琴, 郑清. 刺五加体内刺五加皂甙提取条件的优化. 盐城工学院学报(自然科学版), 2005, 18(1): 49~51.

[27] 曲中原, 金哲雄, 高文昊, 等. 刺五加总苷提取工艺研究. 哈尔滨商业大学学报(自然科学版), 2005, 21(1): 14~16.

[28] 雷朋. 利用超声波方法测定固体物质的溶解度. 药学进展, 1987, 11(1): 49~50.

[29] 罗登林, 丘泰球, 卢群. 超声波技术及应用(III)—超声波在分离技术方面的应用. 日用化学工业, 2006. 36(1): 46~49.

[30] 魏芸, 张天佑, 吴克友. 高速逆流色谱法对刺五加有效成分刺五加苷 E 的分离制备. 色谱, 2002, 20(6): 534~535.

[31] 史权. 提取 10-羟基喜树碱和喜树碱创新技术研究. 东北林业大学博士论文, 2004.

[32] 赵春建, 祖元刚, 付玉杰, 等. 匀浆法提取沙棘果中总黄酮的工艺研究. 林产化学与工业, 2006, 26(2): 38~40.

[33] 吴蕾, 洪建辉, 甘一如, 等. 高压匀浆破碎释放重组大肠杆菌提取包含体过程的研究. 高校化学工程学报, 2001, 15(2): 191~194.

[34] 陈明岩, 邹明强, 李爱军, 等. 紫丁香甙标准品的提纯与表征. 食品科学, 2002, 23(7): 121~123.

[35] 祖元刚, 赵春建, 李春英, 等. 鲜法匀浆萃取烟叶中茄尼醇的研究. 高校化学工程学报, 2005, 19(6): 757~761.

[36] 彭玉麟, 马桂荣, 藕宝霞, 等. 刺五加糖苷 B、B₁ 的分离提纯及刺五加不同部位中 B 和 B₁ 含量的测定. 河北省科学院学报, 1984, 1: 91~97.

[37] 谭晓斌, 贾晓斌, 沈明勤, 等. 结合药效的刺五加纯化工艺优选. 中国药房, 2007, 18(12): 902~904.

[38] Slacanin I A, Marston K, Hostettmann, et al. The isolation of *Eleutherococcus senticosus* constituents by centrifugal partition chromatography and their quantitative determination by high performance liquid chromatography. Phytochemical Analysis, 1991, 2(3): 137~142.

[39] Fu Y J, Zu Y G, Liu W, et al. Optimization of luteolin separation from pigeonpea [*Cajanus cajan* (L.) Millsp.] leaves by macroporous resins. Journal of Chromatography A, 2006, 1137(2): 145~152.

[40] Jia G, Lu X. Enrichment and purification of madecassoside and asiaticoside from *Centella asiatica* extracts with macroporous resins. Journal of Chromatography A, 2008, 1193(1-2): 136~141.

[41] Pi G, Ren P, Yu J, et al. Separation of sanguinarine and chelerythrine in *Macleaya cordata*

(Willd) R. Br. based on methyl acrylate-co-divinylbenzene macroporous adsorbents. Journal of Chromatography A, 2008, 1192 (1): 17~24.

[42] Jiang X, Zhou J, Zhou C. Study on adsorption and separation of naringin with macroporous resin. Frontiers of Chemistry in China, 2006, 1 (1): 77~81.

[43] Silva E M, Pompeu D R, Larondelle Y, et al. Optimisation of the adsorption of polyphenols from *Inga edulis* leaves on macroporous resins using an experimental design methodology. Separation and Purification Technology, 2007, 53 (3): 274~280.

[44] Liu X, Xiao G, Chen W, et al. Quantification and purification of mulberry anthocyanins with macroporous resins. Journal of Biomedicine and Biotechnology, 2004, (5): 326~331.

[45] Jin Q, Yue J, Shan L, et al. Process research of macroporous resin chromotography for separation of N-(p-coumaroyl) serotonin and N-feruloylserotonin from Chinese safflower seed extracts. Separation and Purification Technology, 2008, 62 (2): 370~375.

[46] Fu B, Liu J, Li H, et al. The application of macroporous resins in the separation of licorice flavonoids and glycyrrhizic acid. Journal of Chromatography A, 2005, 1089 (1-2): 18~24.

[47] Fu Y, Zu Y, Liu W, et al. Preparative separation of vitexin and isovitexin from pigeonpea extracts with macroporous resins. Journal of Chromatography A, 2007, 1139 (2): 206~213.

[48] Capek C M, Woll B, MacSweeney M, et al. Superior temporal activation as a function of linguistic knowledge: Insights from deaf native signers who speechread. Brain and Language. 2010, 112 (2): 129~134.

[49] Harkey M R, Henderson G L, Gershwin M E, et al. Variability in commercial ginseng products: an analysis of 25 preparations. The American Journal of Clinical Nutrition, 2001, 73 (6): 1101~1106.

[50] Plaut E. The synthesis of certain substituted syringic acids. New York: Eschenbach Printing Company, Columbia University, 1916.

第9章 落叶松体内活性物质分离*

9.1 落叶松体内活性物质研究现状

9.1.1 落叶松分类地位及分布

落叶松 [*Larix gmelinii*（Rupr.）Kuzen.]为松科落叶松属的落叶乔木，是中国东北、内蒙古林区的主要森林组成树种，也是东北地区主要三大针叶用材林树种之一。落叶松的天然分布很广，它是一个寒温带及温带的树种，在针叶树种中是最耐寒的，垂直分布达到森林分布的最上限。

9.1.2 落叶松树皮中主要活性物质

落叶松树皮为我国林产工业的重要副产品，其数量丰富。落叶松树皮中约含有 16%的原花色素类化合物，是很有利用价值的活性物质。原花色素具有护肤美白、抗菌抑菌等生理功能，在食品、保健品、化妆品及医药等领域具有广泛的应用前景。

二氢槲皮素也是落叶松树皮中重要活性物质。二氢槲皮素又名花旗松素、紫杉叶素或双氢栎精，属于维生素 P 族，是一种具有多种活性的二氢黄酮醇类化合物。同时，二氢槲皮素也是一种重要的医药合成中间体，可合成二氢黄酮醇类或黄烷醇类等一系列化合物。二氢槲皮素在植物中的存在形式分为单体及衍生物两种。二氢槲皮素的单体形式主要存在于落叶松属植物中。

9.2 落叶松体内活性物质提取技术研究

9.2.1 微波辅助提取落叶松树皮原花青素及其条件优化

9.2.1.1 仪器与材料

1. 仪器

UV-2550 型紫外-可见分光光度计：日本岛津公司产；SHB-R95 循环水式多用真空泵：郑州长城科工贸有限公司产；R-201 旋转薄膜蒸发器：上海申胜生物

---

*李晓娟、李佳慧等同学参与了本章内容的实验工作。

技术有限公司产；高速中药粉碎机：浙江永康溪岸药具厂产；WP700TL 23-K5型微波炉：格兰仕微波电器有限公司；顶部钻孔，接回流冷凝管（管壁用聚四氟乙烯膜包覆以防止微波泄漏），装置示意如图9.1。

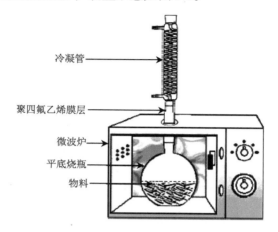

图 9.1　微波辅助提取装置示意图

2. 材料与试剂

兴安落叶松树皮购自黑龙江省漠河县，经东北林业大学森林植物生态学教育部重点实验室聂绍荃教授鉴定。对照品儿茶素(纯度 98%)购自中国药品生物制品检定所，批号 110877-200001。甲醇、乙醇、丙酮、石油醚(沸程 60~90℃)、盐酸和香草醛均为国产分析纯。

9.2.1.2　实验部分

1. 原料处理

将落叶松树皮在粉碎机中粉碎并筛取粒径 250~830 μm，按 1∶10 (g∶mL) 的比例加入石油醚脱脂数次，脱脂后的树皮粉置于通风橱中挥去残留的石油醚，得脱脂落叶松树皮，于干燥器中保存备用。

2. 定量检测方法

显色反应选用香草醛-盐酸法：3 mL 浓度为 40 mg/mL 香草醛甲醇液与 1.5 mL 浓盐酸及 1 mL 一定浓度的甲醇溶解待测样品混合，加塞摇匀，避光。在(20±1) ℃恒温水浴中保持 15 min，保温比色。空白对照用 1 mL 甲醇代替样品溶液。反应后取约 3 mL 各样品于比色皿中，以空白调整基线，于 500 nm 处测定吸光度[1]。

1)标准曲线的绘制

精密称取儿茶素对照品 10 mg，甲醇溶解并定容于 50 mL 容量瓶中，为对照品储备液。分别取 1.0 mL，2.0 mL，4.0 mL，6.0 mL，8.0 mL 和 10 mL 储备液，然后用甲醇定容至 10 mL。各取 1 mL 以上溶液进行显色反应，每个浓度重复 3 次，按以上方法检测吸光度，绘制标准曲线，计算回归方程。吸光度在 0.107~1.034 呈良好的线性关系。其线性回归方程及相关系数分别：$Y = 0.005\ 2\ x + 0.016\ 4$（相关系数 0.997 4），式中，$Y$ 为吸光度，x 为对照品质量浓度（$\mu g/mL$）。

2) 纯度及得率计算

用以下两式分别计算原花青素的纯度和得率：

$$P = m/W_1 \times 100\%\tag{9-1}$$

$$Y = m/W_2 \times 100\%\tag{9-2}$$

式中，P 为纯度；Y 为得率；m 为提取液中原花青素的质量（mg）；W_1 为脱脂落叶松树皮粉的质量（mg）；W_2 为浸膏质量（mg）。

3. 提取溶剂种类的选择

分别称取预先脱脂的落叶松树皮粉碎物 5.0 g，共 21 份，分为 7 组，每组 3 个平行样。根据原花青素极性强，水溶性好的特点，分别用 50% 和 80% 甲醇、50% 和 80% 乙醇、50% 和 80% 丙酮及纯水 7 种溶剂微波辅助提取，料液比恒定为 1：10（g：mL），微波功率 230 W，提取时间 10 min，取出，冷水浴强制冷却。冷却后过滤，滤液减压浓缩至干，得浸膏，称重，取样测定原花青素纯度和得率。

4. 微波辅助提取单因素试验

准确称取脱脂后的落叶松树皮粉 5.0 g 于 150 mL 圆底烧瓶中，在一定料液比、溶剂浓度、预浸时间、微波功率条件下提取一定时间，取出过滤，将滤液减压浓缩至干，得浸膏，称重。取样测定原花青素的纯度和得率。

5. Box-Behnken 试验设计

综合单因素试验结果，采用 Design Expert 7.0.0 软件，应用中心组合法以原花青素得率和纯度为响应值对主要影响因素（提取液体积分数、提取时间和液料比）进行三因素三水平的试验设计，从中筛选落叶松树皮原花青素的最优微波辅助提取条件。试验因素和水平见表 9.1。

表 9.1　Box-Behnken 试验因素水平设计

因素	编码水平		
	−1	0	1
X_1：乙醇体积分数/%	40	50	60
X_2：提取时间/min	8	10	12
X_3：液料比（g：mL）	8	10	12

6. 微波辅助提取与其他常规提取方法的比较

取脱脂后的落叶松树皮粉 5.0 g，提取溶剂为 50%质量分数乙醇溶液，分别以料液比 1∶10(g∶mL)采用微波辅助提取、超声提取、回流提取、索氏提取、50℃搅拌提取和冷浸提取。提取时间分别为 0.5 h，2 h，4 h，24 h，24 h 和 24 h，每种提取操作重复 3 次，结果取均值。

9.2.1.3　结果与讨论

1. 提取溶剂的影响

在保持其他条件不变，改变提取溶剂种类，落叶松树皮中原花青素的得率和纯度如图 9.2。由图 9.2 可以看出，3 种有机溶剂对落叶松原花青素提取得率和纯度均比纯水好，使用纯水作为提取溶剂，树皮中的糖类等杂质被溶解出来，导致纯度降低，并且由于水的黏度比较大，渗透速度低于甲醇、丙酮和乙醇，造成同等提取条件下得率较低。2 种不同浓度的 3 种有机溶剂相比得率和纯度较好的是 50%乙醇和 50%丙酮，但两者区别不大，考虑到溶剂成本和使用安全性，选用乙醇作为提取溶剂。

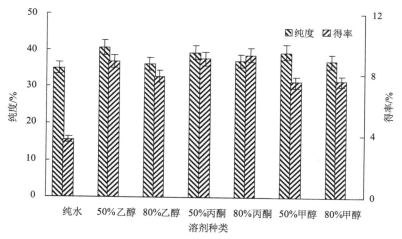

图 9.2　提取溶剂的影响

2. 单因素试验

1) 颗粒度及预浸时间的影响

将脱脂树皮粉筛分，精密称 380~830 μm、250~380 μm 和 120~250 μm 的树皮粉 5.0 g 各 21 份于 150 mL 圆底烧瓶中，每组 3 个平行样，各加入体积分数 50%乙醇溶液 50 mL，分别浸泡 1 h、2 h、4 h、8 h、16 h、24 h、48 h 后微波功率 230 W 辐射 10 min，考察颗粒度及预浸时间对提取结果的影响。结果如图12.3。

由图 9.3 可以看出，120~250 μm 的树皮粉和 250~380 μm 的树皮粉，预浸

24 h 时的提取效果最好, 而 380~830 μm 的树皮粉, 提取效果随预浸时间延长始终缓慢增加。综合考虑到试验结果和实际成本, 应选择颗粒度为 250~380 m 浸泡时间 24 h。

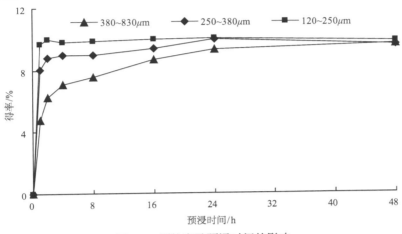

图 9.3　颗粒度及预浸时间的影响

2) 溶剂体积分数的影响

在保持其他条件不变[料液比 1∶10(g∶mL)、提取时间为 10 min、微波功率230 W、预浸 24 h、提取次数 1 次], 改变提取溶剂乙醇体积分数, 落叶松树皮中原花青素的得率和纯度如图 9.4。由图 9.4 可以看出, 当乙醇体积分数为 50%时, 原花青素的得率及纯度均达到最高。进一步升高乙醇体积分数原花青素提取量已略有下降的趋势, 原因是随着乙醇浓度的增大, 使一些脂溶性物质的溶出增加。因此确定 40%～60% 乙醇体积分数作为进一步优化范围。

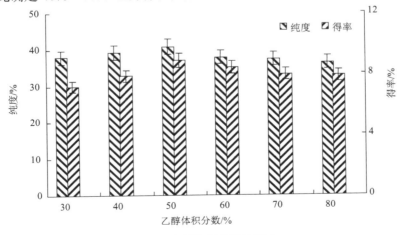

图 9.4　溶剂体积分数的影响

3) 微波提取时间和微波功率的影响

不同微波功率辐照下的提取时间动力学如图 9.5 所示。可以看出，微波功率 230 W 和 700 W 时，微波辐照 10 min 时的提取效果最好，而低辐照功率(120 W) 时，提取效果随辐照时间延长始终缓慢增加。从节省能源角度考虑，选择 230 W 微波辐照 10 min 作为优化中值点。

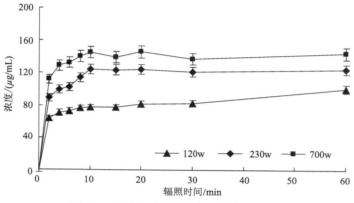

图 9.5　微波提取时间和微波功率的影响

4) 料液比的影响

在保持其他条件不变(乙醇体积分数为 50%、提取时间 10 min、微波功率 230 W、预浸 24 h、提取次数 1 次)，改变提取料液比，落叶松树皮中原花青素的得率和纯度如图 9.6，可以看出得率和纯度均随料液比增加而增加，但在 1∶10 以后趋势变缓，即一定比例的溶剂已将有效成分基本溶出完全，且过大的料液比会造成溶剂和能源的浪费，并给后面的浓缩带来困难。料液比选择 1∶10 附近进行进一步优化。

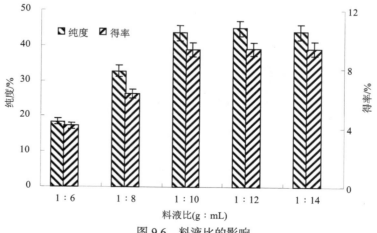

图 9.6　料液比的影响

5）提取次数的影响

在保持其他条件不变（乙醇体积分数为 50%、提取时间 10 min、微波功率 230 W、预浸 24 h、料液比 1∶10）连续提取 5 次，以 5 次的总量作为 100%，结果如图 9.7 所示。由图 9.7 可知，随着提取次数增加，原花青素的提取量累计增加。提取 2 次提取率即达到 94.24%，当提取次数大于 2 时，曲线趋势已接近平缓，即原花青素提取量的增加已不明显。从节省溶剂和时间考虑，确定提取次数为 2 次，规模化生产时亦可考虑提取 2 次，第 2 次的提取液作为下一循环的提取溶剂进行套用，以节省溶剂成本。

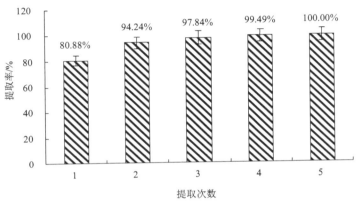

图 9.7　提取次数对提取效果的影响

3. 微波辅助提取条件的优化

结合单因素试验结果，选取乙醇体积分数、提取时间和液料比对原花青素纯度和得率影响显著的 3 个因素，采用三因素三水平的中心组合试验设计及分析方法进行提取条件的优化。试验结果见表 9.2。

表 9.2　Box-Behnken 分析方案与试验结果

试验号	X_1：乙醇体积分数/%	X_2：提取时间/min	X_3：液料比(mL∶g)	P：纯度/%	Y：得率/%
1	50.00	10.00	10.00	44.85	9.95
2	40.00	12.00	12.00	37.08	8.58
3	33.18	10.00	10.00	39.42	9.02
4	50.00	10.00	10.00	42.87	9.98
5	50.00	10.00	13.36	39.04	9.05
6	50.00	13.36	10.00	40.55	8.99
7	50.00	6.64	10.00	40.57	8.67
8	50.00	10.00	10.00	43.90	9.91
9	40.00	8.00	12.00	37.54	8.79

试验号	X_1: 乙醇体积分数/%	X_2: 提取时间/min	X_3: 液料比(mL∶g)	P: 纯度/%	Y: 得率/%
10	40.00	8.00	8.00	35.68	9.03
11	50.00	10.00	10.00	43.66	9.94
12	60.00	8.00	8.00	36.70	8.87
13	40.00	12.00	8.00	36.59	8.90
14	60.00	12.00	8.00	35.84	8.56
15	66.82	10.00	10.00	39.05	8.87
16	60.00	12.00	12.00	37.26	8.73
17	50.00	10.00	10.00	43.04	9.77
18	50.00	10.00	10.00	41.82	9.79
19	60.00	8.00	12.00	37.05	9.01
20	50.00	10.00	6.64	38.53	9.05

对表 9.2 数据进行回归拟合,得到原花青素纯度和得率对以上 3 个因素的二次多项回归模型:

$$P = -106.583 + 2.101\,X_1 + 8.092\,X_2 + 11.258\,X_3 - 6.875 \times 10^{-3}\,X_1 X_2 - 3.625 \times 10^{-3}\,X_1 X_3$$
$$-375 \times 10^{-3}\,X_2 X_3 - 0.02\,X_1^2 - 0.383\,X_2^2 - 0.54\,X_3^2$$

$$Y = -14.291 + 0.308\,X_1 + 2.033\,X_2 + 1.299\,X_3 - 1.563 \times 10^{-3}\,X_1 X_2 + 5.438 \times 10^{-3}\,X_1 X_3$$
$$-1.563 \times 10^{-3}\,X_2 X_3 - 3.5 \times 10^{-3}\,X_1^2 - 0.098\,X_2^2 - 0.078\,X_3^2$$

由表 9.3 回归分析结果可知,上述回归方程中各变量对指标(响应值)影响的显著性,由 F 检验来判定。概率 $P(F > F_\alpha)$ 值越小,则相应变量的显著程度越高,$P(F > F_\alpha) < 0.01$ 时影响为高度显著,$P(F > F_\alpha) < 0.05$ 时影响为显著。各因素中 X_1^2,X_2^2,X_3^2 是高度显著的,因此各具体试验因子对响应值的影响不是简单的线性关系。进行分析计算后可知,最优微波辅助提取条件为乙醇体积分数 49.77%,提取时间为 9.95 min,料液比 1∶10.06。在此条件下,落叶松树皮原花青素干料纯度预测值为 43.45%、得率预测值为 9.89% 。为了检验试验结果可靠性,根据以上结果进行了验证试验,但考虑实际操作的方便性,选用乙醇体积分数 50%,提取时间为 10 min,料液比 1∶10.1 作为优化工艺,并按此条件进行 3 次重复试验验证,测定原花青素平均纯度为 43.32%,得率为 9.82%。

表 9.3　回归分析结果

方差来源	自由度	纯度/%			得率/%		
		均方	F 值	可能性>F	均方	F 值	可能性>F
模型	9	15.04	5.42	0.007 1	0.51	24.18	0.000 1
X_1: 乙醇体积分数	1	0.032	0.012	0.916 4	0.011	0.50	0.494 3

续表

方差来源	自由度	纯度/%			得率/%		
		均方	F 值	可能性>F	均方	F 值	可能性>F
X_2: 提取时间	1	3.997×10^{-3}	1.441×10^{-3}	0.970 5	0.011	0.53	0.483 8
X_3: 液料比(mL:g)	1	1.81	0.65	0.437 5	4.576×10^{-3}	0.22	0.652 6
$X_1 X_2$	1	0.15	0.055	0.820 1	7.812×10^{-3}	0.37	0.557 9
$X_1 X_3$	1	0.041	0.015	0.904 5	0.095	4.45	0.061 1
$X_2 X_3$	1	0.011	4.055×10^{-3}	0.950 5	3.125×10^{-4}	0.015	0.905 9
X_1^2	1	57.70	20.80	0.001 0	1.77	83.03	0.000 1
X_2^2	1	33.85	12.20	0.005 8	2.20	103.44	0.000 1
X_3^2	1	67.24	24.24	0.000 6	1.41	66.35	0.000 1
残差	10	2.77	—	—	0.021	—	—
失拟项	5	4.49	4.22	0.070 1	0.035	4.45	0.063 4
净方差	5	1.06	—	—	7.8×10^{-3}	—	—
总方差	19	—	—	—	—	—	—

4. 微波辅助提取与其他常规提取方法的比较

对比了微波辅助提取、回流提取、索氏提取、50℃搅拌提取、超声辅助提取和冷浸提取落叶松树皮中的原花青素得率，结果如图 9.8 所示。

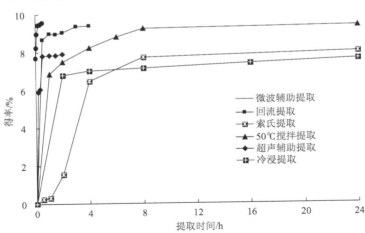

图 9.8　微波辅助提取与其他常规提取方法的比较

由此看出，微波辅助提取与其他常规提取方法相比，有在短时间内得到较高得率的优点。

9.2.2　匀浆提取落叶松树皮原花青素及其响应面法优化

9.2.2.2　仪器与材料

1. 仪器

UV-2550 型紫外分光光度计(日本岛津公司)；KQ-250DB 型数控超声波清洗器(昆山市超声仪器有限公司)。

2. 材料与试剂

落叶松树皮 2007 年 10 月取自黑龙江省带岭林业局凉水林场，树龄 20~30 年，原花青素对照品购自天津尖峰生物制品有限公司，为葡萄籽原花青素，产品纯度为 95%，含量测定用甲醇为色谱纯，购自美国 Dima Technology Inc. 公司，含量测定用二次蒸馏水自制；其余试剂均为国产分析纯。

9.2.2.3　实验部分

1. 分析方法

1) 定量检测方法[2]

显色反应采用盐酸-正丁醇法：6 mL 盐酸：正丁醇溶液(5：95，*V/V*)与 0.2 mL 2%硫酸铁铵溶液(用 2 mol/L 盐酸配制)和 1 mL 一定浓度的甲醇溶解待测样品混合，95℃ 水浴进行显色反应 40 min，空白对照用 1 mL 甲醇溶液代替样品溶液。反应后取约 3 mL 各样品于比色皿中，以空白调整基线，于 546 nm 处测定吸光度。

2) 标准曲线的绘制

称取原花青素标准品 100.0 mg，甲醇溶解并定容于 100 mL 容量瓶中，分别精密吸取 2.0 mL、2.5 mL、3.0 mL、3.5 mL、4.0 mL 和 5.0 mL 于 25 mL 容量瓶中，甲醇定容至刻度，配制成质量浓度分别为 0.08 mg/mL、0.10 mg/mL、0.12 mg/mL、0.14 mg/mL、0.16 mg/mL 和 0.20 mg/mL 的系列溶液，分别取 1 mL 以上溶液进行显色反应，每个浓度重复 3 次，按以上方法检测吸光度，绘制标准曲线，计算回归方程。原花青素吸光度在 0.25~0.85 呈良好的线性关系。其线性回归方程：$Y=2.768\,1\,X+0.154\,5$ (相关系数 0.999 2)，式中，Y 为吸光度；X 为对照品质量浓度(mg/mL)。

3) 得率及纯度的计算

用以下两式分别计算原花青素的得率和纯度：

$$得率 = m/m_1 \times 100\% \qquad\qquad (9\text{-}3)$$

$$纯度 = m/m_2 \times 100\% \qquad\qquad (9\text{-}4)$$

式中，m 为原花青素质量(mg)；m_1 为树皮干质量(mg)；m_2 为浸膏质量(mg)。

2. 匀浆提取与其他常规方法的比较

称取预先脱脂的落叶松树皮粉碎物 10 g，共 12 份，分为 4 组，每组 3 个平行样，分别用 60%（体积分数，下同）乙醇对其进行匀浆、超声波、冷浸和回流提取，提取次数 3 次，每次料液比 1∶10(g∶mL，下同)，提取时间分别为 4 min、30 min、1440 min 和 120 min。

3. 提取溶剂种类的选择

称取预先脱脂的落叶松树皮粉碎物 10 g，共 24 份，分为 8 组，每组 3 个平行样，分别用甲醇、乙醇、丙酮、水、2-丁酮、正丁醇、乙酸乙酯、甲酸乙酯、乙酸甲酯等 9 种溶液匀浆提取，料液比为 1∶10，匀浆时间为 3 min，过滤，滤饼再按上述条件加入相同溶剂匀浆提取 1 次，滤液合并后于 –0.09 MPa 真空度下 60℃减压浓缩至干，得浸膏。浸膏用甲醇定容至 50 mL，10 000 r/min 高速离心后进行显色反应并进行检测。

4. 匀浆提取单因素试验

分别以不同的提取液体积分数、料液比、匀浆时间及匀浆次数为单因素，按照 9.3.1.4 步骤中的方法进行试验，考察各单因素对落叶松树皮中原花青素的得率和纯度的影响。

5. Box-Behnken 试验设计

采用 Design Expert 7.0 软件，应用 Box-Behnken 设计以原花青素得率和纯度为响应值对主要影响因素进行优化，从中筛选落叶松树皮原花青素的最优匀浆提取条件。根据 Box-Behnken 的中心组合试验设计原理[3]，综合单因素试验结果，选取不同的提取液体积分数、料液比、匀浆时间及匀浆次数 4 个因素为自变量，设计四因素三水平的试验，见表 9.4。

表 9.4　Box-Behnken 试验设计因素水平

水平	X_1: 乙醇体积分数/%	X_2: 料液比(g∶mL)	X_3: 匀浆时间/min	X_4: 匀浆次数
1	100	1∶20	8	5
0	75	1∶13	4.5	3
–1	50	1∶6	1	1

9.2.2.3　结果与讨论

1. 匀浆提取与其他常规提取方法的比较

原花青素不同提取方法各项指标及得率的比较见表 9.5 溶剂为 60%乙醇。从表 9.5 可以看出，匀浆提取原花青素的含量明显高于其他提取方法，匀浆提取的时间远远小于其他方法，优势明显。

表 9.5　原花青素不同提取方法各项指标的比较

提取方法	总料液比 (g : mL)	提取总用时/min	提取次数	得率/%
超声辅助提取	1 : 30	90	3	16.22
冷浸提取	1 : 30	4320	3	9.31
热回流提取	1 : 30	360	3	13.03
匀浆提取	1 : 30	12	3	17.62

2. 提取溶剂种类对落叶松树皮中原花青素的得率和纯度的影响

在保持其他条件不变(料液比为 1 : 10、匀浆时间为 3 min、匀浆次数 2 次)，改变提取溶剂种类，落叶松树皮中原花青素的得率和纯度见表 9.6。由表 9.6 可以看出，甲醇和乙醇的得率较高，但甲醇的毒性较大，并且选择性较差，提取液中含有大量杂质，给后续分离纯化过程带来麻烦；另外，从纯度的角度考虑，正丁醇的原花青素纯度最高，选择性较强，但正丁醇的得率较低，浪费大量原料。所以综合考虑得率和纯度，本研究选择乙醇作为落叶松树皮中原花青素的提取溶剂。

表 9.6　不同提取溶剂对原花青素得率和纯度的影响

溶剂	纯度/%	得率/%
甲醇	56.1	14.2
乙醇	59.3	14.7
丙酮	57.9	12.6
水	52.9	11.0
2-丁酮	30.6	5.0
正丁醇	64.0	2.3
乙酸乙酯	51.2	5.5
甲酸乙酯	53.0	2.0
乙酸甲酯	52.1	8.0

3. 不同反应条件对落叶松树皮中原花青素得率和纯度的影响

1) 乙醇体积分数

在保持其他条件不变的情况下，改变提取液乙醇体积分数，落叶松树皮中原花青素的得率和纯度如图 9.9a。由图 9.9a 可以看出，60%和 90%的乙醇溶液得率和纯度相当，考虑到生产过程中使用乙醇量过大，后续溶剂回收等工艺的负担重，因此从节约成本，提高生产效率的角度考虑，选择乙醇体积分数为 60%，以适应于规模化生产。

2) 料液比

在保持其他条件不变的情况下，改变料液比(1 : 6、1 : 8、1 : 10、1 : 15 和

1∶20)，落叶松树皮中原花青素的得率和纯度如图 9.9b。由图 9.9b 可以看出，得率随料液比的增加而升高，超过 1∶10 后基本不变；当料液比为 1∶10 时原花青素的纯度最高，料液比继续增加，纯度反而降低，这是因为料液比增大，杂质的溶出量也随之增高，原花青素所占比例减小，致使纯度降低。因此选择 1∶10 为提取料液比。

3) 匀浆时间

在保持其他条件不变的情况下，改变提取时间，落叶松树皮中原花青素的得率和纯度如图 9.9c。落叶松树皮在匀浆机绞刀的作用下，破碎形成组织团块、细胞团块和大量的破损细胞，匀浆时间的长短决定了细胞的破碎程度，进而影响原花青素在提取液中的传质速度。由图 9.9c 可以看出，在选定的时间范围内，当匀浆时间为 4 min 时原花青素的得率和纯度达到最大值，匀浆 4 min 后提取效果基本不变，因此选择 4 min 为匀浆提取时间。

4) 匀浆次数

在保持其他条件不变的情况下，不同提取次数的影响见图 9.9d。由图 9.9d 可以看出，匀浆 3 次以后得率基本不变，但纯度有所降低，这是因为匀浆次数增加，提取出的杂质量也随之增高，而原花青素的增加量小于杂质的增加量，致使纯度降低。因而选择匀浆次数为 3 次。

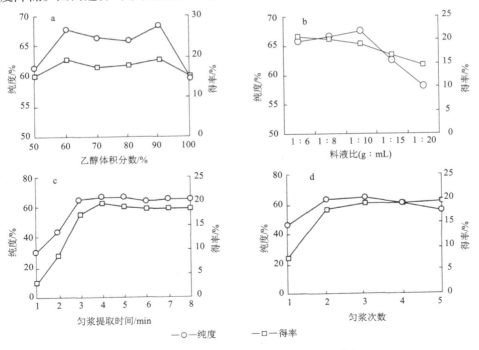

图 9.9　不同条件对原花青素得率和纯度的影响

4. Box-Behnken 试验设计结果

落叶松原花青素匀浆提取的 Box-Benhnken 试验结果见表 9.7。

表 9.7　Box-Behnken 试验设计结果

试验编号	X_1	X_2	X_3	X_4	Y_1: 得率/%	Y_2: 纯度/%
1	1	0	−1	0	15.6	53.3
2	−1	−1	0	0	17.2	63.3
3	0	−1	1	0	15.8	66.5
4	0	1	1	0	16.5	58.4
5	−1	0	0	−1	17.9	61.5
6	−1	0	0	1	16.8	67.3
7	−1	1	0	0	16.7	64.2
8	0	−1	0	1	16.3	54.6
9	1	−1	0	0	14.4	52.8
10	1	0	0	1	15.9	67.8
11	0	0	0	0	16.7	72.5
12	1	1	0	0	15.5	60.2
13	0	1	0	−1	15.7	61.6
14	−1	0	−1	0	17.9	48.7
15	−1	0	1	0	15.6	58.8
16	0	0	0	0	17.6	72.6
17	0	−1	0	−1	14.7	58.4
18	0	0	0	0	17.8	70.3
19	0	0	1	1	16.9	79.2
20	0	1	−1	0	17.1	65.4
21	0	1	0	1	17.8	70.8
22	0	0	−1	1	16.2	54.3
23	0	0	−1	−1	16.5	47.4
24	0	0	0	0	17.5	71.1
25	1	0	0	−1	14.2	56.1
26	0	−1	−1	0	17.5	45.4
27	0	0	0	0	17.2	79.6
28	0	0	1	−1	16.9	55.3
29	1	0	1	0	15.3	56.6

5. 响应面分析法优化提取条件

对表 9.7 试验数据进行多元回归拟合，得到原花青素得率(Y_1)和原花青素纯度(Y_2)分别对乙醇体积分数(X_1)、料液比(X_2)、匀浆时间(X_3)和匀浆次数(X_4)的二次多项回归模型：

$$Y_1 = \alpha_0 + \alpha_1 X_1 + \alpha_2 X_2 + \alpha_3 X_3 + \alpha_4 X_4 + \alpha_{12} X_1 X_2 + \alpha_{13} X_1 X_3 + \alpha_{14} X_1 X_4 + \alpha_{23} X_2 X_3 \\ + \alpha_{24} X_2 X_4 + \alpha_{34} X_3 X_4 + \alpha_{11} X_1^2 + \alpha_{22} X_2^2 + \alpha_{33} X_3^2 + \alpha_{44} X_4^2 \tag{9-5}$$

$$Y_2 = \beta_0 + \beta_1 X_1 + \beta_2 X_2 + \beta_3 X_3 + \beta_4 X_4 + \beta_{12} X_1 X_2 + \beta_{13} X_1 X_3 + \beta_{14} X_1 X_4 + \beta_{23} X_2 X_3 \\ + \beta_{24} X_2 X_4 + \beta_{34} X_3 X_4 + \beta_{11} X_1^2 + \beta_{22} X_2^2 + \beta_{33} X_3^2 + \beta_{44} X_4^2 \tag{9-6}$$

上两式中常数项及各项系数值见表 9.8，试验的方差分析见表 9.9。

由表 9.8 可知，Y_2 中 X_2、X_4^2 对结果影响显著（$P<0.05$），Y_1 中 X_1、X_1^2，Y_2 中 X_3、X_4、$X_2 X_3$、X_1^2、X_2^2、X_3^2 对结果影响极显著（$P<0.01$），因此各具体试验因子对响应值的影响不是简单的线性关系。进行分析计算后可知，最优匀浆提取条件为乙醇体积分数 71.35%、料液比 1：15.11、匀浆时间为 4.88 min、匀浆次数 4 次。在此条件下，落叶松树皮原花青素干料得率预测值为 17.48%、纯度预测值为 75.60%。

表 9.8　二次多项回归方程系数

项目	Y_1	Y_2
常数项	16.948 8	-44.271 6
X_1	0.067 438	1.568 948
X_2	0.092 874	3.502 585
X_3	-0.518 95	12.104 29
X_4	-0.308 87	0.752 5
$X_1 X_2$	$2.285\ 71 \times 10^{-3}$	$9.285\ 71 \times 10^{-3}$
$X_1 X_3$	$5.714\ 29 \times 10^{-3}$	-0.019 43
$X_1 X_4$	0.014	0.029 5
$X_2 X_3$	0.011 224	-0.286 73
$X_2 X_4$	$8.928\ 57 \times 10^{-3}$	0.232 143
$X_3 X_4$	0.010 714	0.607 143
X_1^2	$-1.348\ 00 \times 10^{-3}$	-0.011 65
X_2^2	-0.011 58	-0.120 53
X_3^2	-0.019 8	-0.811 7
X_4^2	-0.123 13	-1.079 58

表 9.9　Box-Behnken 试验设计回归模型方差分析（以干料计）

变异源	自由度	得率/%			纯度/%		
		MS	F 值	P 值	MS	F 值	P 值
模型	14	1.73	3.57	0.011 7*	139.76	6.77	0.000 5**
X_1	1	10.45	21.61	0.000 4**	24.08	1.17	0.298 3
X_2	1	0.96	1.99	0.180 1	130.68	6.33	0.024 7*

续表

变异源	自由度	得率/%			纯度/%		
		MS	F 值	P 值	MS	F 值	P 值
X_3	1	1.20	2.49	0.137 1	303.01	14.68	0.001 8**
X_4	1	1.33	2.76	0.119 1	240.31	11.65	0.004 2**
$X_1 X_2$	1	0.64	1.32	0.269 4	10.56	0.51	0.486 1
$X_1 X_3$	1	1.00	2.07	0.172 5	11.56	0.56	0.466 6
$X_1 X_4$	1	1.96	4.05	0.063 8	8.70	0.42	0.526 6
$X_2 X_3$	1	0.30	0.63	0.442 3	197.40	9.57	0.007 9**
$X_2 X_4$	1	0.06	0.13	0.724 7	42.25	2.05	0.174 4
$X_3 X_4$	1	0.02	0.05	0.832 4	72.25	3.50	0.082 4
X_1^2	1	4.60	9.52	0.008 1**	343.85	16.66	0.001 1**
X_2^2	1	2.09	4.32	0.056 6	226.24	10.96	0.005 1**
X_3^2	1	0.38	0.79	0.389 6	641.32	31.08	<0.000 1**
X_4^2	1	1.57	3.25	0.092 9	120.96	5.86	0.029 6*
失拟项	10	0.60	3.30	0.130 5	23.43	1.72	0.317 9
误差	4	0.18			13.66		
总和	28						

　　为了进一步考察 4 个试验因子：乙醇体积分数(X_1)、料液比(X_2)、匀浆时间(X_2)及匀浆次数(X_4)的交互作用，对回归模型采用降维法分析，即可得到两因子的回归模型，交互作用显著因素组合的响应面和等高线如图 9.10。

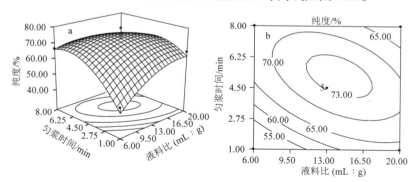

图 9.10　匀浆时间和液料比交互影响原花青素纯度的响应面(a)和等高线(b)

　　为了检验试验结果可靠性，根据以上结果进行了验证试验，但考虑实际操作的方便性，选用乙醇体积分数 70%、料液比 1∶15、匀浆时间为 5 min、匀浆 4 次作为最佳工艺，并按此条件进行 3 次重复实验验证，测定原花青素平均得率为 17.33%，纯度为 75.46%。

9.2.3　超声-微波交替提取落叶松二氢槲皮素

9.2.3.1　仪器与材料

1. 仪器

KQ-250DB 台式数控超声波清洗器(昆山市超声仪器有限公司)；微波辅助提取装置同图 9.1；FZ102 型植物粉碎机(天津市泰斯特仪器有限公司)；3K30 型离心机(美国 SIGMA 公司)；717 型自动进样高效液相色谱仪，包括 1525 二元泵和 2487 型紫外光检测器(美国 WATERS 公司)；BS124S 电子天平(北京赛多利斯仪器系统有限公司)。SCD-005 型离子溅射仪(美国 FEI 公司)；QUANTA-200 型扫描电子显微镜(美国 FEI 公司)。

2. 材料与试剂

落叶松木片购于黑龙江省大兴安岭地区加格达奇市，经东北林业大学材料科学与工程学院岳金权副教授鉴定，用前粉碎并筛取粒径 250~830 μm 作为原料。二氢槲皮素对照品购自 Fluka 试剂公司；乙腈、冰乙酸为色谱纯，购自百灵威公司，色谱分析用二次蒸馏水自制，其他试剂均为国产分析纯。

9.2.3.2　实验部分

1. 分析方法

1)高效液相色谱定量测定条件

采用高效液相色谱法[4]：色谱柱为 HiQ SiL C_{18} W (4.6 mm×250 mm，5 μm)，流动相为乙腈：水：冰醋酸(82：18：0.1，$V/V/V$)，等度洗脱，洗脱流速为 1.0 mL/min，检测波长为 294 nm，柱温 25℃，进样体积 10μL。在上述色谱条件下，主色谱峰与相邻色谱峰的分离度均大于 1.5，理论塔板数不低于 4000。

2)标准曲线的绘制

精密称取对照品二氢槲皮素 25 mg，用甲醇定容至 50 mL 得到浓度为 0.5 mg/mL 的二氢槲皮素对照品储备液。精密吸取对照品混合溶液 0.625 mL、1.25 mL、2.5 mL、5.0 mL 和 10.0 mL，分别用甲醇定容至 10 mL，依次取上述对照品溶液 10 μL 进样，每个浓度重复进样 3 次。按上述色谱条件测定，以浓度(mg/mL)为横坐标，以峰面积为纵坐标线性回归。得到标准曲线方程 $Y=3.175\ 5\times10^7\ X+2.599\ 3\times10^4$，相关系数为 0.999 9，线性范围 0.031 25~0.5 mg/mL，在此条件下，二氢槲皮素的色谱保留时间在 24 min 左右。

3)样品中二氢槲皮素的含量测定

将落叶松木粉的提取液用甲醇稀释至适宜的检测浓度后离心(离心条件：温度 20℃；速度 12000 r/min；离心时间 10 min)，取上清液进行 HPLC 检测，每样重复进样 3 次，峰面积取平均值，代入回归方程，计算二氢槲皮素的得率依公式 $Y=cV/M×100\%$，式中，Y 为得率；c 为二氢槲皮素的浓度(mg/mL)；V 为提取液体积(mL)；M 为原料质量(mg)。

2. 超声波与微波提取二氢槲皮素的共性因素考察

1) 提取溶剂

对于特定的小分子物质，不同溶剂的溶解度是不同的，这种溶解度是小分子物质的固有性质，一般说来不随提取方法改变而改变。需要选择对目标物质溶解度大而对杂质溶解度小的溶剂，除此之外还要适当考虑溶剂对植物细胞壁的渗透能力、沸点(涉及产业化溶剂回收的能耗及回收率)及毒性等。基于此，选择不同体积分数的乙醇作为提取溶剂，以二氢槲皮素的得率为评价指标讨论提取溶剂对得率的影响。精密称取落叶松木粉 30.0 g(绝干计) 10 份，按料液比 1∶10 分别加入不同体积分数的乙醇溶液超声波或微波提取 30 min。实验重复操作 3 次取平均值。

2) 浸润时间

浸润的作用是在无能耗或低能耗的条件下使物料充分润涨，利于小分子成分的溶出。理论上浸润时间越长，润涨效果越好。但是过长的浸润时间一则可能会使物料发生霉变(水做溶媒时)；二则使整个提取周期过长，效率降低。分别精密称取不同粒径范围的木粉 30.0 g (绝干计)若干份，按固定料液比 1∶10 加入体积分数为 60%的乙醇溶液搅拌下分别浸润 0 h、1 h、2 h、3 h、4 h、5 h 和 24 h 。以二氢槲皮素的得率为评价指标讨论浸润时间对不同粒径落叶松木粉的影响，确定不同颗粒度物料的润涨时间。

3) 料液比

对于相同质量的物料，理论上加入的溶剂量越大，提取效果越充分，但过大的料液比将增大溶剂回收的负荷，使能耗增加。精密称取落叶松木粉 30.0 g(绝干计)6 份，以不同的料液比加入体积分数为 60%的乙醇溶液超声或微波提取 30 min。以二氢槲皮素的得率为评价指标讨论提取料液比对得率的影响。

4) 提取次数

提取次数越多，理论上有效成分溶出越彻底，但是次数过多，将导致某些微溶于所用溶剂的非目标成分被过量溶出，造成浸膏中目标成分的纯度降低，给后续的分离纯化带来不必要的负担。精密称取落叶松木粉 30.0 g(绝干计)8 份，按料液比 1∶10 加入体积分数为 60%的乙醇溶液超声波或微波提取各 4 次，每次30 min。以二氢槲皮素的得率为评价指标讨论提取次数对得率的影响。

3. 超声波与微波提取二氢槲皮素的核心因素考察

1) 提取时间

超声和微波均可显著增加提取效果。固定料液比 1∶10(g∶mL)，浸润

3 h，60%体积分数乙醇为溶剂。提取时超声和微波均接入回流冷凝装置以维持溶液体积恒定。超声以 10 min 为一个取样单位，微波以 5 min 为一个取样单位，每次取样 1 mL，冷却后从中取 0.8 mL 检测二氢槲皮素浓度，直至提取液中二氢槲皮素浓度基本不变。

2）能量强度

精密称取落叶松木粉 30.0 g（绝干计）8 份，按料液比 1∶10（g∶mL）加入体积分数为 60%的乙醇溶液在不同功率条件下超声或微波提取，微波提取时间 10 min，超声提取时间 40 min。以二氢槲皮素的得率为评价指标讨论功率对得率的影响。

4. 超声波与微波交替萃取二氢槲皮素

根据上述实验所确定的最优条件安排超声波与微波交替萃取二氢槲皮素的方案，采用下列交替程式提取，固定料液比 1∶10（g∶mL），浸润 3 h，60%体积分数乙醇为溶剂。提取时超声和微波均接入回流冷凝装置以维持溶液体积恒定。超声以 10 min 为一个取样单位，微波以 5 min 为一个取样单位，每次取样 1 mL，冷却后从中取 0.8 mL HPLC 检测二氢槲皮素浓度。以二氢槲皮素的得率为评价指标确定交替萃取的最佳方案，具体实验程式如表 9.10 所示。

表 9.10　超声波与微波交替萃取二氢槲皮素实验程式

序号	程式（提取的总时间和每种提取方法所用的时间保持不变）
程式 A	微波提取 10 min 后超声波提取 40 min
程式 B	超声波提取 40 min 后微波提取 10 min
程式 C	微波提取 5 min 后超声波提取 20 min， 然后微波提取 5 min 后超声波提取 20 min
程式 D	超声波提取 20 min 后微波提取 5 min， 然后超声波提取 20 min 后微波提取 5 min

5. 落叶松物料不同方法提取前后的形貌观察

将不同方法提取前后的落叶松物料在室温条件下风干，样品置于载物台上用离子溅射仪喷金后在扫描电子显微镜下观察其形貌变化。

6. 不同提取工艺二氢槲皮素得率的比较

准确称取落叶松木粉 30.0 g（绝干计），以料液比 1∶12 的提取溶剂（60% 体积分数乙醇或去离子水）浸润 3 h 后，分别用不同的方法进行提取（60%体积分数乙醇回流提取 2 h、超声辅助提取 40 min、微波辅助提取 20 min、微波 10 min 超声 40 min 交替法提取、80℃热水搅拌提取 20 min[5]和 100℃热水回流提取 2 h，比较各种方法二氢槲皮素的得率差异。

9.2.3.3　结果与讨论

1. 超声波与微波提取二氢槲皮素的共性因素

1）提取溶剂对得率的影响

由图 9.11 可以看出随着乙醇体积分数的增加，二氢槲皮素的得率呈上升的趋势，乙醇体积分数为 60%时两种方法二氢槲皮素的得率均达为最大值，乙醇体积分数大于 60%后二氢槲皮素的得率略有降低，因此二氢槲皮素提取的适宜溶剂为 60%体积分数的乙醇。

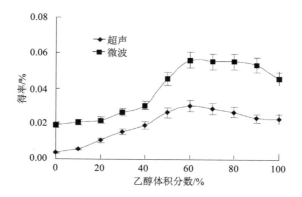

图 9.11　不同提取溶剂对二氢槲皮素得率的影响

2）料液比对得率的影响

由图 9.12 不难看出随着料液比的增加，两种提取方法二氢槲皮素的得率都逐渐增大，但过大的料液比会造成溶剂的浪费和能耗的增加，微波与超声波的交替实验选择料液比为 1：12。

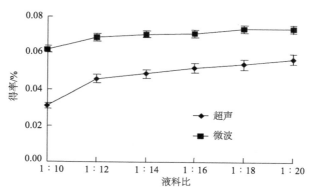

图 9.12　不同提取料液比对二氢槲皮素得率的影响

3) 提取前浸润时间对得率的影响

由于原料的润涨需要消耗一定的溶剂体积，且不同粉碎程度的原料需要的润涨时间和溶剂用量均不同，而且润涨可提高目的成分的溶出效率，所以讨论了提取前浸润时间对得率的影响。由图 9.13 可以看出不同粒径的木粉原料经 3 h 的润涨基本达到完全，为了将不同颗粒度的原料充分利用，微波与超声波的交替实验选择将木粉提取前润涨 3 h。

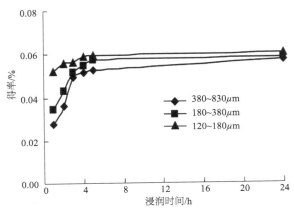

图 9.13 不同浸润时间对二氢槲皮素得率的影响

4) 提取次数对得率的影响

将称取的木粉分别超声或微波提取 4 次，将 4 次的得率总和定义为 100%，每次的提取效果如图 9.14。由图 9.14 可以看出随着提取次数的增加，单次得率逐渐下降，超声提取 3 次后累计得率可达到 90% 以上，微波提取 2 次累计得率可达到90%以上。因此提取 3 次是较为合理的。

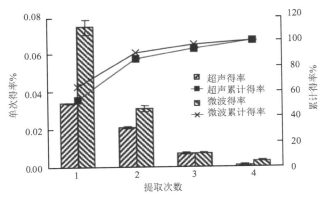

图 9.14 不同提取次数对二氢槲皮素得率的影响

2. 超声波与微波提取二氢槲皮素的核心因素

1）提取时间对得率的影响

将超声波提取与微波提取的木粉在不同时间取样，确定提取时间，结果如图9.15。由图9.15可以看出微波提取得率明显高于超声提取的得率。超声提取随着提取时间的延长，得率逐渐增加，超声提取 40 min 后得率不发生明显变化，基本维持恒定；而微波提取 10 min 之内得率增加较快，10~20 min 得率增加缓慢，20 min 后得率反而降低。微波提取时间过长由于聚热效应导致二氢槲皮素的降解，因而得率反而下降。因此微波与超声波的交替实验选择微波 10 min 和超声 40 min 为最佳的提取时间。

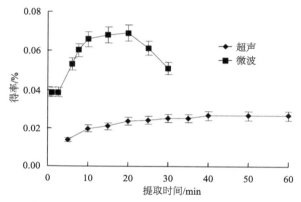

图 9.15　不同提取时间对二氢槲皮素得率的影响

2）能量强度对得率的影响

超声和微波均可显著影响提取效果。超声功率强则空化作用强，微波功率强则热效应剧烈，但过强的功率将使能耗增加并可能导致目标成分降解。由图12.16 不难看出提取功率越大得率越高，在设定的提取时间(微波 10 min，超声 40 min)下，功率最强档的得率最高，因此微波与超声波的交替实验选择微波和超声的最大功率进行。

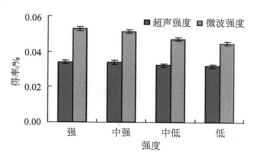

图 9.16　不同提取功率对二氢槲皮素得率的影响

3. 超声波与微波交替萃取二氢槲皮素

精密称取落叶松木粉 30.0 g(绝干计) 4 份，根据单因素实验的结果所确定的实验条件，按照表 9.10 的实验方案进行实验，得出超声波与微波交替萃取二氢槲皮素的结果如图 9.17。由图 9.17 可以看出程式 B 的方法在其他条件相同的情况下，二氢槲皮素的得率最高，得率可达到 0.12%，而超声提取的单次得率为 0.034%，微波提取的单次得率为 0.074%，因此超声-微波交替提取是相对比较理想的提取方法。

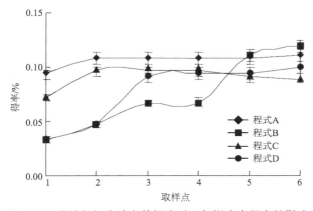

图 9.17　微波与超声波交替提取对二氢槲皮素得率的影响

4. 扫描电镜形貌观察

将不同提取方法所得的原料在扫描式电子显微镜下观察其结构形态的变化，如图 9.18~图 9.21。二氢槲皮素是二氢黄酮醇类化合物，在落叶松原料中难以直接观察。而树脂是一类较难抽提的蜡状物质，通过树脂的抽提情况较易判断哪种方法的提取效果更好[6,7]。由图 9.18 中可以看出，未经提取的落叶松木粉原料的树脂道内填充着树脂，且纹孔表面较为光滑。从图 9.19~图 9.21 中可以看出，经微波提取和超声提取的落叶松原料树脂道内的树脂已基本抽提干净，但从纹孔膜的破裂程度观察到微波提取过的纹孔膜表面光滑且无破裂，而超声提取已将纹孔膜振荡破裂，说明拥有较大的机械强度。从树脂的抽提效果和纹孔的破裂程度可推断：超声波所独具的物理特性能促使植物细胞组织破壁或变形，使有效成分提取更充分，提取速度快，能耗较低；而微波辅助提取中微波的热效应在较短的时间内就可将植物中的有效成分溶出并相对提取完全，是提取效率高，省时节能的好方法。从图 9.20 中可以看出微波与超声波交替提取落叶松原料不但提取时间短，树脂溶出完全，而且纹孔膜经机械振荡后破裂程度大。

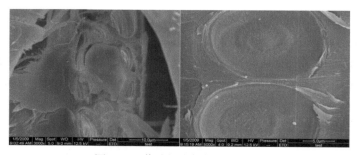

图 9.18   落叶松木粉扫描电镜图

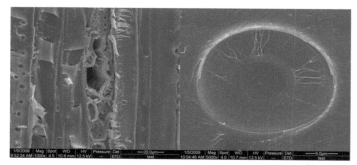

图 9.19   微波提取 20 min 后落叶松木粉扫描电镜图

图 9.20   超声辅助提取 40 min 后落叶松木粉扫描电镜图

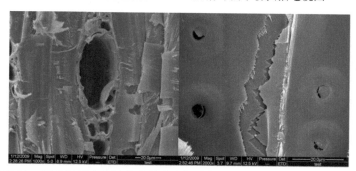

图 9.21   微波与超声辅助波交替(程式 B)提取后落叶松木粉扫描电镜图

5. 不同提取方法的比较

由图 9.22 可以看出，60%乙醇超声微波交替提取所得的二氢槲皮素的得率最高，达到 0.12%，与之相比 60%乙醇微波提取次之，为 0.074%。金建忠[5]的方法得率仅为 0.013%，其改进方法热水 100℃回流提取得率可达 0.046%。由此可以看出微波提取可以快速高效地使二氢槲皮素溶出，超声提取则节约时间。本节将超声提取与微波提取交替进行，方法可兼具超声波与微波的优点，使二氢槲皮素有效成分能够更充分地从落叶松原料中溶出，效果明显。

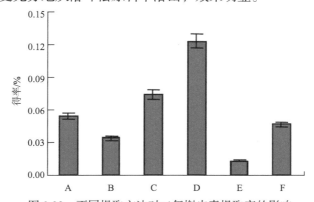

图 9.22 不同提取方法对二氢槲皮素提取率的影响
A. 60%乙醇回流；B. 60%乙醇超声；C. 60%乙醇微波；D. 60%乙醇超声微波交替；
E. 热水80℃搅拌；F. 热水100℃回流

9.3 落叶松体内活性物质纯化技术研究

9.3.1 实验材料与设备

9.3.1.1 实验材料

兴安落叶松树皮，购自黑龙江省漠河县，经东北林业大学森林植物生态学教育部重点实验室聂绍荃教授鉴定。将落叶松树皮原料在室温下放置一个月，自然风干，于粉碎机中均匀粉碎，过 60~80 目筛，得落叶松树皮粉末样品，待用。在同一实验中使用同一批次的样品。

9.3.1.2 实验试剂

对照品(+)-儿茶素(纯度＞98%)购自北京中国药品生物制品检定所，批号为110877-200001。盐酸、香草醛、甲醇、乙醇均为国产分析纯，去离子水为实验室自制。所有溶液和样品分析前需经 0.45 μm 尼龙膜过滤。活性炭粉，购自天津瑞金特化学品有限公司。

实验所使用的大孔树脂，除 ADS-17 购自天津南开和成科技有限公司，其余的 HPD100A、HPD700、HPDD、HPD450、HPD450A、HPD750、HPD850、DM130、HPD500、HPD600、HPD417 和 HPD826 型大孔树脂均购自河北沧州宝恩化工有限公司。大孔树脂的物理参数见表 9.11。

表 9.11　大孔树脂的物理参数

树脂型号	极性	比表面积/(m²/g)	平均孔径 / nm	含水率 / %
HPD100A	非极性	650~700	9.5~10.0	65.92
HPD700	非极性	650~700	8.5~9.0	56.29
HPDD	非极性	650~750	9.0~11.0	70.77
HPD450	弱极性	500~550	9.0~11.0	67.32
DM130	中极性	500~550	9.0~10.0	63.84
HPD450A	中极性	500~550	9.0~10.0	73.46
HPD750	中极性	650~700	8.5~9.0	53.76
HPD850	中极性	1100~1300	8.5~9.5	45.28
HPD500	极性	500~550	5.5~7.5	75.92
HPD600	极性	550~600	8.0	69.48
ADS-17	氢键	90~150	25.0~30.0	43.49
HPD417	氢键	90~150	25.0~30.0	48.41
HPD826	氢键	500~600	9.0~10.0	62.39

9.3.1.3　实验仪器

UV-2550 型紫外可见光分光光度计，产自日本岛津公司；高速中药粉碎机，产自浙江永康溪岸药具厂；BSi24S 电子天平，产自北京 Sartoriou 仪器系统有限公司；WK-891 烘箱，产自重庆四达试验设备有限公司；HZS-HA 水浴振荡器，产自哈尔滨东联电子技术开发有限公司； SHB-R95 循环水式多用真空泵，产自郑州长城科工贸有限公司；R-201 旋转薄膜蒸发器，产自上海申胜生物技术有限公司；3K30 型离心机，产自美国 SIGMA 公司。

9.3.2　实验方法

9.3.2.1　原花青素的定量分析

用香草醛-盐酸法测定提取液中的原花青素，方法同上述 12.3.2。其线性回归方程及相关系数分别：$Y = 0.005\,2\,x + 0.016\,4$（相关系数 0.997 4），式中，$Y$ 为吸光度，x 为对照品质量浓度（$\mu g/mL$），吸光度在 0.107~1.034Abs 呈良好的线性关系。

9.3.2.2 提取液样品的制备

将脱脂后的落叶松树皮粉末，按照 11 章中取得的优化条件，进行[Bmim]溴离子液体微波辅助提取，过滤，得落叶松树皮原花青素提取液，经测得该提取液中，原花青素的浓度为 4.112 mg/mL，作为纯化样品溶液，置于棕色瓶中备用。在同一实验中使用同一批次的样品。

9.3.2.3 大孔树脂的预处理

1. 大孔树脂的预处理

将表 9.11 中的大孔树脂新树脂，用 4 倍体积的无水乙醇浸泡，室温振荡 24 h，滤除乙醇后用去离子水彻底洗净，备用。

2. 大孔树脂含水率的测定

处理好的树脂滤除水分，置于具塞广口瓶中平衡水分 24 h，分别取每种上述大孔树脂样品 10 g×3 份，然后放置在干燥箱内，在(105±3)℃下进行干燥至恒重。计算含水率，结果取 3 份平行样的均值。

9.3.2.4 大孔树脂的筛选

取预处理过的上述 13 种大孔树脂各 0.25 g(绝干计)，分别装入 100 mL 锥形瓶中，各加入 10 mL 上述 12.3.2 中获得的提取液，瓶口覆保鲜膜，水浴振荡 24 h(25℃、100 r/min)，取 1 mL 上清液，测定原花青素浓度。

将吸附后的树脂滤去提取液，用去离子水洗涤 2 次，加入 10 mL 90%的乙醇溶液，瓶口覆保鲜膜，水浴振荡 24 h(25℃，100 r/min)，在相同条件下进行解吸，测定解吸液中原花青素浓度。

上述过程均进行 3 次，所得结果代入下列公式，计算大孔树脂的吸附量和解吸率，通过数据，得备选树脂 2 种。

吸附量：

$$Q_e = (C_0 - C_e) \times \frac{V_i}{(1-M)W} \tag{9-7}$$

式中，Q_e 为吸附质在吸附剂中的平衡吸附量(mg/g)；C_0 和 C_e 分别为提取液初始的原花青素含量(mg/L)和吸附平衡时的原花青素含量(mg/L)；V_i 为提取液体积(L)；M 为树脂的含水率(%)；W 为湿树脂质量(g)。

解吸率：

$$D = \frac{C_d V_d}{(C_0 - C_e)V} \times 100\% \tag{9-8}$$

式中，D 为解吸率(%)；V_d 为解吸液体积(L)；C_d 为解吸液中原花青素含量

(mg/L)；C_0 和 C_e 分别为提取液初始的原花青素含量(mg/L)和吸附平衡时的原花青素含量(mg/L)；V 为提取液体积(L)。

9.3.2.5　静态吸附动力学

取经预处理过的 2 种备选树脂各 0.25 g(绝干计)，分别装入 100 mL 锥形瓶中，各加入 10 mL 上述 12.3.2 中获得的提取液(浓度为 4.112 mg/mL)，瓶口覆保鲜膜，在 0℃、25℃、50℃水浴振荡(100 r/min)8 h，第 0.5 h、1 h、1.5 h、2 h、4 h 和 8 h 分别取样 1 mL，测定原花青素浓度，得到大孔树脂对原花青素的吸附量与时间的关系。

9.3.2.6　吸附等温线

取经预处理过的 2 种备选树脂各 0.25 g(绝干计)×5 份，分别装入 100 mL 锥形瓶中，分别加入 10 mL 稀释为不同浓度(0.822 mg/mL、1.645 mg/mL、2.467 mg/mL、3.290 mg/mL、4.112 mg/mL)的按 12.3.3.5 条件获得的提取液，瓶口覆保鲜膜，在 0℃、25℃、50℃水浴振荡(100 r/min)4 h 后，取样 1 mL，测定原花青素浓度，计算各大孔树脂的吸附量。根据吸附平衡后，吸附量与提取液中原花青素浓度之间的关系，绘制各大孔树脂对原花青素的吸附等温线，得到大孔树脂对原花青素的吸附量与提取液浓度的关系。

9.3.2.7　动态吸附与解吸

1. 大孔树脂装柱

根据以上静态实验结果，分别取处理过的所选大孔树脂 8.0 g(绝干计)，湿法装柱(径高比为 1∶10，柱直径 1.8 cm)。

2. 吸附速率对吸附的影响

在室温下(25℃)，用浓度为 4.112 mg/mL 的提取液，分别以 2 BV/h、4 BV/h 和 6 BV/h(即 0.94 mL/min、1.88 mL/min 和 2.82 mL/min)的流速自上而下通过树脂柱。定量分批收集流出液，每 10 mL 为 1 管，间隔测定各管中原花青素的浓度。待吸附饱和，停止加样。

3. 乙醇体积分数对解吸的影响

分别取一定量处理过的所选大孔树脂湿法装柱，以相同的上柱条件，按最佳吸附条件进行吸附，待吸附饱和后，先用去离子水将大孔树脂柱洗至流出液无色，再用不同浓度的乙醇水溶液(体积分数分别为 30%、60%、90%)以 2 BV/h 的流速进行解吸，定量分批收集流出液，每 5 mL 为 1 管，直到流出液没有颜色为止；间隔测定各管中原花青素的浓度。

4. 解吸速率对解吸的影响

分别取一定量处理过的所选大孔树脂湿法装柱，以相同的上柱条件，按最佳吸附条件进行吸附，待吸附饱和后，先用去离子水将大孔树脂柱洗至流出液无色，再用所选的最佳解吸液，以不同的解吸速率(1 BV/h、2 BV/h 和 3 BV/h)进行解吸，定量分批收集流出液，每 5 mL 为 1 管，直到流出液没有颜色为止；间隔测定各管中原花青素的浓度。考察解吸速率对解吸效果的影响。

5. 梯度洗脱试验

分别取一定量处理过的所选大孔树脂湿法装柱，以相同的上柱条件，按最佳吸附条件进行吸附，待吸附饱和后，先后用 1 BV 的去离子水和各 2 BV 的 10%乙醇、20%乙醇、30%乙醇、40%乙醇、50%乙醇、60%乙醇、70%乙醇、80%乙醇、90%乙醇，均以 12.3.7.4 中筛选出的最佳解吸流速通过树脂柱，分别收集解吸液并进行测定，得出其中原花青素的含量，计算原花青素的回收率。

9.3.2.8　大孔树脂的再生性能考察

将原花青素提取液(浓度为 4.112 mg/mL)，加入 8.0 g(绝干计)树脂柱，按筛选出的最佳吸附和解吸条件，进行吸附-解吸的重复操作，分别收集每次操作的洗脱液，计算原花青素的回收率。

9.3.2.9　离子液体的活性炭脱色除杂

根据经验，活性炭脱色研究通常在 420 nm 波长下检测。取经大孔树脂吸附后，得到的废离子液体溶液，在 420 nm 处测量吸光度。取上述废液 5 份每份各 10 mL，按料液比 10%、15%、20%、25%、30%、35%、40%、45%和 50%(g：mL)加入活性炭粉末，在 50℃水浴振荡(100 r/min)1 h，冷却至室温，0.45 μm 尼龙膜过滤后，分光光度计测定吸光度。计算脱色率。

9.3.3　结果与讨论

9.3.3.1　大孔树脂的筛选

非极性大孔树脂，由偶极距很小的单体聚合而成，不带任何功能基，其孔表面的疏水性很强，能与小分子内的疏水部分相互作用而吸附溶液中的有机物，适用于从极性溶剂中吸附非极性物质；中等极性大孔树脂，含有酯基，其表面既有疏水部分，又含有亲水部分，因此即可用于从极性溶剂中吸附非极性物质，又可用于从非极性溶剂中吸附极性物质；极性大孔树脂，具有含氮、氧、硫的极性功能基(如酰胺基、酚羟基和氰基等)，可通过静电相互作用从极性溶液中吸附极性物质。

对 HPD100A、HPD700、HPDD、HPD450、HPD450A、HPD750、HPD850、DM130、HPD500、HPD600、ADS-17、HPD417 和 HPD826 共 13 种

不同极性大孔树脂进行了静态吸附及解吸实验。不同大孔树脂对原花青素的吸附及解吸能力存在很大差异，实验结果如图 9.23 所示。可以看出 HPD450、HPD500、HPD600 型大孔树脂对原花青素具有相对较高的吸附能力，主要是因为原花青素具有一定的极性和亲水性，有利于具有极性的大孔树脂吸附，此外，大孔树脂的比表面、平均孔径等因素也会对结果造成影响。其中 HPD500 的饱和吸附量最高，可达到 102.69 mg/g，且解吸率也相对较高可达 87.27%。因此，选择 HPD500 型大孔树脂进行进一步的研究。

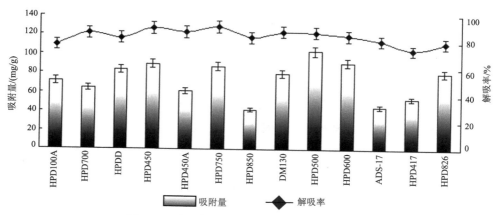

图 9.23　大孔树脂的静态饱和吸附量与解吸率

9.3.3.2　静态吸附动力学

在 0℃、25℃、50℃时，HPD500 型大孔树脂对原花青素的静态吸附动力学曲线如图 9.24。可以看出：0℃时，HPD500 大孔树脂对原花青素的吸附量随时间增大而增大，在 4 h 左右达到吸附平衡，饱和吸附量为 103.85 mg/g；25℃时，

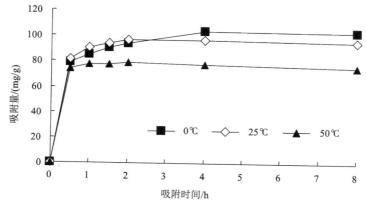

图 9.24　不同温度下 HPD500 大孔树脂的静态吸附动力学曲线

2 h 内树脂对原花青素的吸附量随时间增大而增大，2 h 后吸附量趋于吸附平衡状态，饱和吸附量为 96.92 mg/g；50℃时，在 1 h 左右既已达到吸附平衡，但饱和吸附量较低，仅为 77.84 mg/g；HPD500 型大孔树脂对原花青素的吸附属于快速平衡型。考虑到节约时间，节约能源及利于工业化生产等因素，在下面的实验中，将吸附时间确定为 2 h，并在室温(25℃)条件下进行吸附。

9.3.3.3　吸附等温线

吸附等温线，指在一定的温度下，溶质分子在两相界面上所进行的吸附达到平衡时，其在两相中浓度间的关系曲线。吸附等温线可反映吸附剂的表面性质、孔分布及吸附剂与吸附质间的相互作用关系等信息。图 9.25 为 25℃时 HPD500 大孔树脂对原花青素的吸附等温线，原花青素的初始浓度分别为 0.822 mg/mL、1.645 mg/mL、2.467 mg/mL、3.290 mg/mL、4.112 mg/mL。由图 9.25 可以看出，随着提取液浓度的增加，HPD500 大孔树脂对原花色素的吸附量也随之上升，当溶液浓度达到 4.112 mg/mL 时曲线已趋于平衡，即大孔树脂吸附量趋于达到饱和。所以，应选用浓度为 4.112 mg/mL 的原花青素提取液进行上样。

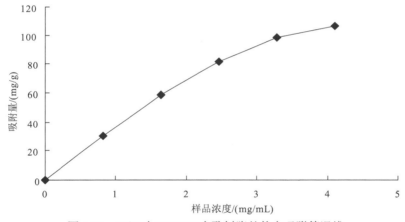

图 9.25　25℃时 HPD500 大孔树脂的静态吸附等温线

为进一步探讨 HPD500 大孔树脂对落叶松树皮原花青素的吸附性质，采用 Langmuir 方程及 Freundlich 方程对其吸附等温线进行拟合。

Langmuir 方程：

$$\frac{C_e}{Q_e} = \frac{C_e}{q_0} + \frac{1}{K_{q_0}} \tag{9-9}$$

式中，q_0 为经验系数；K 为吸附平衡常数；Q_e 为吸附质在吸附剂中的平衡吸附量(mg/g)；C_e 为平衡时吸附质的浓度(mg/L)；Q_m 为吸附质在吸附剂中的最大吸附量(mg/g)。以 C_e/Q_e 对 C_e 作图，得一直线，$Y=0.008\,2\,x+0.001\,7$(相关系数

0.999 7），斜率为 $1/Q_m$，截距为 $1/k_{Q_m}$。

　　由 Langmuir 方程拟合结果可以看出，该方程对 HPD500 大孔树脂的等温吸附有较好的拟合效果，据此可认为在所研究的范围内，HPD500 大孔树脂对原花青素的吸附为单层吸附。

　　Freundlich 方程：

$$Q_e = KC_e^{\frac{1}{n}} \tag{9-10}$$

式中，K 和 n 是经验系数；Q_e 为吸附质在吸附剂中的平衡吸附量（mg/g）；C_e 为平衡时吸附质的浓度（mg/L）；以 Q_e 对 $\ln C_e$ 作图，得一直线，$Y=0.919\,6\,x+24.644\,3$（相关系数 0.986 8），斜率为 $1/n$，截距为 $1\,nk$。

　　可以看出，Freundlich 方程对 HPD500 大孔树脂的等温吸附也有较好的拟合效果，该方程为半经验方程，当 $1/n>2$ 时表示吸附难以进行，由于 $1/n=0.919\,6$，表明 HPD500 大孔树脂对原花青素的吸附容易进行，等温线的形状为 Brunauer 分类标准的 Ⅰ 型，对应的吸附过程是单层分子吸附。

　　通过拟合，Langmuir 方程和 Freundlich 方程得出的结果相一致。因此，可以断定 HPD500 大孔树脂对原花青素的吸附是单层吸附。

9.3.3.4　树脂的动态吸附

　　在室温下（25℃），以一定速度向 HPD500 大孔树脂柱加入吸附溶液（初始浓度为 4.112 mg/mL），定量收集流出液，每 10 mL 为 1 管，间隔测定各管中原花青素的浓度。以流出液体积为横坐标、原花青素浓度为纵坐标绘制泄漏曲线，见图 9.26。实验中我们考察了 3 种流速（2 BV/h、4 BV/h、6 BV/h）与吸附率的关系，如图 9.26 所示，较快的流速，泄漏点出现较早，原因为流速快时，大孔树脂尚未能及时吸附原花色素，一部分原花色素随吸附液流出吸附柱；流速为 2 BV/h 时，大孔树脂对原花青素的吸附性能最好，这可能是由于较慢的流速有利于吸附液在大孔树脂中的扩散；但更低的流速会造成操作时间过长，造成浪费。因此，确定 2 BV/h 为最佳流速，上样量为 600 mL。

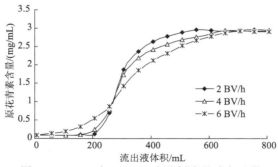

图 9.26　25℃时 HPD500 大孔树脂的动态吸附

9.3.3.5　树脂的动态解吸

1. 不同体积分数乙醇的解吸效果

以 2 BV/h 的流速，用不同浓度的乙醇水溶液（体积分数分别为 30%、60% 和 90%）进行动态解吸实验，以测试不同体积分数乙醇的解吸效果。结果如图 9.27 所示，不同浓度的乙醇进行解吸时，各解吸曲线均出现明显的峰值，但以 90% 乙醇解吸的曲线峰形最为集中，且无拖尾现象。不同浓度的乙醇在对原花青素进行解吸时，具有选择性，即一定体积分数的乙醇能选择性的洗脱性质相近的原花青素。HPD500 大孔树脂为极性树脂，根据"相似相溶"原则，原花青素的极性越大，与树脂间的吸附作用力越强。由原花青素的结构可知，随着聚合度的增加，分子的极性增强、体积增大，其与树脂间的作用力增强，表现在解吸特性上，需要更高浓度的乙醇才能洗脱，提高乙醇的浓度有利于原花青素高聚体的解吸[2]。理论上讲，通过逐步提高乙醇的体积分数，可将原花青素按照聚合度（由低到高）逐步解吸。

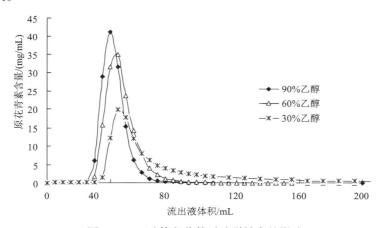

图 9.27　乙醇体积分数对洗脱效率的影响

2. 不同解吸速率的影响

根据经验，解吸速率一般为吸附速率的 1/2，因此采用 1 BV/h、2 BV/h 和 3 BV/h 的流速进行动态解吸实验。解吸液选用体积分数为 90% 的乙醇，以流出液体积（mL）为横坐标，流出液中原花青素质量浓度（mg/mL）为纵坐标，绘制不同流速下 HPD500 大孔树脂对原花青素的动态解吸曲线（图 9.28）。

可看出，解吸速率越大，所得曲线峰形越差，拖尾现象也越严重，达到完全洗脱时所需的解吸液也越多。这可能是由于解吸液的流速越慢，与树脂和原花青素分子的接触越为充分，越容易洗脱下原花青素分子；相反，流速过快，解吸液来不及接触到原花青素分子，或接触到了原花青素分子而尚来不及发生洗脱反应就已流出树脂柱。由图 9.28 可见，1 BV/h 时洗脱效果最好，且洗脱曲线集中、对称，较其他两条曲线，拖尾现象最不明显，但使用更低的流速不仅会造成操作时间过长，导致浪费，且已被洗脱下来的原花青素分子，在随解吸液流动的同时，有可能会被树脂重新吸附，在两相间重新建立吸附平衡，使解吸量减少，所以，选取 1 BV/h 为最佳流速。

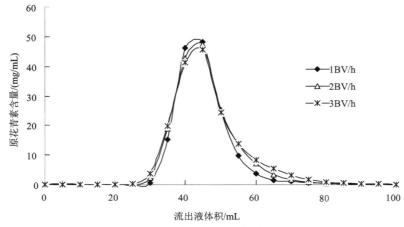

图 9.28　洗脱速率对洗脱效率的影响

3. 梯度洗脱试验

为了减少溶剂的消耗，并使解吸效果更好，进行了梯度洗脱试验。分别取 8.0 g 处理过的 HPD500 大孔树脂湿法装柱，以相同的上柱条件，按最佳吸附条件进行吸附，待吸附饱和后，先后用 1 BV 的去离子水和各 2 BV 的 10%乙醇、20%乙醇、30%乙醇、40%乙醇、50%乙醇、60%乙醇、70%乙醇、80%乙醇、90%乙醇，均以 1 BV/h 解吸流速通过树脂柱，分别收集解吸液并进行测定，得出其中原花青素的含量，计算原花青素的回收率。相应结果见表 9.12。

表 9.12　HPD500 大孔树脂对原花青素的纯化结果

洗脱类型	乙醇体积分数 / %	洗脱体积 / mL	纯度 / %	回收率 / %	累计回收率 / %
等度洗脱	90	280	46.15	57.94	57.94
梯度洗脱	去离子水	0~28	5.83	0.29	0.29
	10	28~84	38.72	8.66	8.95
	20	84~140	64.83	14.22	23.17
	30	140~196	88.16	33.80	56.97
	40	196~252	61.22	32.86	89.83
	50	252~308	24.31	3.28	93.11
	60	308~364	19.58	1.71	94.81

续表

洗脱类型	乙醇体积分数 / %	洗脱体积 / mL	纯度 / %	回收率 / %	累计回收率 / %
等度洗脱	90	280	46.15	57.94	57.94
梯度洗脱	70	364~420	8.09	0.21	95.02
	80	420~476	0.62	0.04	95.06
	90	476~532	0.01	0.01	95.08

回收率：

$$Y = \frac{C_d V_d}{C_0 V_p} \times 100\% \tag{9-11}$$

式中，Y 为原花青素的回收率(%)；V_d 为解吸液体积(L)；V_p 为原花青素提取液的上样量(mL)；C_0 为吸附质在提取液中初始浓度(mg/L)；C_d 为吸附质在解吸液中的浓度(mg/L)。

纯度：

$$P = \frac{m}{W} \times 100\% \tag{9-12}$$

式中，P 为原花青素的纯度(%)；m 为解吸液中原花青素的质量(mg)；W 为浸膏质量(mg)。

由表 9.12 可知，用体积分数为 90%的乙醇等度洗脱时，回收率为 57.94%；进行梯度洗脱时，水解吸的是一些糖类和蛋白质等杂质，乙醇溶液解吸的是原花青素，可以看出，30%乙醇和 40%乙醇洗脱原花青素的回收率最大，分别达到 33.80%和 32.86%，在乙醇浓度 10%~40%时，绝大多数的被 HPD500 大孔树脂吸附的原花青素，被解吸下来，原花青素的回收率已达到 89.83%，所以选用 10%~40%乙醇洗脱原花青素最为理想。

基于上述实验，得出了大孔树脂优化落叶松原花青素的最佳条件。吸附：选用 HPD500 大孔树脂，原花青素提取液浓度为 4.112 mg/mL，最佳吸附速率为 2 BV/h，上样量为 600 mL，解吸液为 10%~40%乙醇，解吸速率为 1 BV/h。

9.4 结 论

9.4.1 高效液相法测定落叶松活性物质含量

要提高中成药的安全性、有效性就需要从原料药开始就控制产品的质量，这种要求的基础是建立有效实用的检测方法。本章采用高效液相法在 205 nm 波长处，选择乙腈：0.1%甲酸(15：85，V/V)为流动相，同时测定紫丁香苷、刺五加苷 E 和异秦皮啶的含量。通过对样品提取液中有效物质的考察，使用 HPLC 法检验它们的含量，从而确定所选择方法实用性强，可用于本研究的样品检测。该方法为检验落叶松样本的安全性、有效性提供了相关的理论依据和实际操作方法，从而保证应用药典中的标准严格掌控原材料的质量，保证成品在成分含量上保持一致，减少批件差异。

9.4.2　微波辅助提取落叶松树皮原花青素及其条件优化

采用微波辅助提取落叶松树皮原花青素，以得率和纯度为指标，探讨落叶松树皮原花青素微波辅助提取的最佳条件，在单因素试验的基础上，应用响应面法优化落叶松树皮原花青素的提取条件。获得的最佳提取工艺参数为：乙醇体积分数 50%，料液比 1：10，微波功率 230 W，提取时间 10 min，提取 2 次。在此条件下落叶松树皮原花青素的得率和纯度分别达到 9.82%和 43.32%。为产业化生产落叶松树皮原花青素提供了技术支撑。

9.4.3　匀浆提取落叶松树皮原花青素及其响应面法优化

采用匀浆法从落叶松树皮提取原花青素，通过 9 种常用提取溶剂提取效果的比较，选择乙醇作为落叶松树皮中原花青素的提取溶剂。并对匀浆提取过程中的各因素在单因素试验的基础上采用 Box-Behnken 试验设计法进行了优化，以原花青素得率和纯度为指标，得到最佳工艺条件为：以体积分数 70%乙醇水溶液作为提取溶剂，料液比 1：15(g：mL)，匀浆提取 5 min，匀浆提取 4 次。此条件下原花青素得率为 17.33%，纯度为 75.46%，为规模生产提供了有价值的提取工艺参数。

9.4.4　超声-微波交替提取落叶松二氢槲皮素

以二氢槲皮素的得率为指标，采用超声-微波交替法从落叶松体内提取二氢槲皮素。先后对提取溶剂的体积分数、料液比、浸润时间和提取次数等共性因素及提取时间和能量强度等核心因素进行考察，确定体积分数 60%乙醇作为提取溶剂，料液比 1：12(g：mL)，浸润 3 h，强档功率提取 3 次，微波提取 10 min，超声提取 40 min，超声微波交替提取的条件为超声波提取 40 min 后再微波提取 10 min，二氢槲皮素单独超声和微波提取时得率分别为 0.034%和 0.074%，而超声-微波交替提取时的得率可达 0.12%，明显优于单独超声或微波提取。通过扫描电子显微镜观察超声提取、微波提取和超声-微波交替提取所得的物料，超声-微波交替提取的抽提效果最为明显。

参 考 文 献

[1]　高羽, 董志. 原花青素的药理学研究现状. 中国中药杂志, 2009, 55(6): 651~655.

[2]　杨磊, 苏文强, 汪振洋, 等. 落叶松树皮提取物中原花青素含量测定方法的研究. 林产化学
　　　与工业, 2004, 24(S): 111~114.

[3]　张寒俊, 刘大川, 李永明. 响应面分析法在菜籽浓缩蛋白制备工艺中的应用. 中国油脂,
　　　2004, 29(8): 41~44.

[4]　金建忠, 申屠超, 许惠英, 等. 落叶松体内二氢槲皮素的提取及鉴定. 浙江林业科技, 2004,
　　　24(5): 15~17.

[5]　金建忠. 落叶松体内二氢槲皮素的提取工艺研究. 林产化工通讯, 2005, 39(4): 12~15.

[6]　弓彩霞, 乔晨, 高艳春. 落叶松种皮微形态特征及种子鉴定的研究. 干旱区资源与环境,
　　　1994, 8(3): 80~83.

[7]　王建中, 王瑞勤, 付慧杰, 等. 五种落叶松种子表面结构的扫描电镜观察. 北京林业大学学
　　　报, 1995, 17(1): 19~24.